Wilfriede Renate Schamoni

GEG 2023

Anforderungen – Planung – Umsetzung

WEKA PRAXISLÖSUNGEN

Wilfriede Renate Schamoni

GEG 2023

- Anforderungen
- Planung
- Umsetzung

IMPRESSUM

Bibliografische Information der Deutschen Nationalbibliothek
Die Deutsche Nationalbibliothek verzeichnet diese Publikation in der Deutschen Nationalbibliografie; detaillierte bibliografische Daten sind im Internet über http://dnb.d-nb.de abrufbar.

WEKA Media GmbH & Co. KG
Sitz in Kissing
Registergericht Augsburg
HRA 13940

Persönlich haftende Gesellschafterin:
WEKA Media Beteiligungs-GmbH
Sitz in Kissing
Registergericht Augsburg
HRB 23695
Vertretungsberechtigte Geschäftsführer:
Jochen Hortschansky, Kurt Skupin

WEKA Media GmbH & Co. KG
Römerstraße 4, 86438 Kissing
Fon 0 82 33.23-40 00
Fax 0 82 33.23-74 00
service@weka.de
www.weka.de

Umschlag geschützt als Geschmacksmuster der
WEKA Media GmbH & Co. KG
Umschlagfoto: © Photos by ah_fotobox, Herba Mykhailo/GettyImages
Satz: WEKA Media GmbH & Co. KG, Römerstraße 4, 86438 Kissing
Druck: Druckerei Steinmeier GmbH & Co. KG, Gewerbepark 6, 86738 Deiningen

Printed in Germany

ISBN 978-3-8111-0487-7

Vorwort

Das Gebäudeenergiegesetz 2023, kurz GEG, löst nun das bisherige GEG 2020 ab. Einige Paragrafen wurden verschärft und die Anforderungen sind gewachsen. Alle Änderungen sind in dieser Neuauflage eingearbeitet. Das GEG bleibt ein umfangreicher Gesetzestext, den Sie in Ihrer Planungspraxis berücksichtigen müssen.

Das erste Kapitel stellt Ihnen eine Übersicht aller Änderungen vor. Diese dient gleichzeitig als Wegweiser durch den gesamten neuen Gesetzestext mit seinen 114 Paragrafen und 11 Anlagen. Verweise auf die bisherigen Fundstellen erleichtern das Zurechtfinden. Wesentliche Neuerungen sind auf den ersten Blick erkennbar. Hinweise für die Praxis zeigen Ihnen, worauf Sie besonders achten müssen, damit Sie das GEG in der Planungspraxis umsetzen können.

Dazu gehören neben Tipps aus der Beratungspraxis sowie einer Übersicht möglicher Förderprogramme und Zuschüsse auch Hinweise zu den Grundlagen der Entwurfsplanung nach energetischen Gesichtspunkten, zur Wirtschaftlichkeit von Maßnahmen und nicht zuletzt zu einer Lebenszyklusbetrachtung.

In den weiteren Teilen sind die Anforderungen an Wohn- und Nichtwohngebäude in Fachbeiträgen beschrieben. Beginnend mit dem Gebiet der Bauphysik werden anschließend die verschiedenen Berechnungsverfahren und die allgemeinen Nachweise erläutert. Immer wieder finden sich Hinweise zur Planung und praktischen Umsetzung. Die Autoren der Beiträge beschäftigen sich als Architekten bzw. Ingenieure Tag für Tag mit diesen Themenstellungen. Die gesammelten Erfahrungen fließen in die Beiträge ein. Das so entstandene Werk wird dadurch zu einem praktischen und inhaltssicheren Nachschlagewerk.

Im Namen meiner Autorenkollegen wünsche ich Ihnen eine fachlich interessante und in der Praxis hilfreiche Lektüre.

Wilfriede Renate Schamoni

Gilching, Februar 2023

Autorenverzeichnis

Herausgeberin

Dipl.-Ing. Architektin Wilfriede Renate Schamoni
- Architekturstudium an der RWTH Aachen,
- seit 1987 freiberuflich tätig, seit 1994 im eigenen Büro,
- Energieberaterin und Nachweiserstellerin für Wohn- und Nichtwohngebäude,
- Vortragserfahrung in den Themenbereichen EnEV und Energieausweise für Vermieter, Energieeinsparung im Bereich baulicher Anlagen, Instandhaltung/Instandsetzung/energetische Modernisierung privater Immobilien.

Autoren

Dipl.-Ing. Julian Fischer
- Studium Wirtschaftsingenieurwesen an der TU Hamburg, Grundstudium Architektur an der TU München und Hauptstudium Architektur an der TU Berlin,
- seit 2001 freiberuflich tätig im eigenen Planungsbüro in Diedorf
- Spezialisierung zum Energieberater bei der SGD Darmstadt, Mitglied von Bayernenergie und IG Passivhaus, gelistet bei Bafa und in der Energieeffizienzexperten-Liste

Dr.-Ing. Heike Kempf
- Bauingenieurin mit Schwerpunkt Bauphysik, Energieberaterin

Dipl.-Ing. (FH) Michael Sedlmeier, M. Eng
- Architekt und Energieberater, www.architekturei.com
- Dozent an der Hochschule Augsburg im Bereich Bauphysik

Inhaltsverzeichnis

Den Text des GEG 2023 und Ihr kostenfreies Update zu den Förderprogrammen finden Sie als zip-Datei unter dem Link www.weka-bausoftware.de/cd-inhalt.
Für den Download klicken Sie dort unter der Rubrik „Fachbücher" auf das Buch „GEG 2023". Freischaltung des Downloads siehe eingeklebte PIN-Karte.

Aus Gründen der besseren Lesbarkeit wird im Folgenden auf die gleichzeitige Verwendung weiblicher und männlicher Sprachformen verzichtet und das generische Maskulinum verwendet. Sämtliche Personenbezeichnungen gelten gleichermaßen für alle Geschlechter.

Kapitel 1
Aktuelle Hinweise

Das neue Gebäudeenergiegesetz (GEG)

Ähnlichkeiten und Unterschiede zu den bisherigen Regelungen

Das neue GEG gliedert sich in die neun Teile:

- Allgemeiner Teil
- Anforderungen an zu errichtende Gebäude
- Bestehende Gebäude
- Anlagen der Heizungs-, Kühl- und Raumluftversorgung sowie der Wasserversorgung
- Energieausweise
- Finanzielle Förderung der Nutzung erneuerbarer Energien sowie von Maßnahmen zur Steigerung der Energieeffizienz
- Hinweise zum Vollzug
- Besondere Gebäude, Bußgeldvorschriften, Anschluss- und Benutzungszwang
- Übergangsvorschriften

sowie elf Anlagen.

Teil 1 – allgemeiner Teil

Wie bisher umfasst die Darstellung von Ziel und Zweck des Gesetzes, des Anwendungsbereichs und der Begriffsbestimmungen die ersten Paragrafen im Abschnitt 1. Anschließend sind weitere, eher allgemeine Grundsätze aufgeführt. Dazu gehören:

- die Vorbildfunktion der öffentlichen Hand (EEWärmeG); die zu erfüllenden Aufgaben sind erweitert worden, neu ist ein regelmäßiger Bericht des Bundes im Klimaschutzbericht über die Erfüllung der Vorbildfunktion
- Verordnungsermächtigung zur Verteilung der Betriebskosten (EnEG)
- Verordnungsermächtigung zur Versorgung mit Fernkälte (§ 6a)
- Regeln der Technik und Verantwortliche (EnEV)

Neu im GEG 2020: Versorgung mit Fernkälte

Wirtschaftlichkeit

Der Grundsatz der Wirtschaftlichkeit ist in § 5 GEG definiert. Demzufolge müssen die Anforderungen nach dem Stand der Technik erfüllbar und wirtschaftlich vertretbar sein. Sie gelten als erfüllt, wenn die erforderlichen Aufwendungen innerhalb der üblichen Nutzungsdauer erwirtschaftet werden können. Bei bestimmten Gebäuden ist die noch zu erwartende Nutzungsdauer zu berücksichtigen.

Überprüfung der Anforderungen

§ 9 regelt die Überprüfung der Anforderungen an alle Gebäude frühestens 2023. Zu diesem Zeitpunkt wird eine Weiterentwicklung geprüft und vorgelegt. Bis dahin wird auch geprüft werden, ob synthetisch erzeugte Energieträger bei der Erfüllung der Anforderungen berücksichtigt werden können.

Teil 2 – Anforderungen an zu errichtende Gebäude

Abschnitt 1 – allgemeiner Teil

- § 10 GEG regelt, dass neue Gebäude grundsätzlich als Niedrigstenergiegebäude ausgeführt werden müssen. Das gilt für Wohn- und Nichtwohngebäude gleichermaßen und umfasst auch verpflichtend den zumindest anteiligen Deckungsbedarf durch die Nutzung erneuerbarer Energien (bisher EEWärmeG).

Neu im GEG 2020: Ausnahme – Raumhöhe > 4 m

- Für Zonen eines Nichtwohngebäudes mit einer Raumhöhe > 4,0 m und einer Beheizung durch Gebläse oder Strahlungsheizungen besteht diese Verpflichtung nicht.

Hinweis für die Praxis

Bei Gebäuden zur Landesverteidigung (Kasernen) muss die Verpflichtung zur Nutzung erneuerbarer Energien nur in bestimmten Fällen erfüllt werden.

- § 11 – beim Mindestwärmeschutz (bisher § 7 EnEV) wird explizit die Einhaltung der DIN 4108-2:2013-02 und der DIN 4108-3:2018-10 gefordert.
- § 12 – Wärmebrücken (§ 7 EnEV): Der Einfluss von Wärmebrücken ist gemäß den anerkannten Regeln der Technik so gering wie möglich zu halten.

Hinweis für die Praxis

Der Verweis auf das Beiblatt 2 zur DIN 4108-2 findet sich in § 24 GEG.

- § 13 – Dichtheit (§ 6 EnEV): nur allgemeine Hinweise, wie bisher, auch zum Mindestwärmeschutz

Neu im GEG 2020: Grundlagen in § 14 enthalten

- § 14 – sommerlicher Wärmeschutz (Anlage 1 Nr. 3 EnEV): keine inhaltlichen Änderungen

Hinweis für die Praxis

Im Gegensatz zur EnEV sind die Grundlagen zum Nachweis des sommerlichen Wärmeschutzes in § 14 enthalten. Ein Blättern in die Anlage 1 ist nicht mehr notwendig.

Abschnitt 2 – Jahres-Primärenergiebedarf und baulicher Wärmeschutz bei zu errichtenden Gebäuden

Wohngebäude

- § 15 – Gesamtenergiebedarf: Im GEG 2020 gab es keine inhaltlichen Änderungen gegenüber der EnEV, Verweis auf maximal zulässigen Primärenergiebedarf (bisher nur in Anlage 1 Tab. 1 EnEV zu finden).

Neu ab 2023: Der Jahres-Primärenergiebedarf für neu zu errichtende Wohngebäude darf nur noch maximal das 0,55-Fache des Referenzgebäudes betragen (bisher: 0,75).

Änderungen GEG 2020: Vorgabe H'_T-Werte

- § 16 – baulicher Wärmeschutz: Der spezifische Transmissionswärmeverlust H'_T wird nur noch auf das Referenzgebäude bezogen.

Hinweis für die Praxis

Anders als bisher wird der H'_T-Wert nicht mehr in Abhängigkeit vom Gebäudetyp und von seiner Größe unterschieden, die Tabelle 2 in Anlage 1 EnEV gilt nicht mehr für neue Gebäude, aber weiterhin für Bilanzierungen von Bestandsgebäuden (siehe dazu § 50 GEG).

- § 17 – Hinweise zu aneinandergereihten Wohngebäuden (bisher in Anlage 1 EnEV enthalten)

Nichtwohngebäude

- § 18 – Gesamtenergiebedarf: Verweis auf maximal zulässigen Primärenergiebedarf (bisher Anlage 2 Tab. 1 EnEV), Hinweis auf technische Referenzausführungen: Diese sind nur zu beachten, wenn sie im geplanten Gebäude zur Ausführung gelangen sollen. Hinweis auf das Einhalten gleicher Nutzungsrandbedingungen im Gebäude und im Referenzgebäude.

Neu ab 2023: Der Jahres-Primärenergiebedarf für neu zu errichtende Nichtwohngebäude darf nur noch maximal das 0,55-Fache des Referenzgebäudes betragen (bisher: 0,75).

- § 19 – baulicher Wärmeschutz gemäß Anlage 3 (bisher Anlage 2 Tab. 2 EnEV)

Abschnitt 3 – Berechnungsgrundlagen und -verfahren

Änderung GEG 2020: Bezugnahme DIN V 18599:2018–09

- § 20 Wohngebäude und § 21 Nichtwohngebäude: Berechnung des Primärenergiebedarfs grundsätzlich gemäß DIN V 18599:2018-09

Hinweis für die Praxis

Nachdem die EnEV statisch auf die DIN V 18599 von 2011 verweist, muss unbedingt mit aktuellen Berechnungsprogrammen gerechnet werden. Im Zweifelsfall sollte der Planer bei seinem Hersteller der Software nachfragen, welche Version der 18599 im Programm verwendet wird.

Neu im GEG 2020: Befristung Monatsbilanzverfahren

- Berechnung nach DIN 4108-6 und 4701-10 für ungekühlte Wohngebäude (Monatsbilanzverfahren) nunmehr bis 31.12.2023 zulässig; Hinweise aus Anlage 1 EnEV zu Berechnungsmethoden integriert.

Hinweis für die Praxis

Die Übergangszeit sollte genutzt werden, sich bereits jetzt bei Bilanzierungen ungekühlter Wohngebäude mit der DIN V 18599:2018–09 vertraut zu machen. Die meisten Hersteller bieten diese Möglichkeit auch für Wohngebäude an.

Nutzungsrandbedingungen

- § 21 Nichtwohngebäude: Hinweise zum Verwenden von Nutzungsrandbedingungen integriert (bisher Anlage 2 Punkt 2.2.2 EnEV)

Änderung einiger Primärenergiefaktoren

- § 22 gibt Hinweise zu den Primärenergiefaktoren. Diese sind in Anlage 4 einzeln aufgeführt, und in § 22 werden detailliert Ausnahmen und dafür notwendige Voraussetzungen beschrieben:
  - abweichender Primärenergiefaktor beim nicht erneuerbaren Anteil von flüssiger oder gasförmiger Biomasse (0,3 statt 1,1 bei Produktion in räumlicher Nähe)
  - abweichender Primärenergiefaktor für gasförmige Biomasse (Methan), die ins Erdgasnetz eingespeist und anschließend in einem Brennwertkessel genutzt wird (0,7 statt 1,1), wird sie in einer KWK-Anlage eingesetzt, reduziert sich der Primärfaktor auf 0,5

- abweichender Primärenergiefaktor für gasförmige Biomasse, die unter Druck verflüssigt wurde (biogenes Flüssiggas, 0,7 statt 1,1 bei Brennwertgeräten, 0,5 bei KWK-Anlagen)
- abweichender Primärenergiefaktor bei neuen Gebäuden, die mit mittels Erdgas oder Flüssiggas hocheffizienten KWK-Anlagen betrieben werden, ersetzt die Berechnung nach DIN 18599-1 (0,6)
- abweichender Primärenergiefaktor bei KWK-Anlagen, die Nachbargebäude mit ineffizienter Anlagentechnik mitversorgen (0,6)

Neu ab 2023: Der Primärenergiebedarf für Biogase darf bei Gasmischungen nur für den erneuerbaren Anteil angesetzt werden. Für die fossilen Anteile gelten deren Primärenergiefaktoren. Beim Betrieb von Großwärmepumpen (> 500 kW) in Wärmenetzen wird der Faktor für den nicht erneuerbaren Anteil von 1,8 auf 1,2 gesenkt.

Neu im GEG 2020: Mindestprimärenergiefaktoren bei Fernwärme

- Generell gilt für die Bereitstellung von Fernwärme ein Primärenergiefaktor von 0,3, unabhängig von den vorliegenden ermittelten oder veröffentlichten Werten des Wärmenetzes. Bei Anrechnung von Abwärme kann dieser bis 0,2 reduziert werden. Geringere Primärenergiefaktoren sind nicht mehr zulässig!

- § 23 beschreibt die Berechnung der gewonnenen Energiemenge mittels eines pauschalen Ansatzes, in Abhängigkeit von der Anlagengröße, der Gebäudenutzfläche und der Anzahl geheizter oder gekühlter Geschosse. Unterschieden werden:
  - Anlagen mit Stromspeicher: max. 45 % des Jahresprimärenergiebedarfs dürfen in Abzug gebracht werden
  - Anlagen ohne Stromspeicher: max. 30 % des Jahresprimärenergiefaktors dürfen abgezogen werden

Änderung bei der Anrechnung von Strom aus erneuerbaren Energien (PV-Strom) für Wohn- und Nichtwohngebäude

Hinweis für die Praxis

Die bisherige monatliche Ertragsermittlung nach DIN 18599–9 wird nur angewendet, wenn Gebäude mit Stromdirektheizungen ausgestattet werden. Bei Nichtwohngebäuden wird die monatliche Ertragsermittlung dann angesetzt, wenn die benötigte Strommenge für die Heizungsenergie die Nutzung von Strom für die übrigen Versorgungen überschreitet.

Neu ab 2023: Gebäudenah erzeugter Strom aus erneuerbaren Energien darf künftig auch dann bei einer Bilanzierung angerechnet werden, wenn er vollständig eingespeist und nicht vorrangig im Gebäude verbraucht wird. Damit soll ein weiterer Anreiz zur Errichtung von PV-Anlagen auf Hausdächern gegeben werden. Das mit dem GEG neu eingeführte Verfahren zur Anrechnung von EE-Strom nach § 23 Abs. 2 und 3 wird gestrichen, da es gerade bei mehrgeschossigen Gebäuden zu widersprüchlichen Ergebnissen führen kann und daher in der BEG ohnehin nicht angewendet werden darf.

- Der anrechenbare Strom ergibt sich künftig ausschließlich über eine monatliche Gegenüberstellung von Stromertrag und gebäudebezogenem Strombedarf. § 24 benennt die Grundlagen für die Berechnung des Wärmebrückenzuschlags bzw. der Durchführung von Gleichwertigkeitsnachweisen gemäß DIN 4108, Beiblatt 2:2019-06.

Neu ab 2023: Im Rahmen eines Gleichwertigkeitsnachweises müssen künftig alle Wärmebrücken nachgewiesen werden. Das gilt auch für Wärmebrücken, deren angrenzende Bauteile kleinere Wärmedurchgangskoeffizienten aufweisen, als in den Musterlösungen der DIN 4108 Beiblatt 2:2019-06 gefordert.

Berechnungsrandbedingungen und Grundlagen

Hinweis für die Praxis

Im Gegensatz zur EnEV sind viele Hinweise zu den notwendigen Berechnungen nun nicht mehr in den Anlagen 1 und 2 zu suchen, sondern in den Gesetzestext integriert. Das betrifft die nun folgenden §§ 25 bis 32.

- In § 25 werden die wesentlichen Berechnungsrandbedingungen der DIN 18599 für zu errichtende Wohn- und Nichtwohngebäude dargestellt.

Neu im GEG 2020: Netto-Luftwechselrate

- § 26 – Prüfung der Gebäudedichtheit (Blower-Door-Test), bisher in Anlage 4 aufgeführt. Es wird künftig die Netto-Luftwechselrate in Ansatz gebracht.

Neu im GEG 2020: Dichtheitsprüfung bei Gebäuden mit gleichartigen, nur von außen erschlossenen Nutzeinheiten

- Neu ist, dass der Blower-Door-Test hier auf eine einzelne Nutzeinheit beschränkt werden kann.
- § 27 – gemeinsame Heizanlagen für mehrere Gebäude, bisher Anlage 1, 2.8 EnEV
- § 28 – Anrechnung mechanischer Lüftungsanlagen, bisher Anlage 1, 2.7 EnEV: **Neu:** In Wohngebäuden mit max. 2 WE, davon eine < 50 m², ist die Regelung der Luftvolumenströme durch Nutzer nicht gefordert.
- § 29 – Berechnung aneinandergereihter Wohngebäude, bisher Anlage 1, 2.6 EnEV
- § 30 – zonenweise Berücksichtigung von Energiebedarfsanteilen bei Nichtwohngebäuden, bisher Anlage 2, 2.1.2 EnEV

Änderung Modellgebäudeverfahren

- § 31 beschreibt ein vereinfachtes Berechnungsverfahren für Wohngebäude und verweist auf Anlage 5. Das schon in der EnEV in § 3 Abs. 5 beschriebene Modellgebäudeverfahren ist in Anlage 5 GEG leicht modifiziert ausführlich beschrieben. In Abhängigkeit von der Anlagentechnik und der beheizten Bruttofläche wird für eine bestimmte Reihe von Wohngebäuden der mindestens einzuhaltende Wärmeschutz vorgegeben. Es werden vier Wärmeschutzvarianten angegeben (A, B, C, D). Je nach Ausstattung der gewählten Anlage verändern sich die Anforderungen an den Wärmeschutz. Können alle genannten Bedingungen erfüllt werden, entfallen die Wärmebedarfsberechnungen, lediglich die U-Werte der umfassenden Bauteile sind zu bestimmen.

Neu ab 2023: Das vereinfachte Nachweisverfahren für Wohngebäude wird **grundlegend** neu aufgebaut und vor allem dem Neubaustandard angepasst. In der Anlage 5 sind zulässige U-Werte für die Hüllflächen in Abhängigkeit von der Anlagentechnik beschrieben. Künftig sind keine Anlagenvarianten mit Gas zulässig, außerdem wurden die einzuhaltenden U-Werte der umfassenden Bauteile stark verändert, diese Anforderungen ersetzen die bisherigen Wärmeschutzvarianten.

Hinweis für die Praxis

Welche Angaben aus dem Modellgebäudeverfahren im Energieausweis anzugeben sind, muss noch beschrieben werden.

- § 32 – vereinfachtes Berechnungsverfahren für Nichtwohngebäude, das sog. Ein-Zonen-Modell, bisher in Anlage 2 Punkt 3 EnEV. Die Angaben der Nutzungsprofile und zum Nutzenergiebedarf des Trinkwassers finden sich in Anlage 6.
- § 33 – andere Berechnungsverfahren sind zulässig, wenn die energetische Bewertung von Komponenten nicht bekannt ist. Bisher geregelt in Anlage 1, 2.1.3 (Wohngebäude) und in Anlage 2, 2.1.5 (Nichtwohngebäude).

Abschnitt 4 – Nutzung von erneuerbaren Energien zur Wärme- und Kälteerzeugung

Das Ziel ist das Erhöhen der Anteile an erneuerbaren Energien am Endenergieverbrauch für Wärme und Kälte.

Neu im GEG 2020: Anrechnung Strom aus erneuerbaren Energien – § 36 GEG

- Es ist möglich, die Anforderungen zu erfüllen, damit der Wärme- und Kälteenergiebedarf zu mindestens 15 % gedeckt wird.
- Bei Wohngebäuden gilt die Anforderung als erfüllt, wenn der Strom aus solarer Strahlungsenergie (z.B. PV-Anlagen) kommt und wenn die Anlage eine Nennleistung in kW von mindestens dem 0,03-Fachen der Gebäudenutzfläche geteilt durch die Anzahl der geheizten oder gekühlten Geschosse aufweist.

Neu im GEG 2020: Ersatzmaßnahme: Maßnahme zur Einsparung von Energie

- Nur der bauliche Wärmeschutz, d.h. bei Nichtwohngebäuden der mittlere Wärmedurchgangskoeffizient und bei Wohngebäuden der Höchstwert des spezifischen, auf die wärmeübertragende Umfassungsfläche bezogenen Transmissionswärmeverlusts muss um mindestens 15 % unterschritten werden.

- Zuvor waren auch die Anforderungen an die Unterschreitung auf den Jahres-Primärenergiebedarf bezogen.

Neu im GEG 2020: weitere Änderungen im Zuge erneuerbarer Energien

- Biomasse: Der Bezug auf die entsprechend zugehörigen Verordnungen in Abhängigkeit, ob flüssige, gasförmige oder feste Biomasse, wurde in eine entsprechend aktuellere Fassung geändert.
- Technische Anforderungen, die zuvor in der Anlage des EEWärmeG geregelt wurden, wie z.B. für Wärmepumpen die Jahresarbeitszahl, entfallen im GEG-Entwurf mit Verweis auf europäische Ökodesign-Regelungen.
- § 43 – Nutzung von Kraft-Wärme-Kopplung: Aufgenommen wurde die Nutzung von Wärme aus Brennstoffzellenheizungen. Der Wärme- und Kälteenergiebedarf muss hier zu mindestens 40 % gedeckt werden.

Teil 3 – bestehende Gebäude

Abschnitt 1 – Anforderungen an bestehende Gebäude

- § 46 – Aufrechterhaltung der energetischen Qualität, bisher § 11 EnEV
- § 47 – Nachrüstung bestehender Gebäude, bisher § 10 EnEV. Nur noch Hinweis auf Anforderungen an oberste Geschossdecken, das Betriebsverbot für Heizkessel wird in Teil 4 GEG, Unterabschnitt 4, § 72 behandelt.

Hinweis für die Praxis

Konstruktive Hinweise und Anforderungen an die Wärmeleitgruppen der verwendeten Dämmungen sind im Text des § 47 integriert, bisher musste man diese in Anlage 3 EnEV suchen.

Neu im GEG 2020: Beratungspflicht

Sofern Änderungen an einem Gebäude mit maximal zwei Wohnungen vorgenommen werden, muss der Eigentümer vor der Beauftragung von Planungsleistungen ein Informationsgespräch mit einer zur Ausstellung von Energieausweisen berechtigten Person führen! Das muss in diesem Fall eine unentgeltliche Leistung sein. Gleichzeitig muss ein Handwerker bei Angebotsabgabe auf diese Pflicht des zu führenden Beratungsgesprächs hinweisen.

Hinweis für die Praxis

Es sollte für einen Energieberater selbstverständlich sein, ein solches Gespräch frühzeitig zu führen. In jedem Fall sollte eine Bestätigung über das geführte Gespräch dem Eigentümer übergeben werden.

- § 48 – Anforderungen bei Änderung eines bestimmten Gebäudes, bisher § 9 Abs. 1 EnEV
  - Anforderungswerte an Wärmedurchgangskoeffizienten sind übersichtlich geordnet nach Bauteilgruppen in Anlage 7 aufgeführt (Bauteilverfahren, wie bisher).
- § 49 – Hinweise zur Berechnung der Wärmedurchgangskoeffizienten, bisher nur als Bemerkung unterhalb der Tabelle 1 in Anlage 3 enthalten
- § 50 – energetische Bewertung von Bestandsgebäuden:
  - Alternativ zum Bauteilverfahren können Jahres-Primärenergiebedarf und Transmissionswärmeverlust berechnet werden.
  - Wohngebäude: Jahres-Primärenergiebedarf und Transmissionswärmeverlust dürfen den Wert des Referenzgebäudes um 40 % übersteigen. Der Höchstwert des Transmissionswärmeverlusts hängt von der Gebäudenutzfläche und der Anordnung des Wohngebäudes ab.

  Unterschied bei Nichtwohngebäuden
  - Nichtwohngebäude: Der Jahres-Primärenergiebedarf darf den Wert des Referenzgebäudes um 40 % übersteigen. Der Höchstwert des Transmissionswärmeverlusts wird um das 1,25-Fache gerundet, und dieser darf dann um 40 % überschritten werden.
- § 51 – kein Bauteilverfahren mehr möglich! Ausschließlich Nachweise mit Bilanzierung sind zulässig. Diese bezieht sich nur auf die hinzukommenden Bauteilflächen, nicht jedoch auf das gesamte Gebäude. Für die neuen Gebäudeteile gelten folgende Anforderungen an den Transmissionswärmeverlust H'_T:
  - Wohngebäude: Der H'_T-Wert darf den Referenzgebäudewert um das 1,2-Fache überschreiten.
  - Nichtwohngebäude: Hier darf der H'_T-Wert um das 1,25-Fache überschritten werden.
  - Gebäudeerweiterungen > 50 m²: Der sommerliche Wärmeschutz muss nachgewiesen werden.

Änderung GEG 2020: Anforderungenbei Erweiterung und Ausbau

Hinweis für die Praxis

Der Einbau eines eigenen oder die Nutzung des vorhandenen Wärmeerzeugers ist nicht mehr von Bedeutung.

Abschnitt 2 – Nutzung erneuerbarer Energien bei bestehenden Gebäuden

Dieser Teil (§§ 52–56) bezieht sich ausschließlich auf öffentliche Nichtwohngebäude und ist unverändert dem EEWärmeG entnommen. Die Möglichkeit für Bundesländer, diese Anforderungen auch auf nicht öffentlich genutzte Bestandsgebäude auszudehnen, ist in § 56 – Abweichungsbefugnis geregelt.

Teil 4 – Anlagen der Heizungs-, Kühl- und Raumlufttechnik sowie der Warmwasserversorgung

Teil 4 befasst sich wie der Abschnitt 4 der EnEV mit der Anlagentechnik. Statt der bisherigen drei Paragrafen besteht der Teil 4 des GEG aus drei Abschnitten mit insgesamt 22 Paragrafen.

Abschnitt 1 – Aufrechterhaltung der energetischen Qualität bestehender Anlagen

- §§ 57 bis 60 – der Inhalt des § 11 Abs. 2 und 3 EnEV zur Aufrechterhaltung der energetischen Qualität, der Betriebsbereitschaft, sachgerechten Bedienung, Wartung und Instandhaltung ist im GEG auf diese vier Paragrafen aufgeteilt worden.

Abschnitt 2 – Einbau und Ersatz

Unterabschnitt 1 – Verteilungseinrichtungen und Warmwasseranlagen

- §§ 61 bis 64 – auf diese Paragrafen ist der Inhalt des § 14 EnEV (Verteilungseinrichtungen und Warmwasseranlagen) aufgeteilt worden. In § 61 ist für die Nachrüstungsverpflichtung der Regelung der Wärmezufuhr bzw. Schaltung elektrischer Antriebe in einem bestehenden Gebäude nun der 30.11.2021 als Stichtag vorgegeben.

Unterabschnitt 2 – Klimaanlagen und sonstige Anlagen der Raumlufttechnik

- §§ 65 bis 68 – § 15 EnEV wurde auf diese vier Paragrafen aufgeteilt. Inhaltlich wurden bezüglich der Begrenzung der elektrischen Leistungsaufnahme von Ventilatoren Anpassungen an die aktuellen Normenwerke vorgenommen.

Neu im GEG 2020: Regelung und Wärmerückgewinnung bei Lüftungsanlagen

Neu im GEG gilt bei Anlagen mit einem Zuluftvolumenstrom von mehr als 9 $m^2/(h \times m^2_{NGF/NF})$ bei Einbau der Anlage, Austausch des Zentralgeräts oder des Lüftungskanalnetzes die Pflicht zum Einbau einer

Regelung der Volumenströme in Abhängigkeit von thermischen und stofflichen Lasten oder der Zeit sowie einer Wärmerückgewinnung.

Unterabschnitt 3 – Wärmedämmung von Rohrleitungen und Armaturen

- § 69 bezieht sich auf wärmeführende Leitungen und Armaturen, § 70 auf kälteführende. Die entsprechenden Inhalte der §§ 14 und 15 EnEV wurden hier zusammengefasst. Die Vorgaben für die Wärmedämmung haben sich nicht geändert und befinden sich nach wie vor in einer Anlage. Im GEG trägt diese jetzt die Nr. 8.

Unterabschnitt 4 – Nachrüstung bei heizungstechnischen Anlagen, Betriebsverbot für Heizkessel

- § 71 – Nachrüstverpflichtung zur Dämmung bisher nicht gedämmter wärmeführender Leitungen aus § 10 Abs. 2 EnEV. Anforderungen gemäß Anlage 8 GEG.

Hinweis für die Praxis

Im Gegensatz zur EnEV wird im GEG diese Verpflichtung explizit nicht wirksam, wenn die Aufwendungen sich nicht in angemessener Frist amortisieren.

- § 72 – der erste Teil des Paragraphen übernimmt das Betriebsverbot von Heizkesseln aus § 10 EnEV. Aktualisiert wurde das Aufstellungs-/Einbaujahr auf 1991. Nach wie vor gilt die Pflicht nicht für Niedertemperatur- und Brennwertkessel sowie Anlagen von weniger als 4 und mehr als 400 kW.

Neu im GEG 2020: Betriebsverbot für Ölheizungen und Heizungen mit festen fossilen Brennstoffen

Neu wurde im GEG ein (eingeschränktes) Betriebsverbot für Heizkessel eingeführt, die mit Heizöl oder festen fossilen Brennstoffen beschickt werden. Diese dürfen ab dem 01.01.2026 nur mehr eingebaut werden, wenn bei Neubauten das Gebäude so errichtet wird oder worden ist, dass die Anforderungen für Neubauten gemäß §§ 31 bis 41 eingehalten werden. Dies bedeutet, dass anteilig der Wärme- und Kälteenergiebedarf durch solarthermische Anlagen, Strom aus erneuerbaren Energien, Geothermie bzw. Umweltwärme, feste oder flüssige oder gasförmige Biomasse gedeckt werden muss. Die Nutzung von Abwärme, Kraft-Wärme-Kopplung, Fernwärme/-kälte oder die Ersatzmaßnahme durch Einsparung von Energie sind hierbei nicht zugelassen. Für bestehende Gebäude gilt eine anteilige Deckungspflicht des Wärme- und Kälteenergiebedarfs durch erneuerbare Energien. Der Anteil ist hierbei nicht weiter definiert.

Eine Ausnahme besteht für bestehende Gebäude, wenn kein Gas- oder Fernwärmenetz am Grundstück vorhanden und die Nutzung erneuerbarer Energien technisch nicht möglich ist bzw. wenn der Einbau einer neuen nicht mit Heizöl betriebenen Anlage zu einer unbilligen Härte führt.

- § 73 – die Einschränkung nach § 10 Abs. 4 EnEV, nach der die Pflichten zur Nachrüstung bei Wohngebäuden mit maximal zwei Wohneinheiten, von denen der Eigentümer eine am 01.02.2002 selbst bewohnt hat, erst im Falle eines Eigentümerwechsels gilt, wurde im GEG in diesem Paragrafen beibehalten und bezieht sich auf die §§ 71 und 72.

Abschnitt 3 – energetische Inspektion von Klimaanlagen

§ 12 EnEV wurde im GEG auf fünf Paragrafen aufgeteilt.

- § 74 – Pflichten des Betreibers von Klima- bzw. kombinierten Klima- und Lüftungsanlagen mit einer Kältenennleistung von mehr als 12 kW zur energetischen Inspektion

Neu im GEG 2020: Reduzierung der Inspektionen

Bei mehr als zehn gleichartigen Anlagen eines Betreibers kann die Inspektion stichprobenartig ausfallen. Die Pflicht zur Inspektion entfällt, wenn in dem Gebäude ein Gebäudeautomatisationssystem eingebaut ist, das die Kennwerte der Anlage kontinuierlich überwacht und den Betreiber informiert.

- § 75 – der Inhalt der Inspektion entspricht im Wesentlichen dem des § 12 EnEV. Für Anlagen mit mehr als 70 kW Kälteleistung ist die Inspektion nun nach DIN SPEC 15240:2019-03 durchzuführen. Ebenso ist die Anzahl der Stichprobenkontrollen bei vielen Anlagen geregelt.
- § 76 – Zeitpunkt der Inspektion: wie in der EnEV erstmals im zehnten Jahr nach Inbetriebnahme oder Erneuerung wesentlicher Bauteile. Im GEG geändert: Für Anlagen, die am 01.10.2018 mehr als zehn Jahre alt waren und noch keiner Inspektion unterzogen wurden, gilt der 31.12.2022 als Stichtag.

Neu im GEG 2020: Erweiterung des Inspektionspersonals

- § 77 – die Fachkunde des Inspektionspersonals wurde um Personengruppen erweitert, die in einem zulassungspflichtigen anlagentechnischen Gewerbe die Voraussetzungen zur Eintragung in die Handwerkerrolle erfüllen, einen Meistertitel in einem zulassungsfreien Handwerk tragen oder ohne Meistertitel ein zulassungspflichtiges Handwerk selbstständig ausüben dürfen, sowie staatlich anerkannte oder geprüfte Techniker mit Ausbildungsschwerpunkt in der Beurteilung von Lüftungs- und Klimaanlagen
- § 78 – Inhalte und Form des Inspektionsberichts: Der Bericht darf nur noch mit eingetragener Inspektionsnummer übergeben werden.

Vorläufige Berichte ohne Nummer wie in der EnEV sind nicht mehr zulässig.

Teil 5 – Energieausweise

Das GEG regelt in den §§ 79 bis 88 die Anforderungen an Arten und Inhalte der Energieausweise für neue und bestehende Gebäude sowie die Anforderungen an die Aussteller. Gegenüber der EnEV gibt es einige Änderungen und Neuerungen.

Neu im GEG 2020: Beratungsgespräch bei Übergabe des Ausweises

Bei Abschluss des Kaufvertrags für ein Wohngebäude mit maximal zwei Wohnungen hat der Käufer ein Beratungsgespräch zur Erläuterung des Energieausweises mit einem zur Ausstellung berechtigten Planer zu führen, sofern diese Leistung unentgeltlich angeboten wird.

Änderung GEG 2020: Bereitstellung von Daten

Es ist möglich, Energiebedarfsausweise für Bestandsgebäude zu erstellen, ohne selbst Berechnungen durchgeführt zu haben. In diesen Fällen muss der Aussteller aber auf die vorliegenden Berechnungen zugreifen und diese prüfen können.

Hinweis für die Praxis

Damit ist gemeint, dass der Aussteller die Berechnungsergebnisse eines abgelaufenen Energieausweises übernehmen und in seine Software einpflegen kann. Voraussetzung dafür ist jedoch, dass im Gebäude keine baulichen oder anlagentechnischen Veränderungen durchgeführt wurden. Der Aussteller des neuen Ausweises haftet für die Richtigkeit der genutzten Daten!

Änderung bei Angaben im Ausweis

Energiebedarfs- und Verbrauchsausweise müssen Informationen zu den Treibhausgasemissionen (CO_2-Ausstoß) enthalten.

Änderungen der Ausstellungsberechtigung

Grundsätzlich wird nicht mehr zwischen einer Ausstellungsberechtigung von Ausweisen für Neu- oder Bestandsgebäude unterschieden. Sofern Aussteller nach Landesrecht bauvorlageberechtigt sind, dürfen sie Ausweise für Wohn- und Nichtwohngebäude erstellen. Personen, welche die Voraussetzungen über Energieberaterschulungen erfüllen, dürfen Ausweise für Nichtwohngebäude nur ausstellen, wenn sie nachweislich die entsprechende Schulung hatten.

Teil 6 – finanzielle Förderung der Nutzung erneuerbarer Energien für die Erzeugung von Wärme oder Kälte und von Energieeffizienzmaßnahmen

- § 90 geförderte Maßnahmen zur Nutzung erneuerbarer Energien:
  - feste Biomasse: Es werden nur noch Anlagen zur Nutzung von fester Biomasse gefördert, wenn die Erfüllung der Anforderungen für Neubau oder bei bestehenden öffentlichen Gebäuden erfüllt sind. Zuvor wurden die Anlagen auch bei Nichterfüllen der Anforderungen, aber mit einer geringeren Prozentzahl gefördert.
  - Wärmepumpe: Für die Förderfähigkeit einer Wärmepumpe zur Nutzung von Geothermie, Umweltwärme oder Abwärme war zuvor nur eines der Zeichen notwendig: Umweltzeichen Euroblume, Blauer Engel und Prüfzeichen European Quality Label for Heat Pumps. Im GEG wird allgemein auf die Anforderungen der Richtlinie 2099/25/EG verwiesen.
- § 91 Verhältnis zu den Anforderungen an ein Gebäude

Es wurden weitere Ausnahmen hinzugefügt. Dies betrifft die Errichtung eines Wohn- und eines Nichtwohngebäudes:

- Der auf die Gebäudenutzfläche bezogene Jahres-Primärenergiebedarf bei einem Neubau eines Wohngebäudes muss kleiner oder gleich dem 0,55-fachen Wert des entsprechenden Referenzgebäudes sein. Bei einem zu errichtenden Nichtwohngebäude ist das der 0,7-fache Wert des entsprechenden Referenzgebäudes.
- Zusätzlich ist der Höchstwert des spezifischen, auf die wärmeübertragende Umfassungsfläche bezogenen Transmissionswärmeverlusts bei zu errichtendem Wohngebäude zu begrenzen. Diese darf den 0,7-fachen Wert des Referenzgebäudes nicht überschreiten.
- Bei den zu errichtenden Nichtwohngebäuden bezieht sich die Zusatzanforderung auf den mittleren Wärmedurchgangskoeffizienten. Dieser entspricht den Werten nach Anlage 3 des GEG.

Neu ab 2023: Neubauten sind generell erst dann förderfähig, wenn deren Eigenschaften die Anforderungen des GEG **unterschreiten.**

Teil 7 – Vollzug

§ 96 Private Nachweise – Unternehmererklärung:

- Die Aufbewahrungspflicht wurde von fünf auf zehn Jahre erhöht.
- Zusätzliche Angaben sind mit aufzunehmen:

  - beim Einbau von Zentralheizungen: Aufwandszahl der Zentralheizung für die Bereitstellung der Raumwärme, und wenn Warmwasserbereitung damit verbunden auch die Aufwandszahl für die Warmwasserbereitung
  - Beim Einbau von Klima- und raumlufttechnischen Anlagen sind der gewichtete Mittelwert der auf das jeweilige Fördervolumen bezogenen elektrischen Leistung aller Zu- und Abluftventilatoren sowie der Wärmerückgewinnungsgrad anzugeben.

§ 102 Befreiungen

- Sollte das Ziel des Gesetzes durch andere Maßnahmen als durch die im Gesetz genannten Maßnahmen in gleichem Umfang erreicht werden, so sind die Anforderungen erfüllt, da man somit befreit ist von den gesetzlichen Anforderungen. Ausgenommen hiervon ist die Ausstellung von Energieausweisen.
- Der Eigentümer muss die Voraussetzungen zur Befreiung bei der zuständigen Behörde darlegen und nachweisen. Die Behörde kann im Zweifelsfall die Bestätigung bzw. Beurteilung eines qualifizierten Sachverständigen verlangen.

Neu ab 2023: Die zulässige Nutzungsdauer von provisorischen Gebäuden kann um weitere zwei Jahre verlängert werden, wenn die Unterbringung von Geflüchteten notwendig ist. Diese Fristverlängerung kann durch die zuständigen Landesbehörden bis 31.12.2024 nach Antragstellung erteilt werden.

§ 103 Innovationsklausel

- Die zuständigen Behörden können weitere Befreiungen bis zum 31.12.2023 zulassen, wenn
  - bei einem zu errichtenden Wohn- und Nichtwohngebäude die Treibhausgasemissionen gleichwertig begrenzt und den 0,75-fachen Wert des Jahres-Primärenergiebedarfs des Referenzgebäudes nicht überschreiten oder
  - bei Änderungen im Gebäudebestand (Wohn- und Nichtwohngebäude) die Treibhausgasemissionen gleichwertig begrenzt und den 1,4-fachen Wert des Jahres-Primärenergiebedarfs des Referenzgebäudes nicht überschreiten.
- Spätestens ein Jahr nach Abschluss der Maßnahme ist der Behörde ein Bericht vorzulegen, der insbesondere Investitionskosten und Energieverbräuche beinhaltet, aber auch ggf. Hinweise zur Herkunft oder Erzeugung synthetischer Energieträger.
- Bis Ende 2025 wird bei Quartieren eine Einhaltung der Anforderungen bei Änderungen an Gebäuden über eine gemeinsame Erfüllung

sichergestellt. Das bedeutet, dass die Anforderungen in der Gemeinsamkeit erfüllt sein muss. Jedoch muss jedes Gebäude für sich eine Mindestqualität der geänderten Bauteile aufweisen. Die Mindestqualität ist erfüllt, wenn die Höchstwerte der Wärmedurchgangskoeffizienten nach Anlage 7 GEG um nicht mehr als 40 % überschritten werden.

Neu ab 2023: Änderung in Satz 1: Weitere Befreiungen sind nur möglich, wenn der Jahres-Primärenergiebedarf für ein neues Wohn- oder Nichtwohngebäude den 0,55-fachen Wert des jeweiligen Referenzgebäudes nicht überschreitet.

Teil 8 – besondere Gebäude, Bußgeldvorschriften, Anschluss- und Benutzungszwang

- § 104 – Anforderungen an kleine Gebäude und Raumzellen – bisher § 8 EnEV
- § 105 – denkmalgeschützte Gebäude und besonders erhaltenswerte Bausubstanz – bisher § 25 EnEV
- § 106 – gemischt genutzte Gebäude – bisher § 22 EnEV

Änderung GEG 2020: Wärmeversorgung im Quartier

- § 107 regelt Vereinbarungen im Zusammenhang mit gemeinsamer Nutzung von Wärme oder Kälte räumlich benachbarter Gebäude. Geregelt werden dabei u.a.:
  - Errichtung und Betrieb von gemeinsamen Anlagen zur Nutzung und Verteilung von Wärme und Kälte aus erneuerbaren Energien oder KWK-Anlagen
  - die gemeinsame Verpflichtung zur Erfüllung der in § 10 Abs. 2.3 geforderten Mindestnutzung erneuerbarer Energien
  - Benutzung bzw. Betreten von Grundstücken und das Durchführen von Leitungen
  - Zulässig ist die Beteiligung von Energieversorgungsunternehmen.
  - Die Vereinbarung bedarf der Schriftform!
  - Vorlage der Vereinbarung auf Nachfrage der zuständigen Behörde
- § 108 regelt diverse Bußgeldvorschriften. Wie bisher wird die Nichteinhaltung einer technischen Vorgabe mit 50.000 € geahndet, Verstöße im Zusammenhang mit Energieausweisen oder verpflichtenden Inspektionen mit 10.000 €. Die nicht bzw. nicht fristgerecht erfolgte Erstellung und Vorlage privater Nachweise (z.B. Unternehmererklärungen, Erklärungen an den bevollmächtigten Kaminkehrer) wird mit einem Bußgeld in Höhe von 5.000 € bestraft.

Teil 9 – Übergangsvorschriften

Hier werden die üblichen Übergangsvorschriften im Zusammenhang mit der Einführung des neuen Gesetzes geregelt. Das betrifft insbesondere folgende Gebiete:

- die Anwendbarkeit auf Bauvorhaben, wie bisher in Abhängigkeit von der Antragstellung
- Hinweise zur Erstellung von Energieausweisen
- Hinweise für Ausweisersteller
- vorläufige Wahrnehmung von Vollzugsaufgaben der Länder durch das DIBt

Anlagen

Anlage 1

Tabellarische Darstellung der Anforderung an Referenzwohngebäude, ergänzend zu § 15 Abs. 1.

Anlage 2

Tabellarische Darstellung der Anforderung an Referenznichtwohngebäude, ergänzend zu § 18 Abs. 1.

Anlage 3

Tabellarische Darstellung der Höchstwerte der Wärmedurchgangskoeffizienten der wärmeübertragenden Umfassungsfläche für Referenznichtwohngebäude, ergänzend zu § 19.

Anlage 4

Tabelle der Primärenergiefaktoren, ergänzend zu § 22 Abs. 1.

Anlage 5 – vereinfachtes Nachweisverfahren für neue Wohngebäude

- Voraussetzungen für die Anwendbarkeit
- tabellarische Darstellung der Wärmeschutzvarianten in Abhängigkeit von den Anlagenvarianten, jeweils dargestellt für frei stehende, ein- oder beidseitig angebaute Wohngebäude
- Anforderung an die Anlagenvarianten

Anlage 6

- tabellarischen Übersicht der möglichen Nutzungsprofile für das vereinfachte Berechnungsverfahren von Nichtwohngebäuden (Ein-Zonen-Modell), ergänzend zu § 32 Abs. 3

Hinweis für die Praxis

Berechnungen nach dem Ein-Zonen-Modell dürfen nur für die in dieser Tabelle beschriebenen Nutzungsprofile bzw. Gebäudenutzungen durchgeführt werden.

Anlage 7

Tabellarische Darstellung der Anforderung an Außenbauteile bei der Änderung bestehender Gebäude, ergänzend zu § 48.

Hinweis für die Praxis

Die Anlage 7 ersetzt die bisherige Anlage 3. Die Anforderungen an die aufgeführten Bauteile haben sich nicht geändert.

Anlage 8

Hier werden die Anforderungen an die Wärmedämmungen von Rohrleitungen textlich, nicht mehr tabellarisch beschrieben.

Hinweis für die Praxis

Die Anforderungen haben sich nicht geändert, zur besseren Lesbarkeit in der Praxis empfiehlt sich die Verwendung der bisher tabellarischen Darstellung der Anlage 5 EnEV 2013/2016.

Umrechnung in Treibhausemissionen

Die Berechnungsgrundlagen für die Ermittlung der Treibhausgasemissionen sind von Bedeutung für die Angabe in den Energieausweisen. Tabellarisch sind die Emissionsfaktoren fossiler und biogener Brennstoffe, von Strom, Wärme bzw. Kälte, Nah- und Fernwärme aus KWK-Anlagen sowie Nah- und Fernwärme aus Heizwerken aufgelistet. Textlich ergänzt sind Hinweise zur Ermittlung.

Hinweis für die Praxis

In der Regel werden die Treibhausemissionen automatisch durch das verwendete Berechnungsprogramm ermittelt. Insofern wird der Planer diese Angaben eher selten bzw. in einigen Ausnahmefällen nutzen.

Anlage 10

Die in Energieausweisen für Wohngebäude geforderte Darstellung der Energieeffizienzklasse (A+ bis H) ist in einer Tabelle abgebildet, je nach Klasse wird die maximal zulässige Endenergie aufgeführt.

Anlage 11

Anforderungen zu den Inhalten der Schulung als Voraussetzung und Berechtigung zur Ausstellung von Energieausweisen.

Änderung GEG 2020

Es wird nicht mehr unterschieden, ob der Ausweis für ein neu errichtetes Gebäude oder ein bestehendes Gebäude erstellt wird (siehe dazu Teil 5).

DIN 4108 Beiblatt 2

Das Beiblatt 2:2019-06 ersetzte das lange geltende Beiblatt 2 in der Fassung von 2006. Der folgende Beitrag fasst die wichtigsten Punkte der Norm zusammen. Nach wie vor werden Wärmebrückendetails für folgende Baukonstruktionen abgebildet:

- monolithische Bauweise
- außen- oder kerngedämmte Konstruktionen in Massivbauweise
- Holzbau

Neue Anschlussdetails

Wurden vorher lediglich 95 Details dargestellt, so bildet das aktuelle Beiblatt insgesamt 399 Details in insgesamt 27 Anschlussgruppen ab. Enthalten sind alle bisherigen Detailpunkte, aber auch neue wie z.B.:

- Firstpunkte
- Lichtkuppeln
- Pultdächer
- Tiefgaragenanschlüsse
- Terrassentüranschlüsse
- Innenwandbauteile
- zurückspringende Bauteile (Erker, Loggien)
- Pfosten-Riegel-Konstruktionen
- Giebelwände zu nicht beheizten Dachräumen

Auch die Anzahl der Details in den schon bisher beschriebenen Anschlusspunkten wurde deutlich erhöht. Somit sind die meisten der in einem Gebäude vorkommenden Wärmebrücken beispielhaft dargestellt und können wesentlich schneller und einfacher als vorher über den Gleichwertigkeitsnachweis nachgewiesen werden. Wie bisher sind auch künftig nur im Beiblatt 2 enthaltene Wärmebrücken zu betrachten.

Für die neu hinzugekommenen Anschlusspunkte sind neben den ψ-Werten auch die Randbedingungen im Beiblatt festgesetzt worden.

Detaillierter beschrieben werden auch die zu vernachlässigenden Wärmebrücken. Ein Grund dafür sind in der Vergangenheit immer wieder aufgetretene Unsicherheit bei Planern. So sind über die bekannten nun folgende Anschlusssituationen aufgeführt:

- Steckdosen, Briefkästen, Leitungsschlitze
- Durchdringungen von Sparren, Pfetten oder Stützen durch Dämmebenen.
- Lüftungsrohre und Schächte

Schon bisher genannte Bagatellfälle sind außerdem eindeutiger als bisher beschrieben. Voraussetzung bleibt, dass der Mindestwärmeschutz erfüllt sein muss!

Mindestdämmstärken

In den alten Detailzeichnungen waren maximale Dämmstärken bis 16 cm angegeben. Im aktuellen Beiblatt ist das geändert worden, nunmehr sind Mindestdämmstärken angegeben. Ein Vergleich mit den Details am zu berechnenden Gebäude ist nunmehr einfacher und zumeist zutreffender als bisher.

Referenzwerte

Bei der Neuentwicklung der Detailpunkte sind die Referenzwerte neu berechnet worden. Es gibt mittlerweile für alle Anschlussdetails Psi-Werte (ψ). Zu beachten ist, dass diese von den älteren abweichen können, da sich die Details verändert und die Neuberechnungen zu geänderten Ergebnissen geführt haben.

Energetische Standards

Mit dem Gleichwertigkeitsnachweis ist es bisher möglich, den Wärmebrückenzuschlag $U_{WB} = 0{,}10$ W/(m^{2}K) mindestens auf $U_{WB} = 0{,}05$ W/(m^{2}K) zu reduzieren. Sofern eine weitere Reduzierung gewünscht ist, z.B. um eine Effizienzhausstufe zu erreichen, ist eine detaillierte Wärmebrückenberechnung notwendig.

Bei der Neuentwicklung des Beiblatts 2 wurden die bereits aus der DIN 18599-2 bekannten energetischen Kategorien A und B aufgegriffen und eingeführt. Die meisten Detailpunkte sind auch jeweils für beide Stufen beschrieben worden. Wenn ein Gleichwertigkeitsnachweis anhand der Anschlusspunkte der Kategorie B geführt wird, darf der Wärmebrückenzuschlag ohne weiteren rechnerischen Nachweis auf $U_{WB} = 0{,}03$ W/(m^{2}K) angesetzt werden. Werden die Details gemäß Kategorie A ausgeführt, gilt ein U_{WB} von 0,05 W/(m^{2}K).

Gleichwertigkeitsnachweis

Wie bisher können Gleichwertigkeitsnachweise bildlich, rechnerisch oder gemäß Wärmebrückenkatalogen geführt werden. Auch eine Mischung der Möglichkeiten ist grundsätzlich zulässig, manchmal auch notwendig, wenn ein Detail nicht dem Katalog entspricht.

Detaillierter Wärmebrückennachweis

Nicht erlaubt jedoch ist die Verwendung der Referenzwerte des Beiblatts 2 bei einem detaillierten Wärmebrückennachweis. Hier muss nach wie vor jede Wärmebrücke berechnet werden. Im neuen Beiblatt 2 sind dafür die Rechenrandbedingungen neu zusammengefasst worden.

Ersatzsysteme von Bauelementen

Das Modellieren, also das Entwickeln eines „typischen" Anschlusspunkts von Bauelementen (z.B. Fenster) an Bauteile (z.B. Wand) ist wegen der großen Vielfalt an Lösungen nur sehr schwer möglich. Das Beiblatt 2 stellt, wie bisher, daher für folgende Bauelemente Ersatzsysteme vor, welche die Bauelemente geometrisch sehr vereinfacht abbilden und dafür dann Referenzwerte angeben.

Für folgende Bauelemente werden Ersatzsysteme beschrieben:

- Fenster und Fenstertüren, Türen
- Dachflächenfenster
- Lichtkuppeln
- Vorhangfassaden
- Rollladen- und Raffstorekästen

Referenzelemente

Der Planer kann nun den Anschlusspunkt mit dem Ersatzsystem betrachten oder künftig alternativ diesen Punkt mit sog. Referenzelementen berechnen. Hier wird ein detaillierteres Modell entwickelt. Das neue Beiblatt liefert dazu die Referenzwerte auf CD-ROM, welche in jedes übliche Wärmebrückenberechnungsprogramm eingelesen werden können. Die für diese Referenzbauelemente angegebenen ψ-Werte weichen von den ψ-Werten der Ersatzsysteme ab. Hier ist eine Vermischung der Referenzwerte zu vermeiden.

Nichterreichen eines Referenzwerts

Früher galt folgende Regelung: Wenn ein Referenzwert nicht erreicht werden konnte, musste in der Regel entweder der Wärmebrückenzuschlag von U_{WB} = 0,10 W/(m²K) angesetzt werden, oder es war ein detaillierter Nachweis zu führen. Künftig wird die Überschreitung, bezogen auf den Referenzwert, zum pauschalen Wärmebrückenzuschlag addiert.

DIN V 18599:2018-09

Alle Wohngebäude, die gekühlt werden, sowie Nichtwohngebäude müssen über die DIN V 18599:2018-09 berechnet werden. Außerdem lassen sich einige technische Anlagen nur schwer mit der DIN 4701-10 darstellen.

Diese DIN-Norm dient dazu, Nutzeigenschaften in einem Nichtwohngebäude oder Wohngebäude abzubilden. Leider wird es bei der Berechnung zu größeren Abweichungen vom tatsächlichen Verbrauch kommen. Aber diese Berechnung ist für Bauanträge und Energieausweise vorgeschrieben. Für eine fundierte Energieberatung ist sie somit nur eingeschränkt nutzbar.

Die DIN V 18599:2018-09 stellt ein Verfahren zur Bewertung der Gesamt-Energieeffizienz von Gebäuden dar, wie es nach den europäischen Richtlinien gefordert wird (im Gegensatz zur eingangs erwähnten DIN 4701-10).

Die Berechnungen sollen sämtliche Energieflüsse darstellen, die in einem Gebäude auftreten. Das umfasst Heizung, Kühlung, Warmwasserbereitung, raumlufttechnische Konditionierung und die Beleuchtung. Dazu werden Gutschriften über die Gebäudeautomation berücksichtigt.

Bei Nichtwohngebäuden können Energieflüsse von Produktionsprozessen nicht dargestellt werden. Zum Beispiel müssen Kühlkammern in einem Supermarkt oder Lackierkabinen als leerer Raum dargestellt werden.

Hinweis für die Praxis

Die meisten Softwarehersteller haben sich zu einer Gütegemeinschaft 18599 zusammengefunden und übernehmen die aktualisierten Normen in ihr jeweiliges Berechnungsprogramm.

Die Norm selbst kann auch nur in Teilen kostenpflichtig über den Beuth-Verlag bezogen werden (www.beuth.de) Darüber hinaus liegen sie meist zur Einsicht an den Hochschulen aus.

Die einzelnen Normen sind sehr ähnlich aufgebaut:

- Definition des Anwendungsbereichs
- Normative Verweise
- Begriffe, Symbole, Einheiten und Indizes

- Verfahren und Vorschriften für die energetische Bilanzierung
- Anhänge mit Tabellen

Die DIN V 18599:2018-09 wurde im September 2018 neu gefasst. Sie umfasst 12 Teile. Das sind die wesentlichen Änderungen bzw. Ergänzungen:

DIN V 18599-1:2018-09 – Allgemeine Bilanzierungsverfahren, Begriffe, Zonierung und Bewertung der Energieträger

In diesem Teil werden allgemeine Definitionen dargestellt, die übergreifend für alle Normteile gelten. Die allgemeine Bilanzierungstechnik und die zentralen Bilanzgleichungen werden vorgestellt sowie die verschiedenen Zonen bei Nichtwohngebäuden.

- Aktualisierung der Primärfaktoren von Strom und biogenen Brennstoffen sowie Streichung bei Nah- und Fernwärme aus Heizkraftwerken mit erneuerbaren Energieträgern
  - Ergänzung von CO_2-Bewertungen
  - Erneuerung von Jahres- und Monatswerten in der Tabelle 5.2.6
  - Überarbeitung der Begriffe „Zonierung" und „Geringfügigkeit"
  - Aktualisierung des Begriffs „Gebäudenutzfläche" beim Wohnungsbau

DIN V 18599-2:2018-09 – Nutzenergiebedarf für Heizen und Kühlen von Gebäudezonen

Dieser Teil bildet die Grundlage der Bilanzierung des Nutzenergiebedarfs für das Heizen und Kühlen einer Zone.

- Aktualisierung von „Symbolen, Einheiten und Indizes" sowie Eingangs- und Ausgangsgrößen
  - Veränderung der Temperaturkorrekturfaktoren bei niedrig beheizten Gebäudeteilen
  - Neue Berechnungswerte für Bauteile des unteren Gebäudeabschlusses
  - Neugestaltung der rechnerischen Bewertung bei zweidimensionalen Wärmebrücken
  - Erneuerung bei Kühlfällen im Erdreich
  - Überarbeitung „Solare Wärmeinträge über opake Bauteile"

DIN V 18599-3:2018-09 – Nutzenergiebedarf für die energetische Luftaufbereitung

In diesem Teil wird die Berechnung des Nutzenergiebedarfs bei Nichtwohngebäuden für die energetische Luftaufbereitung dargestellt. Das betrifft den Energiebedarf für die Funktionen Heizen, Kühlen, Befeuchten und Entfeuchten von Außenluft sowie den elektrischen Energiebedarf der verwendeten Ventilatoren.

Lediglich redaktionelle Änderungen.

DIN V 18599-4:2018-09 – Nutz- und Endenergiebedarf für Beleuchtung

Ein Unterschied zur Norm 4701-10 besteht darin, dass mit dieser Norm der Energiebedarf für Beleuchtung erfasst und ihre Zonierung dargestellt wird. Dazu gibt es Rechenwerkzeuge für den Einfluss der Tageslichtnutzung.

- vereinfachte Bestimmung des mit Tageslicht versorgten Bereichs
- bessere Bewertung und größere Unterscheidung von LED-Daten
- horizontale und vertikale Berücksichtigung von Beleuchtungsstärken
- Überarbeitung der Anpassungsfaktoren in Tabelle 6

DIN V 18599-5:2018-09 – Endenergiebedarf von Heizsystemen

Dieser Normenteil umfasst ein Verfahren zur energetischen Bewertung von Heizsystemen sowie ihrer Übergabe, Verteilung, Speicherung und Erzeugung. Hier wurden bei der Überarbeitung besonders die neuen technischen Entwicklungen berücksichtigt:

- neue Standardwerte bei dezentralen und hydraulisch angeschlossenen Einzelfeuerstätten
  - Verteilung der Deckungsanteile bei Kombianlagen für Heizung und Trinkwassererwärmung
  - Verfahren für eine Berechnung der Leistungszahlen im Teillastbetrieb, vergleichbar zu drehzahlgeregelten elektrischen Wärmepumpen
  - Streichung des Wasserinhalts bei Wärmeerzeugern
  - Klärung der Begriffe bei E-Speicherheizungen
  - Erneuerung der Belastungsfaktoren in Anhang B
  - Verfahren zur Berechnung der maximalen Heizleistung von Wärmepumpen bei Verwendung einer Bivalenztemperatur
  - realistische Werte für Pellet- und Hackschnitzelanlagen

- erneuerte Bewertungsansätze für Solarthermieanlagen
- Berechnung von Wohnungs-/Frischwasserstationen
- Neuregelung von Gas-Durchlauferhitzern
- Erfassung von Wärmerückgewinnung aus Duschabwasser

DIN V 18599-6:2018-09 – Endenergiebedarf von Lüftungsanlagen, Luftheizungsanlagen und Kühlsystemen für den Wohnungsbau

- Wohnungslüftungsanlagen ergänzt
  - Teillüftung eingeführt
  - Bei Übergabe Kühlung wurden die Nutzungsgrade vereinfacht.
  - Baujahrfaktor statt Baualtersfaktor
  - Anpassung an die Ecodesign-Richtlinie bei der Leistungsaufnahme von Ventilatoren
  - Berücksichtigung von Frostschutzstrategien
  - Erweiterung bei den Systemen zur Wohnungskühlung (z.B. Kompressions-Kältemaschinen)
  - Neuberechnung bei Abluft-Wärmepumpen

DIN V 18599-7:2018-09 – Endenergiebedarf von Lüftungsanlagen, Luftheizungsanlagen und Kühlsystemen für den Nichtwohnungsbau

- Verbindung zur Verordnung (EU) 2016/2281
  - Vereinfachtes Verfahren bei der Kaltwasserhydraulik
  - Erneuerung der Randbedingungen im Zuge der Neufassung der DIN EN 16798-3 bei RTL-Anlagen
  - neue Mindestanforderungen an RTL-Anlagen und Kältemittel im Zuge der Ecodesign-Richtlinie

DIN V 18599-8:2018-09 – Nutz- und Endenergiebedarf von Warmwasserbereitungssystemen

- Aktualisierung der Berechnung der maximalen Vorlauftemperaturen von Wärmepumpen
  - Erneuerung der Standardwerte für die maximale Vorlauftemperatur
  - Einführung von geregelten gasmotorischen Wärmepumpen
  - Einführung von kalten Wärmenetzen als Wärmequelle für Wärmepumpen
  - hydraulisch eingebundene Einzelfeuerstätten

DIN V 18599-9:2018-09 – End- und Primärenergiebedarf von stromproduzierenden Anlagen

Dieser Teil umfasst Verfahren zur Bewertung der Stromerzeugung, die im unmittelbaren räumlichen Zusammenhang stehen mit dem Gebäude, das sind Kraft-Wärme-Kopplung (KWK, BHKW), Photovoltaik und Windenergieanlagen.

- nutzbarer Ertrag bei der PV-Berechnung
  - Aktualisierung der Berechnung von Peakleistungsfaktoren
  - Änderungen bei der Aufteilung der Endenergie von KWK-Systemen
  - Aktualisierung der Berechnung von Mikro-KWKs

DIN V 18599-10:2018-09 – Nutzungsrandbedingungen, Klimadaten

- Überarbeitung der Tabellen 1 bis 3

DIN V 18599-11:2018-09 – Gebäudeautomation

Dieser Teil beschreibt den Einfluss der Steuerung und Regelung auf Gebäude. Er definiert die Raum- und Gebäudeautomation zusammen in Verbindung mit dem energetischen Gebäudeenergiebedarf.

Dabei zeigt das Energiemanagement als Teil des übergeordneten Gebäudemanagements eine große Bedeutung im Hinblick auf einen energieeffizienten Gebäudebetrieb. Dieser Teil beschreibt auch die Energiemanagementfunktionen und ihre Wechselwirkungen mit den anderen Bereichen der Energieanwendung im Gebäude.

DIN V 18599-12:2018-09 – Tabellenverfahren für Wohngebäude

Dieser Teil soll ohne Einsatz von Software die Berechnung von Wohngebäuden ermöglichen, und zwar in Form von Tabellen. Auf etwa 300 Seiten und mit 165 Tabellen (Stand Version 2016) soll mittels einer iterativen Lösung eine Bilanz erstellt werden können.

Dafür muss der Nutzenergiebedarf für den Heizwärmebedarf der betreffenden Zone ermittelt werden. Dafür benötigt man:

- Nutzungswärme- bzw. Kältesenken, innere Wärme- bzw. Kühlquellen
- die solaren Wärmequellen über die transparenten Flächen

- die ungeregelten Wärmeeinträge durch die anlagentechnischen Bestandteile
- die vorgegebene Soll-Temperatur

Kapitel 2
GEG in der Planungspraxis

2/1 Gebäudeenergieberatung

Beratungen zu Gebäuden unterscheiden sich nach Umfang und Komplexität, was sich dann auch in den Kosten widerspiegelt, die unter Umständen gefördert werden können:

- einfache Beratungen ohne Berechnungen, die zwar wenig aussagekräftig sind, aber günstig den Einstieg zu Sparmaßnahmen öffnen können (z.B. Vergleich Verbrauch in kWh zur Wohnfläche, m^2-bezogen
- einfache Checks, die zum Teil umsonst oder günstig angeboten werden, z.B. Verbraucherzentrale, Energieversorger
- umfangreichere Berechnungen mit konkreten Gebäuden und Plänen, z.B. iSFp-Beratungen, EBN (Beratung Nichtwohngebäude)
- größere Einheiten und Gebäudekomplexe über Energieaudits
- spezielle Fachuntersuchungen (PV-Simulation, BHKW-Berechnungen)

In § 80 Abs. 4 des GEG ist in manchen Fällen eine Energieberatung verpflichtend. „Beim Abschluss eines Kaufvertrags über ein Wohngebäude mit nicht mehr als zwei Wohnungen hat der Verkäufer oder der Immobilienmakler dem Käufer ein informatorisches Beratungsgespräch zum Energieausweis mit einer nach § 88 zur Ausstellung von Energieausweisen berechtigten Person zu führen, wenn ein solches Beratungsgespräch als einzelne Leistung unentgeltlich angeboten wird." Über den Umfang dieser Beratung gibt es aber keine genauen Regelungen. Angeblich reicht es aus, die Kerndaten des Energieausweises zu erläutern.

Die freie Energieberatung ist gesetzlich nicht geregelt und überlässt es den Planern/Planerinnen und Beratern/Beraterinnen, in welchem Umfang und welcher Form sie die Beratung anbieten und durchführen. Doch werden sie sich aus verständlichen Gründen an die Rechenvorschriften des GEG halten, um den Wünschen des Kunden nach relevanten Auskünften nachzukommen.

Basierend auf Plänen, Kaminkehrerprotokollen, Baubeschreibungen u.Ä.m muss sich der Berater dann vor Ort ein Bild der tatsächlichen Gegebenheiten machen, eventuell zusätzliche Messungen vornehmen. Mit diesen Daten kann er dann nach den Regeln der aktuellen Rechtsprechung eine Berechnung des energetischen Istzustands vornehmen. Dabei werden die verschiedenen Energieverbräuche und der Energiebedarf ermittelt. In einem zweiten Schritt unterbreitet der Berater seinem Kunden Vorschläge zu Einsparmöglichkeiten.

BAFA-Beratungen

Im Gegensatz zur freien Energieberatung gibt es bei den vom Bundesamt für Wirtschaft und Ausfuhrkontrolle (BAFA) geförderten Beratungen genaue Anforderungen an den Beratungsbericht, dessen Form und dessen Inhalt.

Als Anreiz zur Durchführung von Energieberatungen mit dem Ziel der energetischen Sanierung von Bestandsgebäuden wurden Förderprogramme mit erhöhten Zuschüssen für Wohn- und Nichtwohngebäude aufgelegt.

Gegenstand der Förderung

Im Rahmen der Beratung entsteht ein Energieberatungsbericht, der folgende Ziele darstellt:

- die Gesamtsanierung in einem Zug zum Effizienzhaus oder
- die Schritt-für Schritt-Sanierung

Bei der Schritt-für Schritt-Sanierung werden die möglichen, jeweils aufeinander aufbauenden Maßnahmen zur größtmöglichen Reduzierung des Primärenergiebedarfs aufgezeigt, die aber auch zu einem Effizienzgebäude-Standard führen sollten.

Voraussetzungen zur Durchführung der Vor-Ort-Energieberatung:

- Das Förderprogramm umfasst einmalige Zuschüsse für die Honorarkosten für die (bauliche) Energieberatung zu Wohngebäuden, Nichtwohngebäuden und Teilen gemischt genutzter Gebäude.
- die Erläuterung des Energieberichts im Rahmen einer Wohnungseigentümerversammlung oder Beiratssitzung

Bei gemischten Gebäuden gibt es detaillierte Vorgaben, ob ein einfacher Wohngebäude-Bericht/iSFp für das gesamte Gebäude statthaft ist (wohnähnliche Nutzung wie Kanzleien oder Praxen) oder ob getrennte Berichte erstellt werden müssen.

Zuschüsse Wohngebäude

Seit dem 01.02.2020 gelten höhere Fördersätze für Wohngebäude-Beratungen und individuelle Sanierungsfahrpläne:

- Ein- und Zweifamilienhäuser, 80 % Förderung, maximal 1.300 €
- Mehrfamilienhäuser > 3 WE, 80 % Förderung, maximal 1.700 €

Die BAFA-Zuschüsse dürfen mit kommunalen Zuschüssen kumuliert werden, dürfen aber nur maximal 90 % des Endbetrags ausmachen.

Die zusätzliche Bezuschussung für die persönliche Erläuterung des Energieberatungsberichts im Rahmen einer Wohnungseigentümerversammlung oder Beiratssitzung beträgt maximal 500 €.

Hinweis für die Praxis

Damit soll der besondere Mehraufwand einer derartigen Veranstaltung für den Berater honoriert werden. Die „normale" Erläuterung des Berichts ist damit nicht gemeint! Er ist nach wie vor Bestandteil der Energieberatung.

Förderfähige Objekte

Dies sind Wohngebäude innerhalb des Bundesgebiets,

- für die vor dem 31.01.2002 (bisher: 31.12.1994) ein Bauantrag vor mindestens 10 Jahren gestellt bzw. eine Bauanzeige getätigt wurde,
- deren Größe sich nicht später durch Anbau oder Erweiterung um mehr als 50 % verändert hat,
- die sich in Nichtwohngebäuden befinden und deren Fläche mehr als 50 % der Gesamtnutzfläche betragen,
- die durch geplante Umnutzung beheizter Nichtwohngebäude geschaffen werden sollen.

Die Zuschussanträge werden vom Planer gestellt.

Hinweis für die Praxis

Es ist nicht der Kunde (Immobilienbesitzer) Antragsteller, sondern der Planer oder Energieberater! Darauf sollte der Kunde deutlich hingewiesen werden.

Zulassungsvoraussetzung für Antragsteller (Planer)

Eine Vor-Ort-Energieberatung darf nur durchführen, wer die Anforderungen der BAFA an die Berater erfüllt und dies im Rahmen eines Zulassungsantrags als „BAFA-Experte" nachgewiesen hat.

Die Berechtigung zur Durchführung können grundsätzlich alle in § 88 des GEG genannten Personen erlangen. Zwingende Voraussetzung ist die erfolgreiche Teilnahme an einer Fortbildung zum „Energieberater für Wohngebäude". Diese muss gemäß strengen inhaltlichen Anforderungen entsprechend durch einen anerkannten Weiterbildungsträger, wie z.B. die Architekten- oder Ingenieurkammern oder private Träger wie das „EZA", erfolgen.

Damit kann die Zulassung beantragt werden, und die Berechtigung zur Durchführung der Vor-Ort-Beratung ist gegeben, sofern der Berater eine gültige Haftpflichtversicherung für die Energieberatung vorlegt und aufrechterhält.

Beratungsempfänger

Grundsätzlich können alle Wohngebäudeeigentümer (auch juristische Personen) diese Beratung in Anspruch nehmen. Das gilt auch für Gebäude im Eigentum rechtlich selbstständiger Wirtschaftsunternehmen, sofern diese eine bestimmte Bilanzsumme nicht überschreiten.

Von der Förderung ausgeschlossen sind:

- Beratungen für Gebäude von Personen, welche mit dem Planer verwandt oder verschwägert sind
- Gebäude, für die innerhalb der letzten vier Jahre bereits eine Beratung durchgeführt wurde. (Sofern ein Eigentümerwechsel stattfindet, kann jederzeit ein neuer Zuschussantrag gestellt werden.)
- Gebäude bzw. Eigentümer von Gebäuden, die sich mehrheitlich oder vollständig im Bundes- oder Landeseigentum befinden
- Gebäude, für die bereits anderweitige Beratungsförderungen in Anspruch genommen werden. (Künftig können Mittel anderer kommunaler Beratungsprogramme mitberücksichtigt werden, jedoch darf die Fördersumme insgesamt nicht mehr als 90 % der Beratungskosten betragen.)

Die Beratung muss grundsätzlich für das gesamte Gebäude erfolgen, bei gemischt genutzten Gebäuden kann sich die Beratung künftig alternativ auch nur auf den Wohnteil beziehen.

Eine Förderung für Eigentumswohnanlagen ist zulässig, wenn die Beratung für die Wohnungseigentümer gemeinsam durchgeführt wird.

Mieter oder Nießbrauchsberechtigte eines Gebäudes können ebenfalls eine Beratung durchführen lassen, sofern diese sich auf das gesamte Gebäude bezieht, und nicht nur für die jeweilige Nutzungseinheit.

Die Vor-Ort-Beratung besteht grundsätzlich aus dem (schriftlichen) Bericht und einer persönlichen Erläuterung. Diese kann auch telefonisch erfolgen, sofern der Beratungsempfänger dem nachweislich (schriftlich!) zustimmt. Das gilt jedoch nicht, wenn der zusätzliche Zuschuss für die Erläuterung im Rahmen einer Versammlung bewilligt wurde.

Verfahrensablauf

Sofern alle Voraussetzungen zur Förderfähigkeit erfüllt sind und eine Förderung beantragt werden soll, wird der Förderantrag online im Internetportal gestellt und durch die BAFA bestätigt (Zuwendungsbescheid). Dieses Prozedere ist verbindlich geregelt. Zu beachten ist, dass der Antrag vor Beginn der Beratungsmaßnahme erfolgen muss. Als Beginn der Beratungsmaßnahme gilt der Vertragsschluss zwischen Berater und Beratungsempfänger. Sofern die Wirksamkeit des Vertrags vom Zuwendungsbescheid abhängig gemacht wird, darf der Vertrag auch schon VOR Antragstellung abgeschlossen werden.

Bewilligungszeitraum

Für die Durchführung der gesamten Beratung ist eine zeitliche Frist einzuhalten, diese beträgt maximal neun Monate, beginnend mit dem Eingang des Zuwendungsbescheids der BAFA beim Berater. Für die zusätzlich bewilligte Erläuterung des Berichts im Rahmen einer Wohnungseigentümerversammlung gilt ein Zeitraum von zwei Jahren! In begründeten Fällen kann diese Frist verlängert werden.

Beratungsbericht

Wesentlicher Bestandteil der Vor-Ort-Beratung ist die Erstellung eines Beratungsberichts als Basis für eine anschließende Sanierung. Er soll dem Kunden vor allem als Entscheidungsgrundlage dienen. Der Berater bzw. der Beratungsempfänger kann zwischen zwei Vorgehensweisen wählen:

- ausführlicher Beratungsbericht oder
- individueller Sanierungsfahrplan (iSFP)

Beide Beratungsformen müssen den Inhalten eines Merkblatts der BAFA entsprechen. Der iSFP ist als Modul in der Bilanzierungssoftware enthalten.

Beide Vorgehensweisen beschreiben

- entweder die Sanierung zum Effizienzhaus (Gesamtsanierung in einem Zuge zum Effizienzhaus)
- oder die Erstellung einer Schritt-für-Schritt Sanierung (gemeint sind aufeinander abgestimmte Einzelmaßnahmen zur Reduzierung des Primärenergiebedarfs).

Dabei muss die erste aller Maßnahmen förderfähig sein bzw. das Nichterreichen ggf. begründet werden! Alle weiteren Schritte müssen nur die Vorgaben nach § 50 des GEG erfüllen. Der ausführliche Beratungsbericht muss folgende wesentliche Beratungsziele beinhalten:

- Beschreibung des Istzustands mit den Ergebnissen der Bilanzierung sowie des Vergleichs zum tatsächlichen Verbrauch der letzten drei Jahre
- Bilanzierung des Ist- und des Zielzustands
- Angaben der Energiekosten
- Angaben zu den Investitions- und Instandhaltungskosten
- Angaben zu möglichen Förderungen
- Angaben zur Notwendigkeit und die Vorteile einer energetischen Baubegleitung
- Hinweise auf die Förderfähigkeit der Baubegleitung

Darüber hinaus muss im Bericht auf die Notwendigkeit eines Lüftungskonzepts hingewiesen werden. Ebenso ist die Verwendung erneuerbarer Energien zu prüfen, unabhängig davon, ob der Kunde diese nutzen will.

Hinweis für die Praxis

Sollte eine wirtschaftliche Nutzung erneuerbarer Energien nicht möglich sein, ist das zu begründen. Das gilt auch, wenn der Beratungsempfänger deren Nutzung nicht beabsichtigt.

Weiterhin sind allgemeine Hinweise auf die Vorteile einer energetischen Sanierung zu geben.

Insgesamt muss beim Beratungsbericht auf die Verständlichkeit geachtet werden. Alle Punkte müssen für Laien erkennbar und nachvollziehbar dargestellt sein.

Hinweis für die Praxis

Vor Beginn einer Beratung sollte geklärt werden, ob eine BAFA-Beratung wirklich sinnvoll ist. Der zu erwartende Zuschuss steht nicht immer in einem Verhältnis zum deutlichen Mehraufwand, den Beratungsbericht gemäß den Richtlinien der BAFA anzufertigen. Vorlagen des Software-Anbieters sollten auf die Einhaltung der aktuellen Richtlinie überprüft werden!

Auszahlung des Zuschusses

Nach Übergabe und Erläuterung des BAFA-Berichts bzw. der iSFP-Dokumente kann maximal drei Monate nach Ablauf des Bewilligungszeitraums die Auszahlung beantragt werden. Folgende Unterlagen sind beizufügen:

- die unterschriebene Verwendungsnachweiserklärung (mit händischen Originalunterschriften!)
- die Kopie der Honorarrechnung (Aus dieser müssen Zuschussbetrag und Eigenanteil deutlich hervorgehen.)

Folgende Unterlagen müssen auf Anfrage in das Portal geladen werden:

- der zweiteilige iSFp-Beratungsbericht sowie evtl. Anhänge
- die Bestätigung des Zahlungsnachweises (Kontoauszug)
- bei zusätzlicher Bewilligung der Erläuterung in einer Versammlung: die entsprechende Bestätigung des Verwalters oder Beirats über die Teilnahme an mindestens einer Versammlung

Sonderfall: fehlerhafter Bericht

Wird bei der Prüfung festgestellt, dass der Bericht nicht den Vorgaben der BAFA genügt, wird der Antragsteller darauf hingewiesen und erhält die Möglichkeit zur Nachbesserung. Der überarbeitete Bericht muss dem Beratungsempfänger erneut vorgelegt und erläutert werden. Das ist auf einem Formblatt zu bestätigen. Nach der wiederholten Prüfung durch die BAFA kann der Zuschuss dann ausgezahlt werden.

Hinweis für die Praxis

Manche Kommunen fordern einen BAFA-Bericht als Voraussetzung für weitere Fördergelder im Zusammenhang mit energetischer Sanierung. Ob es wirklich ein BAFA-Bericht sein muss, sollte unbedingt vorher geklärt werden. Möglicherweise ist eine individuelle Energieberatung, welche explizit auf die Bedürfnisse des Gebäudes bzw. seiner Besitzer eingeht und diese berücksichtigt, ausreichend und für den Kunden von größerem Nutzen!

Hinweise zu immer wiederkehrenden Fragen im Beratungsbericht

Mindestanforderungen

Die Mindestanforderungen im Beratungsbericht sind nachzulesen im Merkblatt für die Erstellung eines Beratungsberichts/individuellen Sanierungsfahrplans, das vom Bundesamt für Wirtschaft und Ausfuhrkontrolle (BAFA) herausgegeben wird. Die Ausarbeitung des individuellen Sanierungsfahrplans erfolgt über die verwendete Bilanzierungssoftware. Diese berücksichtigt die Vorgaben für eine vollständige und korrekte Dokumentation. Inhaltliche Änderungen während der Bearbeitung sollten in jedem Fall vermieden werden!

Sanierung zum Effizienzhaus

Auch wenn der Berater in seinem Bericht eine Sanierung zum Effizienzhaus vorgeschlagen hat, ist der Beratungsempfänger trotzdem nicht verpflichtet, diese auch zu realisieren. Darauf sollte deutlich hingewiesen werden. Das gilt sinngemäß auch für vorgeschlagene Maßnahmen einer Schritt-für-Schritt-Sanierung. Letztlich ist der Bericht als Empfehlung zu verstehen, nicht als Verpflichtung für den Beratungsempfänger.

Angaben zu den Kosten

Der Berater ist nicht verpflichtet, Angaben zu den Vollkosten (= Gesamtkosten) einer vorgeschlagenen Maßnahme anzugeben. Verpflichtend ist jedoch der Hinweis, dass zu den energiebedingten Mehrkosten noch weitere Baukosten zu erwarten sind, die im Einzelfall dann konkret ermittelt werden. Die Vollkosten beinhalten alle notwendigen Kosten einer Maßnahme; am Beispiel der Fassadensanierung sind das Kosten für Putzerneuerung, Farbanstrich und Gerüstkosten. Die energiebedingten Kosten einer Fassadensanierung sind z.B. die Kosten für die Dämmung, für das Versetzen der Fallrohre, das Verlängern des Dachüberstands usw.

Nutzung erneuerbarer Energien

Der Berater muss im Bericht mindestens eine Nutzungsform erneuerbarer Energien vorschlagen. Die Entscheidung, welche Art für das zu untersuchende Objekt die sinnvollste ist, bleibt dem Berater überlassen. Ist eine Nutzung erneuerbarer Energien nicht sinnvoll oder möglich, muss das begründet werden.

Wenn bereits erneuerbare Energien genutzt werden, muss keine weitere Nutzungsform vorgeschlagen werden.

Ausnahme

Komplettsanierung

Wenn im untersuchten Objekt eine Sanierung zum Effizienzhaus nicht möglich ist, muss das ausführlich begründet werden. Dabei sind neben wirtschaftlichen Gründen z.B. auch bautechnische oder rechtliche Gründe mögliche Ausschlusskriterien. Rechtliche Gründe liegen z.B. vor im Fall einer Wohnungseigentümergemeinschaft.

Sonderwünsche des Beratungsempfängers

Grundsätzlich können Wünsche des Beratungsempfängers untersucht oder inhaltliche Schwerpunkte der möglichen Sanierungsthemen gesetzt werden. Es müssen jedoch die Mindestanforderungen erfüllt werden. Das bedeutet: Auch wenn der Kunde deutlich gesagt hat, dass er keine erneuerbaren Energien nutzen möchte, muss der Berater trotzdem den möglichen Einsatz untersuchen und darstellen.

Hinweis auf Förderprogramme

Es muss auf mögliche Förderprogramme hingewiesen werden. Bei der Wirtschaftlichkeitsberechnung müssen mögliche Zuschüsse nicht unbedingt berücksichtigt werden. Wenn mehrere Fördermöglichkeiten bestehen (Zuschuss oder Kredit), kann der Berater die seiner Meinung nach für den Kunden bessere Möglichkeit vorschlagen.

Angaben zum KfW-Effizienzhaus

Die Angaben auf dem Formular müssen mit dem im Beratungsbericht vorgeschlagenen Effizienzhaus übereinstimmen. Es ist möglich, Angaben zu korrigieren (Schreibfehler o.Ä.).

Zuschüsse Nichtwohngebäude

Gefördert werden Energieberatungen für bestimmte Nichtwohngebäude nach der DIN 18599 im Bestand und im Neubau, die es ermöglichen, Energieeffizienz und erneuerbare Energien in den Planungs- und Entscheidungsprozess einzubeziehen.

Eine Beratung wird gefördert, wenn sie ein bundesgefördertes Effizienzhaus zum Ziel hat.

Höhe der Förderung

Bevor mit der Beantragung begonnen werden kann, müssen die Art des Unternehmens (z.B. KMU) sowie die Nettogrundfläche ermittelt werden:

- Nettogrundfläche unter 200 m²: Zuschuss **maximal 1.700 Euro**;
- Nettogrundfläche zwischen 200 m² und 500 m²: Zuschuss **maximal 5.000 Euro;**
- Nettogrundfläche mehr als 500 m²: Zuschuss **maximal 8.000 Euro.**

Der Ablauf ist ähnlich wie bei einer Wohngebäude-Beratung, allerdings gibt es hier noch den Ausschluss eines iSFp sowie die besondere Berücksichtigung der Zonen und Nutzung nach DIN 18599.

2/1.1 Argumente und Tipps aus der Beratungspraxis

Ziel aller Gesetze zum Thema der Gebäudeenergieeinsparung ist letztendlich der Gedanke, damit einen wesentlichen Beitrag zur angestrebten Klimawende zu leisten. Daher spielt die Energieberatung besonders für Wohnimmobilien eine wichtige Rolle. Die Aufgabe des Energieberaters ist dabei sehr vielschichtig. Er muss

- den Ausgangszustand dokumentieren,
- energetische Sanierungspunkte aufzeigen,
- Förderpotenziale erkennen,
- individuelle Maßnahmenpakete schnüren oder
- eine Sanierung zum Effizienzhaus empfehlen.

Sanierung als Masterplan

Betrachtet man ein Gebäude ausschließlich unter den genannten Kriterien, bleiben möglicherweise andere Bereiche unbeachtet. Eine energetische Sanierung bietet auch immer die Chance, ein Gebäude insgesamt zu modernisieren, auch darauf sollte der Energieberater sein Augenmerk richten. Dabei können folgende Ansatzpunkte untersucht werden:

- Anpassung an gehobene Ansprüche des Wohnkomforts
- Steigerung der Behaglichkeit, des Wohlbefindens
- Anpassung an geänderte Bedarfsgrößen
- Steigerung von Flexibilität in der Nutzung
- Modernisierung von Sanitärräumen oder Küchen
- Vergrößerung von Balkonen, Anbau eines Wintergartens
- Berücksichtigung schalltechnischer Erfordernisse
- Neugestaltung von Außenanlagen
- Maßnahmen zum Sonnenschutz
- der altersgerechte Umbau innerhalb und außerhalb des Gebäudes
- Optimierung der Gebäudesicherheit

Eine sinnvoll aufeinander aufbauende Sanierung bzw. Modernisierung führt nach Abschluss der Arbeiten zu einem erheblichen Mehrwert für das Gebäude und den Eigentümer.

Gute Gründe, die für eine Sanierung sprechen

Eigentümer, welche diesen Kenntnisstand mitbringen, sind leider eher selten anzutreffen. Die Mehrzahl der Gebäudeeigentümer ist zunächst sehr unsicher. Man muss möglicherweise die Heizung tauschen, vielleicht auch die Fenster, aber über die Sinnhaftigkeit der einzelnen Maßnahmen herrscht oft nur eine marginale Kenntnis vor. Oft ist diese auch noch getrübt von Wissen aus dem Internet und Erfahrungen der Nachbarn oder Bekannten. Hier liegt der Schwerpunkt des Energieberaters vor allem darin, überzeugende Argumente anzuführen, die für die gewünschten Ergebnisse, also für das Gebäude und seine Bewohner die bestmöglichen Sanierungs- und Modernisierungsmaßnahmen durchzuführen, notwendig sind.

Die Beratungspraxis zeigt, dass bei den Eigentümern immer wiederkehrende Vorbehalte und Gegenargumente genannt werden. Zu unterscheiden sind dabei Vorbehalte gegen die Art der vorgeschlagenen Maßnahmen bzw. persönliche Gründe. Die Gewichtung solcher Vorbehalte ist natürlich sehr individuell. Diese zu erkennen und auch ernst zu nehmen ist eine wesentliche Voraussetzung für den Berater, die richtigen Argumente zu benennen, mit denen zweifelnde oder unsichere Eigentümer vom Gegenteil überzeugt werden können.

Persönliche Vorbehalte

„Lohnt sich das überhaupt für mich?"

Dieses Argument ist typisch für ältere Eigentümer. Das sanierte Gebäude bietet sofort einen höheren Komfort sowie größere Behaglichkeit, welche somit auch dem persönlichen Wohlempfinden sowie der Gesundheit zuträglich sind. Davon profitieren der Bewohner sofort und die Umwelt mittel- und langfristig. Es ist in keinem Fall eine verlorene Investition, denn gleichzeitig erhöhen sich der Wohn- und damit der Wert der Immobilie insgesamt.

Die Höhe der Kosten

Hier ist es wichtig, auf Fördermittel hinzuweisen, insbesondere für die energetische Sanierung, aber auch Förderungen im Bereich des altengerechten Bauens. Seit Mai 2018 ist es auch wieder für Menschen über 65 Jahren einfacher möglich, langfristige Finanzierungskredite mit günstigen Konditionen zu bekommen, die dann vererbt werden. Abgesichert werden die Kredite über das Gebäude bzw. das Grundstück.

„Das rentiert sich doch nie"

Betrachtet man die Amortisationszeiten einer Sanierung ausschließlich aus Sicht der möglichen Energieeinsparung, sind diese, insbesondere bei der derzeitigen Marktlage, oft sehr lang. Umso wichtiger ist es, die sofortigen niedrigeren Energiekosten ebenso wie die Steigerung des Wohnwerts und der Immobilie zu betonen.

„Mein Haus ist doch nicht alt"

In der dritten Wärmeschutzverordnung von 1995 wurden energetische Mindeststandards eingeführt. Ältere Gebäude erfüllen diese nicht und sollten daher mindestens untersucht werden. Da sämtliche Fördergeber Gebäude, die vor 1995 errichtet wurden, als Altbau einstufen, kann das auch als Argument für eine energetische Sanierung angeführt werden.

„Ich habe schon niedrige Energiekosten"

Als Faustregel für eine „vertretbare" Höhe jährlicher Heizkosten gelten 800 € pro Jahr pro 100 m^2 Wohnfläche (ohne Trinkwasserbereitung). Die Höhe der Energiekosten hängt auch vom Verhalten des Bewohners ab. Ein überhöhter „Sparwille" kann schlimmstenfalls zu Schäden an der Bausubstanz führen. Eine Sanierung führt dann zwar nicht unbedingt zu niedrigeren Heizkosten, aber in jedem Fall zu mehr Wohnkomfort und Behaglichkeit sowie einem gesicherten Gebäudeerhalt und ist somit auch nachhaltig.

„Ich will keine Baustelle, wenn es nicht sein muss"

Das will niemand, aber jedes Gebäude muss unterhalten und somit auch mal renoviert oder instand gesetzt werden. Daher ist es ja so wichtig, das Gebäude als Gesamtheit zu betrachten. So ist es möglich, alle notwendigen und vielleicht wünschenswerten Maßnahmen sinnvoll aufeinander abzustimmen. Das Ergebnis ist dann für 20 bis 30 Jahre oder länger zufriedenstellend. Hier ist es besonders wichtig, darauf hinzuweisen, dass ein sachverständiger Architekt die Baumaßnahme qualitativ hochwertig umsetzen wird. Sofern der Energieberater nicht selbst Architekt ist, sollte er schon aus Gewährleistungsgründen unbedingt einen Architekten hinzuziehen.

„Das Haus vom Nachbarn braucht jetzt mehr als vorher"

Die Höhe der Energieeinsparung hängt vom Umfang der Sanierung ab, aber auch vom energetischen Istzustand des Gebäudes. Je umfangreicher die Sanierung, desto höher die mögliche Einsparung; je besser der Istzustand, umso geringer ist das Einsparpotenzial. Es gibt aber durchaus einen weiteren Grund, warum die Einsparungen niedriger als erwartet ausfallen. Nicht selten wird ein altes Gebäude nur in manchen Räumen beheizt, sei es, weil das Haus „zu groß" ist oder weil der Bewohner um die schlechte Gebäudehülle Bescheid weiß. Nach einer erfolgreichen Sanierung wird dann das gesamte Gebäude mehr als vorher beheizt, die Energiekosten können dann ggf. sogar die bisherigen Kosten überschreiten. Es ist wichtig, den Eigentümer darauf hinzuweisen, dass die Ergebnisse der Berechnung auf Modellen und Einstellungen beruhen, die oft vom tatsächlichen Verhalten der Nutzer abweichen.

Vorbehalte gegen Maßnahmen und Technik

„Dämmstoffe belasten die Umwelt und sind giftig"

Grundsätzlich enthalten alle Baumaterialien Rohstoffe und benötigen Energie zur Herstellung und zur Entsorgung. Das gilt ebenso für Dämmstoffe, sowohl aus künstlichen als auch aus nachwachsenden Rohstoffen. Es ist auch richtig, dass Zusatzstoffe, z.B. zur Verbesserung des Brandschutzes oder zum Schutz vor Schädlingen, das Verwerten bzw. Entsorgen der Materialien erschweren können. Es ist aber ebenso wichtig zu wissen, dass während der Lebensdauer eines jeden Dämmstoffs das Vielfache der zur Herstellung und Entsorgung benötigten Emissionen vermieden wird. Wird dann noch ein organischer Dämmstoff gewählt, wird die Herstellungsenergie dafür bei der Verbrennung zurückgewonnen. Die gesamte Ökobilanz von Dämmstoffen ist deutlich umweltverträglicher als manch anderer üblicher Baumaterialien. Das gilt besonders natürlich für Dämmstoffe aus nachwachsenden Rohstoffen.

„Die neue Heizung allein reicht, mehr ist nicht notwendig"

Natürlich hat eine neue Heizung eine vermutlich kürzere Amortisationszeit als (zusätzliche) Maßnahmen an der Gebäudehülle. Aus energetischer Sicht jedoch ist es sinnvoller, Energie einzusparen, als sie zu verbrauchen. Eine schlechte Gebäudehülle benötigt immer zu viel Energie, unabhängig von der Art des Brennstoffs. Insgesamt ist eine gut gedämmte Gebäudehülle sehr wichtig, denn nur diese reduziert letztlich den Heizwärmebedarf und steigert die Energieeinsparung. Eine hocheffiziente Gebäudehülle in Verbindung mit einer zukunftsfähigen Technik wie Wärmepumpen ermöglicht darüber hinaus die Versorgung des Gebäudes ausschließlich mit regenerativen Energien.

„Muss die Dämmung wirklich so dick sein?"

Bei einer bisher unsanierten Wand bringen die ersten 6 bis 10 cm den größten Spareffekt. Zukunftsfähige Dämmwerte werden mit einer Stärke von 16 bis 20 cm erreicht. Für den Passivhausstandard werden zum Teil über 30 cm benötigt. Sofern also eine Dämmung angedacht ist, sollte diese in einer zukunftsorientierten Stärke eingebaut werden. Die Lohn-, nicht die Materialkosten bestimmen den Preis, und eine spätere Zusatzdämmung rechnet sich dann definitiv nicht mehr. Diese Dämmstärken sind dann auch förderfähig, sodass der Mehrpreis sich dadurch neutralisiert.

„Lüftungsanlagen sind unhygienisch, laut und Stromfresser"

Jede Maßnahme an der Gebäudehülle führt zu einem deutlich dichteren Gebäude. Der Luftwechsel über undichte Gebäudeteile findet nicht mehr statt. Lüftungsanlagen sorgen mindestens für den notwendigen Mindestluftwechsel zum sog. Feuchteschutz, also der Schimmelprophylaxe. Die Wärmeverluste bedarfsgerechter Lüftungsanlagen sind gegenüber herkömmlicher Fensterlüftung deutlich geringer, vor allem, wenn sie mit Wärmerückgewinnung ausgestattet sind. Der erforderliche Stromverbrauch liegt bei 100 bis 300 kW/a. Dem gegenüber stehen größere Wärmeeinsparungen. Im Gegensatz zu Fenstern verfügen Lüftungsanlagen über (austauschbare) Filter. Im Sanierungsbereich wird zumeist mit dezentralen Anlagen gearbeitet. Die Probleme mit der Hygiene traten in der Vergangenheit oft bei nicht sachgerecht ausgeführten bzw. gewarteten Zentralanlagen auf. Das trifft auf dezentrale Anlagen nicht zu. Die Lautstärke ist auch kein Thema mehr, moderne Geräte sind sehr leise. Es gibt regionale Hersteller, welche in ihren Ausstellungsräumen die Geräte im eingebauten Zustand vorführen. Insbesondere zweifelnden Kunden sei ein solcher Firmenbesuch zu empfehlen, sofern der Energieberater nicht ein eigenes Sanierungsprojekt vorstellen kann.

„Gas ist doch umweltfreundlich"

Gas ist ein fossiler Brennstoff mit begrenztem Vorkommen. Es setzt zwar weniger Emissionen als Öl frei, das bei der Verbrennung entstehende CO_2 trägt dennoch maßgeblich zur Klimaerwärmung bei. Bei der Sanierung ist auch aus diesem Grund die Ertüchtigung der Gebäudehülle wichtig, da so der Gasverbrauch reduziert wird. Der Umstieg auf einen nachwachsenden Brennstoff ist ein weiterer Schritt auf dem wichtigen Weg zur Klimawende.

(Quelle: „Zukunft Altbau", Ministerium für Umwelt, Klima und Energiewirtschaft Baden-Württemberg)

2/2 Förderprogramme und Zuschussgelder

Bei den meisten Bauvorhaben, seien es Sanierungen oder Neubauten, spielen mögliche Förder- bzw. Zuschussgelder eine elementare Rolle, oft sind diese sogar Anlass, eine Baumaßnahme überhaupt erst in Erwägung zu ziehen. Gerade im Hinblick auf das energiesparende Bauen und Sanieren ist eine umfassende „Energieberatung" wichtig.

Förderprogramme werden aufgelegt durch die Verbraucherzentralen, den Bund, die Länder und Kommunen oder Verbände.

Es gibt eine Reihe von Förderprogrammen für

- allgemeine Energieberatung (z.B. Gebäudechecks, Vor-Ort-Beratung, Stromsparberatungen, individuelle Sanierungsfahrpläne etc.),
- Neubauten, Wohn- und Nichtwohngebäude,
- Bestandsgebäude, Wohn- und Nichtwohngebäude,
- denkmalgeschützte Gebäude oder Gebäude mit besonders erhaltenswerter Bausubstanz,
- Ertüchtigungen der Anlagentechnik,
- den Einsatz neuer oder alternativer Energiequellen,
- Baubegleitung u.v.m.

Eine wichtige Aufgabe des Planers ist es daher, die Beratung im Vorfeld auch vor dem Hintergrund dieser Zielvorgaben durchzuführen bzw. den Bauherrn/Immobilienbesitzer auf die Möglichkeiten staatlicher oder kommunaler Förderungen hinzuweisen.

Hinweis für die Praxis

Im Vorfeld einer jeden energetischen Baumaßnahme sollten die Möglichkeiten der Förderungen im Einzelfall zeitnah überprüft werden. Förderprogramme ändern sich regelmäßig, werden gestrichen oder neu aufgelegt. Darauf sollte der Kunde rechtzeitig hingewiesen werden.

Es gibt eine entsprechende Datenbank für private Nutzer, die kostenlos einen entsprechenden Überblick verschafft (www.febs.de). Der Planer kann hier zumindest für private Sanierungsvorhaben umfangreich, standortbezogen und tagesaktuell alle wesentlichen Informationen bekommen.

Pflichtberatung

Beim Verkauf von Immobilien ist nach § 80 Abs. 4 GEG eine Beratung verpflichtend: „Beim Abschluss eines Kaufvertrages über ein Wohngebäude mit nicht mehr als zwei Wohnungen hat der Verkäufer oder der

Immobilienmakler dem Käufer ein informatorisches Beratungsgespräch zum Energieausweis mit einer nach § 88 zur Ausstellung von Energieausweisen berechtigten Person zu führen, wenn ein solches Beratungsgespräch als einzelne Leistung unentgeltlich angeboten wird".

Die Verbraucherzentrale bietet ein breites Spektrum an verbilligten Fördermaßnahmen an (Heizungscheck, Wohngebäudecheck).

In der Regel wird im Sanierungsfall vor der Beantragung von öffentlichen Fördergebern die Durchführung einer Energieberatung empfohlen. Diese ist gemäß den strengen Richtlinien der BAFA auszuführen, ist jedoch nicht immer zwingend vorgesehen. Allerdings empfiehlt sich im Hinblick auf die zusätzliche Fördersumme beim BEG die Beantragung eines individuellen Sanierungsfahrplans (iSFp), der mit 80 % gefördert wird und einen Zuschuss- bzw. Tilgungsbonus von zusätzlichen 5 % auslösen wird.

Viele Förderprogramme können auch von öffentlichen oder gewerblichen Immobilienbesitzern in Anspruch genommen werden. Weiterhin gibt es Förderprogramme, die sich explizit an die öffentliche Hand wenden. Die „nationale Klimaschutzinitiative" des Bundesministeriums für Umwelt, Naturschutz, Bau und Reaktorsicherheit (BMUB) unterstützt energetische Sanierungsmaßnahmen mit einer großen Anzahl von Zuschussprogrammen. Weitere Informationen dazu finden sich hier: www.ptj.de/klimaschutzinitiative

2/2.1 Übersicht über die Förderprogramme

Der folgende Beitrag gibt einen Überblick über die wichtigsten öffentlichen Förderprogramme im Zusammenhang mit energetischen Bauvorhaben. Zu beachten ist, dass sich diese Programme regelmäßig ändern. Vor Baubeginn ist daher immer eine Überprüfung der Aktualität notwendig. Das ist insbesondere von Bedeutung, da viele der Förderanträge vor Beginn einer Maßnahme gestellt werden müssen. Weiterhin sind zur Erfüllung der Förderbedingungen möglicherweise die Planung beeinflussende Entscheidungen zu treffen, das sollte ebenfalls berücksichtigt werden.

Hinweis für die Praxis

Eine Gewähr für die Vollständigkeit und Aktualität der aufgeführten Förderprogramme kann nicht übernommen werden. Das betrifft vor allem Programme der Länder und Kommunen.

Förderprogramme der Verbraucherzentrale

Ein großer Vorteil dieser Programme für private Verbraucher liegt darin, dass ein Großteil der Programme für den Kunden gratis oder nur mit einem geringen Kostenanteil der Bauherren angeboten werden.

Das sind relativ schnelle und einfache Beratungsmodelle, die dem Kunden einen Überblick verschaffen sollen. Genaue Berechnungen sind dabei meistens nicht vorgesehen. Folgende Programme werden angeboten:

- Stromsparen: Beratung für Haushaltsgeräte, Elektroautos, Beleuchtung, Smart Meter
- Heizen und Warmwasser: Heizungschecks, Beratung zum hydraulischen Abgleich
- Grundberatung energetische Sanierungen
- Beratung zum Energieausweis: kostenlose Pflichtberatung nach GEG bei Übergang der Immobilie
- Beratung erneuerbare Energien
- Beratung Nachhaltigkeit

Förderprogramme des Bundes

Grundsätzlich unterscheiden sich diese Programme über die verschiedenen Fördergeber sowie die Auszahlungsmodalitäten:

- Das BAFA vergibt Zuschüsse zu Beratungen, Einzelmaßnahmen an der Gebäudehüllfläche sowie bei der Verwendung von regenerativen Energieträgern; darüber hinaus fördert es auch die Baubegleitung.
- Die KfW fördert Effizienzhäuser in Form von günstigen Krediten mit unterschiedlichen Tilgungszuschüssen; zudem Baubegleitung und spezielle Energieträger (Brennstoffzelle).
- Sanierungswillige können unter bestimmten Voraussetzungen ihre Kosten mit der Steuer verrechnen.

Einige dieser Programme können direkt von den Bauherren und Handwerkern beantragt und abgerechnet werden, andere wiederum müssen von einem Experten aus der Liste der Energieeffizienz-Experten (EEE) in Auftrag gegeben werden.

Im Fall der Anrechnung bei der Einkommenssteuer wird dringend eine Beratung durch einen Steuerberater empfohlen.

Förderprogramme des BAFA (www.bafa.de)

Über das BAFA (Bundesamt für Ausfuhr und Wirtschaftskontrolle) werden verschiedene Programme angeboten:

- Bundesförderung für Energieberatung (WG- und NWG-Beratung, Energieaudits)
- Verbesserung der Energieeffizienz (Einsparzähler, Elektromobilität, Kraft-Wärme-Koppelung, effiziente Wärmenetze u.Ä.)
- BEG – Bundesförderung für effiziente Gebäude (Förderung für Einzelmaßnahmen, Anlagentechnik und Hüllfläche)

Bundesförderung für Energieberatung

Hier gibt es verschiedene Adressaten und Anforderungen an die Qualifikation der Energieberater:

- Energieberatung für Wohngebäude: Vor-Ort-Beratungen, iSFP (individuelle Sanierungsfahrpläne)
- Energieaudits für Kommunen und Unternehmen
- Energieberatung für Nichtwohngebäude: KMU, Kommunen

Bei der Entscheidung, welche Maßnahmen umgesetzt werden sollen, unterstützt das Bafa die „Energieberatung für Wohngebäude" (EBW) bzw. die „Energieberatung für Nichtwohngebäude, Anlagen und Systeme" (EBN) mit einem Zuschuss in Höhe von 80 %. Anträge für eine Förderung müssen vor Maßnahmenbeginn beim BAFA gestellt werden. Die neue Richtlinie EBN ersetzt ab Januar 2021 die Förderung für die „Energieberatung im Mittelstand" (EBM) und „Energieberatung für Nichtwohngebäude von Kommunen und gemeinnützigen Organisationen" (EBK).

Wenn eine energetische Sanierungsmaßnahme in der „Bundesförderung für Energieberatung für Wohngebäude" auch Teil eines geförderten individuellen Sanierungsfahrplans (iSFP) ist und innerhalb eines Zeitraums von maximal 15 Jahren nach Erstellung des iSFP umgesetzt wird, so erhöht sich der vorgesehene Fördersatz bei Einzelmaßnahmen um zusätzliche fünf Prozentpunkte für Maßnahmen im Bereich Hüllfläche, Technik und Heizungsoptimierung (iSFP-Bonus).

Da sich hier laufend Neuerungen und Veränderungen ergeben, wird unbedingt auf eine aktuelle Abklärung der Förderbedingungen und der gerade gültigen iSFP-Bestimmungen hingewiesen.

Förderung Einzelmaßnahmen (EM WG und NWG)

Mit der neuen „Bundesförderung für effiziente Gebäude" (BEG) wird die Bundesregierung ab 2021 ihre bisherigen Programme zur Förderung von Energieeffizienz und erneuerbaren Energien im Gebäudebereich in einem Förderangebot bündeln. Am 01.01.2021 startete beim Bundesamt für Wirtschaft und Ausfuhrkontrolle (BAFA) die Zuschussförderung von energetischen Einzelmaßnahmen im Rahmen der BEG (BEG EM).

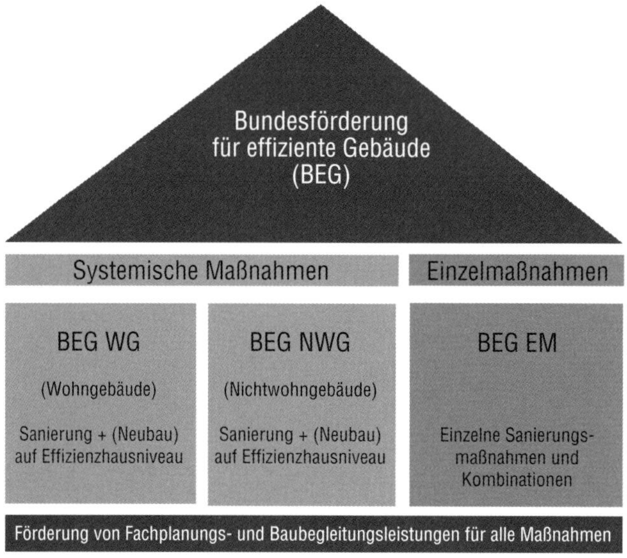

Bild 1: Schema BEG

Jeder systemische Fördertatbestand wird seit Juli 2022 als Kreditförderung angeboten. Die Zuschüsse für Einzelmaßnahmen können beim Bundesamt für Wirtschaft und Ausfuhrkontrolle (BAFA) beantragt werden.

Die Kreditvariante wird durch die Kreditanstalt für Wiederaufbau (KfW) beantragt und bei Krediten in Zusammenarbeit mit den Hausbanken umgesetzt.

Gefördert werden anteilig an den förderfähigen Kosten:

- Einzelmaßnahmen an der Gebäudehülle (z.B. Außenwände, Dachflächen, Bodenplatten und Kellerdecken sowie der Austausch von Türen und Fenstern), die einen verbesserten U-Wert aufweisen, mit 15 %.
- Sommerlicher Wärmeschutz: Gefördert wird der Ersatz oder erstmalige Einbau von außenliegenden Sonnenschutzeinrichtungen mit optimierter Tageslichtversorgung z.B. über Lichtlenksysteme oder strahlungsabhängige Steuerung.
- Einzelmaßnahmen an der Anlagentechnik (z.B. Einbau und Austausch von Heizungsanlagen bzw. Optimierung technischer Anlagen) mit 15 %
- erneuerbare Energien für Heizungen (z.B. Wärmepumpen, Biomasseanlagen, Hybridheizungen oder Solarthermieanlagen) mit 10 bis 35 %, Austauschbonus für bestimmte Öl- und Gasheizungen, Gas-Etagenheizungen sowie Nachtspeicheröfen
- Anschluss an ein erneuerbares Gebäude- oder Wärmenetz mit 25 %

- Maßnahmen zur Heizungsoptimierung (z.B. hydraulischer Abgleich inkl. Austausch von Heizungspumpen) mit 15 %
- Einbau von Lüftungsanlagen (Erstinstallation oder auch Erneuerung), Austausch von bestimmten Komponenten bei NWG
- Digitalisierungsmaßnahmen zur Verbrauchsoptimierung (z.B. Efficiency Smart Home)
- Kältetechnik zur Raumkühlung bei NWG
- energieeffiziente Beleuchtungssysteme bei NWG

Die maximale Höhe der förderfähigen Kosten ist für jedes Teilprogramm festgelegt.

- Im Teilprogramm Einzelmaßnahmen (Teilprogramm BEG EM) beträgt diese für Wohngebäude 60.000 € pro Wohneinheit pro Kalenderjahr.
- Im Teilprogramm für Nichtwohngebäude (BEG NWG) beträgt diese bis zu 1.000 € pro Quadratmeter Nettogrundfläche, aber maximal 5 Mio. Euro.

Für den Antrag erstellt der Energieeffizienz-Experte eine sog. technische Projektbeschreibung (TBP), in der die Maßnahme genauer erläutert wird. Hierfür stellt das BAFA ein elektronisches Formular bereit, das die Energieeffizienz-Experten für die Erstellung der TPB nutzen müssen. Die TPB wird für die Antragstellung benötigt.

Die Zugangsdaten zur Erstellung der technischen Projektbeschreibung sind mit den Zugangsdaten zur Energieeffizienz-Experten-Liste des Bundes identisch.

Die Antragstellung kann sowohl der Kunde als auch der Energieberater übernehmen. Dafür braucht dieser dann eine spezielle Vollmacht. Angesichts der vielen Besonderheiten bei der Antragstellung kann ein privater Bauherr leicht einen falschen Haken setzen. Andererseits gibt es dann für den Energieberater spezielle Haftungsfragen.

Hinweis für die Praxis

Unter www.bundesanzeiger.de kann der ganze Text der Förderbedingungen heruntergeladen werden. Außerdem gibt es auf der Homepage des BMWI eine Seite mit Fragen: https://www.bmwi.de/Redaktion/DE/FAQ/BEG/faq-bundesfoerderung-fuer-effiziente-gebaeude.html

BAFA-Förderung für Baubegleitung

Mit den neuen Förderprogrammen gibt es auch eine deutliche Steigerung der Zuschüsse für die Baubegleitung und Fachplanung. Vor allem bei Mehrfamilienhäusern wurde dieser Zuschuss erheblich erhöht.

Förderfähig sind die Kosten für energetische Fachplanungs- und Baubegleitungsleistungen einschließlich einer akustischen Fachplanung von geförderten Maßnahmen mit 50 %, die durch einen Experten aus der EEE-Liste dem Antragsteller in Rechnung gestellt werden können. Es können darüber auch anfallende Kosten anderer Fachplaner, die in der Liste der förderfähigen Maßnahmen aufgeführt werden, abgerechnet werden.

Dafür gibt es folgende Höchstgrenzen bei Einzelmaßnahmen:

- bei ein bis zwei Wohneinheiten (WE): maximal 5.000 €
- bei Mehrfamilienhäusern ab drei WE: 2.000 € pro WE, maximal jedoch 20.000 € pro Förderbescheid
- Bei Nichtwohngebäuden sind die Zuschüsse für Baubegleitung gedeckelt auf 5 € pro Quadratmeter Nettogrundfläche, insgesamt auf maximal 20.000 € pro Zusage/Zuwendungsbescheid.

Systemische BEG-Förderungen

Es kommen weitere Änderungen, die zur Reduzierung des CO_2-Ausstoßes im Gebäudebereich beitragen sollen und die die Fördersätze erhöhen können:

- neue Effizienzhausklassen bei der Sanierung von Denkmalen, über 85 bis 40
- Zuschläge beim Einbau von mindestens 55 % erneuerbarer Energieträger (EE); allerdings keine Biomasseheizungen
- Bonus nach Durchführung eines geförderten iSFP ist nicht immer möglich
- Zuschläge für den Nachweis der Nachhaltigkeit (NH; bei Sanierungen geplant, bei Neubauten zurzeit nur für Wohngebäude).

Sanierung Wohngebäude (WG)

Hier stehen die aktuellen Programme und Werte, wobei sich der Tilgungszuschuss durch die Begleitmaßnahmen EE oder NH erhöhen kann.

Tabelle 1: Förderprogramme Sanierung

Förderprogramm	Max. Fördersumme	Tilgungszuschuss	EE/NH	iSFP
EM	60.000	10 bis 35 %	5 %	evtl. 5 %
EFF 85	120.000	5 %	5 %	0 %
EFF 70	120.000	10 %	5 %	0 %
EFF 55	120.000	15 %	5 %	0 %
EFF 40	120.000	20 %	5 %	0 %
Denkmal	120.000	5 %	5 %	0 %

Bei der EE-Klasse erhöhen sich die maximalen Förderkosten auf 150.000 €.

Seit September 2022 gibt es einen zusätzlichen Bonus für „Worst Performing Buildings" (WPB). Dies betrifft die 25 % der schlechtesten Gebäude Deutschlands.

Hier können die vergünstigten Kreditzinsen interessant sein. Diese sind aber mittel- und langfristig nicht garantiert.

Neubau Wohngebäude (WG)

Alle Neubauprogramme für Wohngebäude und Nichtwohngebäude wurden am 24.01.2022 wegen zu geringer Haushaltsmittel gestoppt.

In Zukunft sollen nur noch EH/EG 40 mit einer NH-Zertifizierung gefördert werden.

Hinweise für die Praxis

Gute Hinweise findet man auf der Webseite des Bundesministeriums des Innern, für Bau und Heimat: www.nachhaltigesbauen.de

Kreditanstalt für Wiederaufbau – KfW (www.kfw.de)

Die KfW ist die bisher bekannteste Fördermittelstelle des Bundes mit Förderprogrammen für Wohn- und Nichtwohngebäude. Gefördert werden in Zukunft Neubau- und Sanierungsmaßnahmen nur noch in der Kreditvariante mit Tilgungszuschuss und günstigerem Zinssatz.

Hinweis für die Praxis

Vor jeder Maßnahme sollten auf der Webseite der KfW die aktuellen Förderbedingungen recherchiert werden: www.kfw.de/inlandsfoerderung/Privatpersonen/Bestandsimmobilie/Förderprodukte

Die Programme werden in der Regel vor Beginn der Maßnahme von einem zugelassenen Experten aus der EEE-Liste beantragt. Die Beantragung erfolgt mittlerweile durchgängig online. Man erhält unmittelbar nach Durchführung der Online-Beantragung die Bestätigung der KfW.

Der Beginn der Maßnahme (Beginn der Bauarbeiten) ist dann sofort möglich. Kreditprogramme müssen von der jeweiligen Hausbank weitergereicht werden. Auch hier wird unmittelbar eine Bestätigung der KfW gegeben, sodass der Beginn der Maßnahme sofort erfolgen kann. Eigenleistungen der Bauherren werden in Zukunft nicht mehr gefördert.

Die Programme wenden sich an:

- Privatpersonen (Gebäude oder Wohnungseigentümer)
- Kommunen sowie kommunale bzw. soziale Unternehmen (z.B. gemeinnützige Einrichtungen, Kirchen oder Vereine)
- Unternehmen und Gewerbetreibende, sofern sich die Unternehmen mehrheitlich in Privatbesitz befinden (Handwerker, Dienstleister, kleine Unternehmen)
- Freiberufler (Architekten, Ärzte, Anwälte etc.)

Unterschieden werden dabei im Wesentlichen die Nutzungen der Gebäude. Förderfähig sind Wohngebäude ebenso wie Nichtwohngebäude, öffentlich oder gewerblich genutzte.

Förderprogramme BEG

Ab 01.07.2021 können folgende Programme der KfW gewählt werden.:

- KfW 261, 262: Kreditprogramme zur Unterstützung bei Sanierungen zu einem Effizienzhaus. Hier gibt es die Möglichkeit, zwischen Annuitätendarlehen mit laufenden Tilgungszahlungen und endfälligem Darlehen zu wählen.

Bei diesem Programm kann die Baubegleitung mit beantragt werden. Beim Neubau kann auch ein Zuschuss für die Nachhaltigkeitszertifizierung gestellt werden.

Nicht ganz klar ist die Behandlung bei Bauträgermodellen und der Beantragung der Baubegleitung, da diese jetzt in einem Schritt erfolgt. Üblicherweise reicht der Bauträger die Kredite an die Käufer weiter. Wie das mit der Baubegleitung erfolgen soll, ist noch unklar.

Beim Kauf einer Immobilie sollte eine Schutzklausel im Kaufvertrag enthalten sein. Damit haftet die Verkäuferin oder der Verkäufer dafür, dass die Immobilie die angegebene Effizienzhausstufe erfüllt. Für diese Schutzklausel stellt die KfW eine unverbindliche Musterformulierung zur Verfügung.

WEGs benötigen eine Liste der antragstellenden Eigentümer mit Namen.

Folgenden Ablauf sieht die KfW vor:

- Energieeffizienz-Experten beauftragen
- Zuschuss beantragen: Bevor man einen Liefer- und Leistungsvertrag oder Kaufvertrag unterschreibt, stellt man einen Antrag direkt im KfW-Zuschussportal. Planungs- und Beratungsleistungen kann man schon vor einem Antrag in Anspruch nehmen.
- Identität per Schufa-Identitäts-Check nachweisen und Vorhaben umsetzen
- Bestätigung (BnD) einreichen und Tilgungszuschuss erhalten

Folgende Programme können gewählt werden:

Zuschussprogramme

Programm 433 „Brennstoffzelle“: Staffelung der Förderung nach einem Grundbonus und der elektrischen Leistung; ein Vollwartungsvertrag muss über zehn Jahre abgeschlossen werden; die Leistungen des Energieberaters müssen in das Gesamtangebot mit einfließen, eine separate Baubegleitung gibt es hier nicht!

Weitere Programme im Zusammenhang mit energetischem Bauen oder Sanieren

Hinweis für die Praxis

Eine energetische Sanierung ist immer gesamtheitlich für das Gebäude zu betrachten. So sollte die Chance, das Gebäude modernen Standards anzupassen oder erneuerbare Energien einzusetzen, ebenso genutzt werden wie die Möglichkeit des altersgerechten Umbaus oder die Steigerung der Sicherheit im Gebäude. Viele Programme sind kombinierbar und erhöhen so den Kreditrahmen oder die Zuschusshöhen.

Es gibt eine Reihe weiterer Programme, die im Zusammenhang mit anderen Förderungen oder auch allein beantragt werden können. Es ist für diese nicht automatisch Voraussetzung, einen Fachplaner bzw. Effizienzhausplaner zu beauftragen, der das Vorhaben begleitet und bestätigen muss. Im Einzelfall können notwendige Erklärungen oder Bestätigungen durch die ausführenden Handwerker abgegeben werden, allerdings können ggf. energetische Nachweisführungen verlangt werden.

- KfW-Wohneigentumsprogramm 124
- KfW-Wohneigentumsprogramm – Genossenschaftsanteile 134
- Erneuerbare Energien – Standard 270, Kredit
- Zuschussprogramm 433
  Dieses noch sehr junge Programm bezuschusst den Einbau von Brennstoffzellen in neue oder bestehende Wohngebäude mit bis zu 28.200 € je Brennstoffzelle. Antragsteller sind alle privaten oder gewerblichen Eigentümer von Wohngebäuden sowie Kommunen, kommunale oder allgemeine Unternehmen, gemeinnützige Unternehmen, Kirchen usw. sowie Contracting-Geber.
- Programm 275 – Förderung von Batteriespeichern für neue oder bestehende PV-Anlagen (kombiniertes Kredit- und Zuschussprogramm). Das Programm gilt nicht für Kommunen, Bund und Länder.
- Programme für altersgerechten Umbau und/oder Erhöhung des Einbruchsschutzes, nur für Privatpersonen
  Im Kreditprogramm 159 bzw. im Zuschussprogramm 455 werden Umbaumaßnahmen mit dem Ziel gesteigerten Einbruchsschutzes (Programm 455-E) oder der Schaffung eines altengerechten Wohnumfelds in Wohngebäuden (Programm 455-B) gefördert. Dabei können Einzelmaßnahmen gefördert werden, aber auch der vollständige Umbau zum altengerechten Gebäude ist möglich. Diese Programme sind mit den KfW-Programmen 151, 152 oder 430 kombinierbar.

Sonderfall Programm 455

Im Gegensatz zu allen anderen Programmen der KfW können hier auch Mieter Zuschüsse für Umbaumaßnahmen in Anspruch nehmen. Voraussetzung ist die Zustimmung des Eigentümers.

Hinweis für die Praxis

Das Zuschussprogramm zum barrierefreien Ausbau ist nur bei ausreichender Finanzierungslage verfügbar. Daher ist es besonders wichtig, die Kunden im Zusammenhang mit einer bevorstehenden energetischen Sanierung auch auf die Möglichkeiten des Förderprogramms 455-B hinzuweisen. Im Zweifelsfall kann ein Kunde diesen Zuschuss bei vorhandener Verfügbarkeit auch schon deutlich vor Beginn einer geplanten Maßnahme beantragen. Ein einmal bewilligter Zuschuss steht für einen Zeitraum von 36 Monaten zum Abruf bereit.

Hinweise zum Verfahrensablauf einer Förderung der KfW

Alle Förderprogramme müssen von eingetragenen Experten begleitet werden. Diese erstellen u.a. für die Förderung notwendige Bestätigungen und sind verpflichtend hinzuzuziehen!

Kreditprogramme

Die Bestätigungen zum Antrag sowie nach Durchführung einer in einem Kreditprogramm geförderten Maßnahme erfolgen für die zugelassenen Effizienzhausplaner über das sog. „Partnerportal" der KfW. Die Bestätigungen werden jeweils ausgefüllt und an den Antragsteller weitergereicht. Dieser legt diese dann zur weiteren Bearbeitung seiner Hausbank vor.

Vollmachtgebung

Hat ein Antragsteller keinen Zugang zu einem Rechner, so kann er jemanden bevollmächtigen, das Zuschussportal für ihn zu nutzen. Das kann z.B. auch der Energieberater oder Planer sein. In jedem Fall muss sich der Bevollmächtigte im Zuschussportal registrieren und die notwendigen Schritte für das Postident-Verfahren einleiten. Der Antragsteller muss sich bei einer Postfiliale selbst identifizieren. Dazu benötigt er ein Formular, das sein Bevollmächtigter im Antragsprozess erhält.

Mit der Angabe der persönlichen Kontodaten des Antragstellers sowie der Bestätigung nach der Durchführung gelangt der Zuschuss zur Auszahlung.

Steuerliche Förderung von Sanierungsmaßnahmen

Dieses Förderinstrument soll eine unbürokratische Abwicklung von einzelnen Sanierungsmaßnahmen über die Finanzämter eröffnen. Hier wird dringend das Hinzuziehen eines Steuerberaters empfohlen.

Hier die möglichen Förderbedingungen im Überblick:

- nur Einzelmaßnahmen
- nur für selbst genutztes Wohneigentum
- bis Gesamtsanierungshöhe von 200.000 €
- einheitlicher Fördersatz von 20 %
- maximale Förderung 4.000 € pro Objekt
- Fördersatz von Energieberatern von 50 %
- Einbindung von Energieberatern nicht verbindlich
- für Maßnahmen, die nach dem 31.12.2019 begonnen werden und vor dem 01.01.2030 abgeschlossen sind

Seit Januar 2020 können Wohnungs- und Hauseigentümer Kosten für energetische Sanierungsmaßnahmen von der Steuer abschreiben bzw. absetzen. Die Steuerabschreibung beläuft sich auf 20 % der Gesamtkosten bis zu einer maximalen Absetzung von 40.000 € pro Immobilie. Die Sanierungskosten können aber nur von Eigentümern steuerlich geltend gemacht werden, die das Objekt selbst nutzen. Eine steuerliche Abschreibung scheidet daher aus, wenn aus der Wohnung ganz oder teilweise steuerpflichtige Einkünfte erzielt werden.

Die Förderung erfolgt direkt durch den Abzug von der Steuerschuld der nächsten Jahre von höchstens 7 % der aufgelaufenen Kosten, im ersten Jahr höchstens 14.000 €, im zweiten Jahr reduziert auf höchstens 6 %, also 12.000 €.

Gefördert werden Einzelmaßnahmen nach KfW-Standard. Hier kann ein Energieberater hinzugezogen und gefördert werden. Es kann aber auch nur der Handwerker mit einer Fachunternehmererklärung den geforderten U-Wert bzw. die technischen Anforderungen bestätigen. Das Mindestalter des Gebäudes muss zehn Jahre betragen. Mehrere Einzelmaßnahmen können gemeinsam oder nacheinander beantragt werden.

Förderprogramm der Länder und Kommunen

Auch hier gibt es oft interessante Förderprogramme. Einzelheiten und weitere Anforderungen sind über die entsprechenden Internetseiten der Landratsämter bzw. Kommunen zu erfahren. In den meisten Fällen können für ein Vorhaben mehrere Programme gleichzeitig in Anspruch genommen werden. Für alle Programme gilt, nicht nur die Inhalte, sondern vor allem den Zeitpunkt und die Voraussetzungen der Antragstellung zeitnah, aber rechtzeitig zu überprüfen.

2/3 Grundlagen der Entwurfsplanung nach energetischen Gesichtspunkten

Moderne Gebäude haben eine gut gedämmte und dichte Gebäudehülle gemein. Daraus resultiert ein geringer Nutzenergiebedarf, von dem ein Teil durch Abwärme von Geräten, Personen und durch solare Einstrahlung gedeckt werden kann. Nur der restliche Energiebedarf wird mittels ausgefeilter Technikkonzepte bereitgestellt. Dabei wird die Technik optimal an das Gebäude und die Nutzung angepasst und funktioniert als Einheit mit dem Gebäude. Diesen integralen Gebäudeansatz gilt es im Entwurf vorzubereiten und für den weiteren Projektverlauf festzuschreiben. So können die Aufgaben der einzelnen Gewerke klar definiert werden.

Nicht alle Details von ambitionierten Projekten lassen sich in den üblichen Berechnungsverfahren des Gebäudeenergiegesetzes (GEG) (DIN 4108, DIN V 18599) darstellen. Das vereinfacht die Gebäudeberechnung, verlangt aber auch einen genauen Blick auf das Konzept hinter der Berechnung. Die ganze Qualität zeigt sich erst in der Praxis. Auch kleinste Details zahlen sich häufig aus. Allein der Primärenergiebedarf aus dem Energieausweis kann diese Qualitäten nicht ausdrücken.

Der Entwurf gewinnt für energieeffiziente Gebäude an Bedeutung, da in dieser Phase enorm viele Entscheidungen den Energiebedarf beeinflussen. Mit der Lage der Orientierung und über die Gebäudeform wird der spätere Energiebedarf maßgeblich beeinflusst, egal in welchem Energiestandard später gebaut wird. Nur in der Entwurfsphase kann die Gebäudetechnik noch in vollem Umfang in das Konzept integriert werden. Soll beispielsweise eine Wärmepumpe mit Erdkollektor zum Einsatz kommen, lässt sich das im Entwurf berücksichtigen. Darauf aufbauend können Synergieeffekte für die Ausführung geplant werden. Beispielsweise kann der Erdkollektor direkt im Zuge der Erdarbeiten für das Gebäude ausgeführt werden und nicht erst mit der Installation der Wärmepumpe. So fallen nur geringe zusätzliche Kosten an.

Im energetischen Entwurf bedarf es Lage, Orientierung und Form auch auf energetische Auswirkungen hin zu untersuchen und entgegen dem klassischen Entwurf auch die Gebäudetechnik zu berücksichtigen. Um in der Entwurfsphase Entscheidungen hinsichtlich des späteren Energiebedarfs abzuschätzen zu können, kommen Aufgaben wie überschlägige Energiebilanzen oder Simulationsrechnungen hinzu. Dabei müssen häufig Entscheidungen bis ins Detail festgelegt werden, die im klassischen Planungsprozess erst in späteren Leistungsphasen bearbeitet werden.

2/3 Grundlagen der Entwurfsplanung nach energetischen Gesichtspunkten

Die Anforderungen des GEG werden noch nicht in allen Bundesländern verbindlich geprüft. Energiesparen war zu allen Zeiten ein zentrales Thema. Erst seitdem Erdöl billig auf dem Markt ist, wurden diese Grundsätze zugunsten der Wirtschaftlichkeit aufgegeben. Es besteht der Anspruch auf ein hohes Maß an Komfort in Gebäuden. Dies muss mit effizienten Mitteln erreicht werden!

Im Bereich der energetischen Planung sollten alle am Bau Beteiligten eng zusammenarbeiten. Neben der theoretischen Forschung entstehen Innovationen oft auch über das Handwerk. Nur gemeinsam lassen sich ehrgeizige Projekte realisieren. Es ist eine wichtige Aufgabe, den Markt durch gute Projekte mit einfachen Lösungen zu überzeugen!

Tabelle 1: Anforderungen an das energieeffiziente Design

Standortfaktoren	Kompaktheit	Verschattung	Planbare Gebäudeeigenschaften
Klimaregion 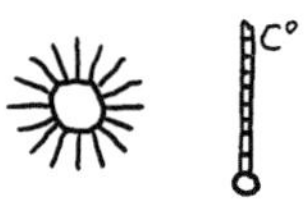	Baukörpertiefe 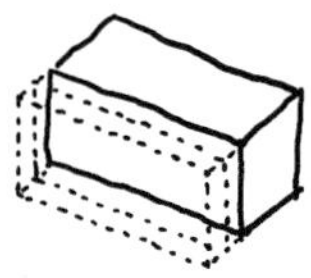	Gebäudeeigenverschattung 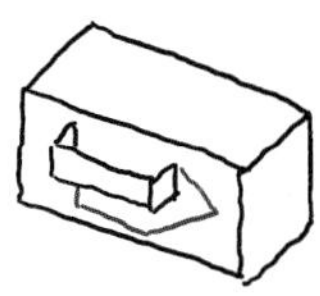	Fensterflächenanteil 
Orientierung der Hauptfassade 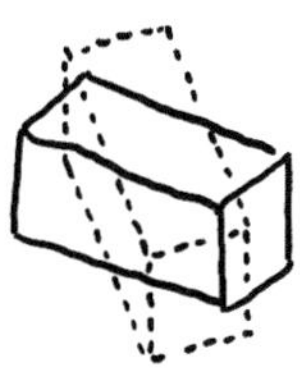	Baukörperlänge 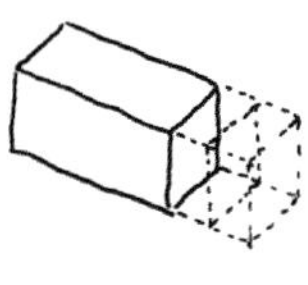	Nachbargebäude 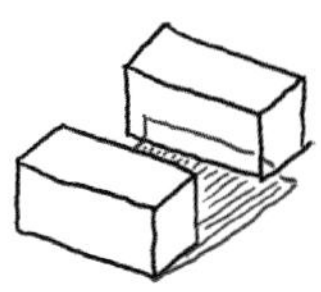	Luftwechselrate 
Wind 	Baukörperhöhe/ Geschosszahl 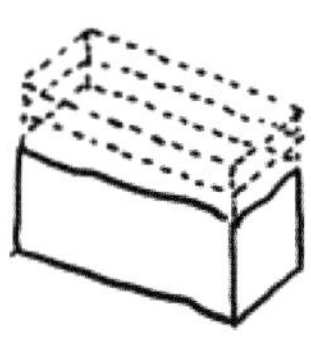	Bepflanzung 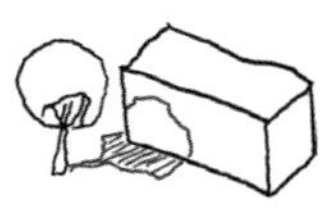	Wärmebrücken 

Tabelle 1: Anforderungen an das energieeffiziente Design *(Fortsetzung)*

Standortfaktoren	Kompaktheit	Verschattung	Planbare Gebäudeeigenschaften
	Dachform 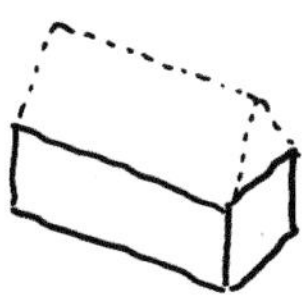	Topografie 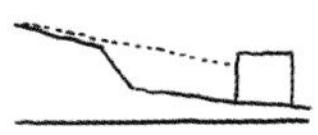	Transmissionswärmeverlust 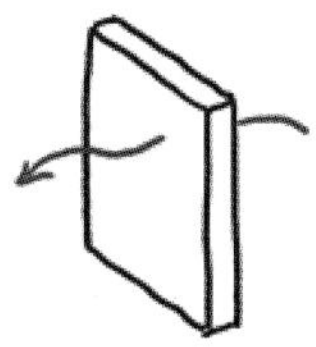
	Zergliederung 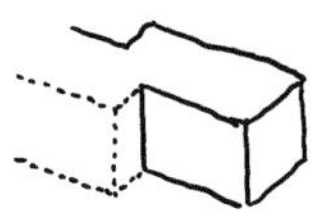		Sonnenschutz 
			interne Gewinne 

2/3.1 Standortgerechte Planung

Der Standort für ein Bauprojekt legt wichtige energetische Faktoren fest. Können diese Faktoren positiv beeinflusst werden, kann ohne zusätzliche Investitionen über die gesamte Nutzungsdauer des Gebäudes Energie gespart werden. Die Lage alter Bauernhöfe war oft so gewählt, dass eine ideale Situation vorlag. Damals war Energie meist in Form von Brennholz in mühsamer Waldarbeit zu beschaffen, und dementsprechend wurde damit sparsam umgegangen.

Die Gebäudehülle gleicht Klimaeinflüsse am Standort aus. Gleichzeitig lassen sich Energien für das Gebäude aus der Umwelt gewinnen. Kann das für eine Planung im Einklang mit dem Standort berücksichtigt werden, lässt sich Materialaufwand sparen, und technische Anlagen können optimal eingesetzt werden.

Makroklima, Mesoklima, Stadtklima, Mikroklima

In den jeweiligen Klimazonen der Erde haben sich typische Gebäudeformen etabliert. Wenn wir diese Strukturen verstehen, können wir die Vorteile dieser regional entwickelten Strukturen auch für moderne Gebäude nutzen.

Auch innerhalb Deutschlands gibt es regionale klimatische Unterschiede: von den Küstenregionen, die vom Seewind geprägt sind, über die Seengebiete, die durch Temperaturausgleich mildere Temperaturen aufweisen, bis hin zu Mittelgebirgen und Gebirgsregionen mit rauem Klima und kalten Wintertemperaturen.

In der DIN V 18599-10 sind Meteorologische Daten für 15 Klimaregionen vorhanden. Damit kann der Wärmebedarf regional abgeschätzt werden.

Eine Sonderstellung nimmt das Stadtklima ein, da die meisten Bauten im städtischen Raum entstehen. Durch die Gebäudestruktur, versiegelte Flächen, Ableitung von Regenwasser über die Kanalisation und Staubentwicklung wird das Klima lokal verändert. Dabei wird die Temperaturerhöhung im städtischen Raum durch die Aufheizung von Oberflächen und die fehlende Verdunstung am stärksten wahrgenommen. Durch den höheren Staubanteil in der Luft erhöhen sich die Niederschläge und das Risiko für sommerliche Gewitter steigt.

Um diesen Entwicklungen gegenzusteuern, wird in der städtebaulichen Entwicklung auf Frischluftschneisen geachtet, damit kann kühlere Luft aus der Umgebung in die Städte gelangen. Regenwasser muss in der

Regel auf dem Grundstück versickert werden. Wir können im Entwurf diese Faktoren gezielt einsetzen, um unseren Standort attraktiver zu machen.

Ist ein Grundstück für das Gebäude festgelegt, kann am lokalen Standort das Mikroklima im Entwurf gestaltet werden. Die Verschattung am lokalen Standort hat hier den größten Einfluss für das Projekt und wird üblicherweise von der Landschaftsplanung (Gartengestaltung) definiert. Gemeinsame Ziele lassen sich definieren, damit solare Gewinne im Winter zur Verfügung stehen und im Sommer eine möglichst gute Verschattung für angenehme Raumtemperaturen sorgt. Diese scheinbaren Gegensätze lassen sich besser vereinbaren, als es auf den ersten Blick erscheint. Im Winter fällt die Sonne flach auf das Gebäude. Dadurch bekommt die Südfassade mehr Energie als die Dachflächen. Fenster in der Südfassade werden im Winter zum idealen Solarkollektor und lassen sich im Sommer, wenn die Sonne wieder steil steht, mit einem Dachüberstand oder Balkon effektiv verschatten (Grafik, Höhenwinkel, Sonnenbahnen).

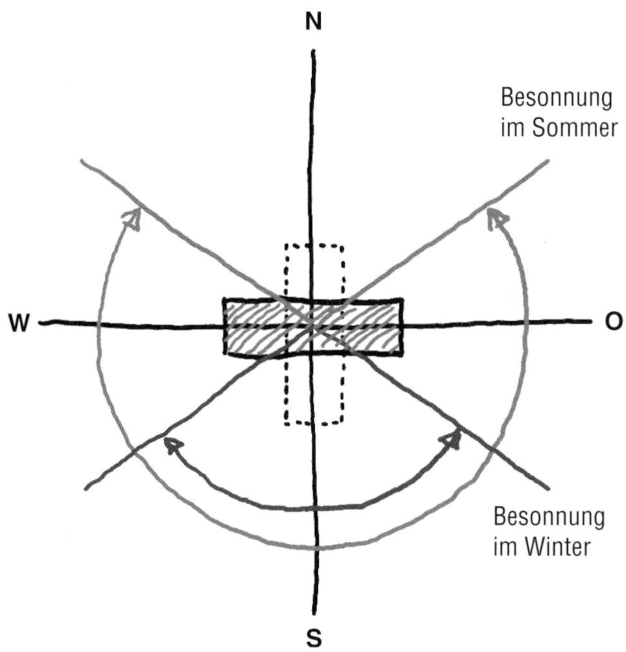

Bild 1: Besonnung Grundriss, Sommer – Winter

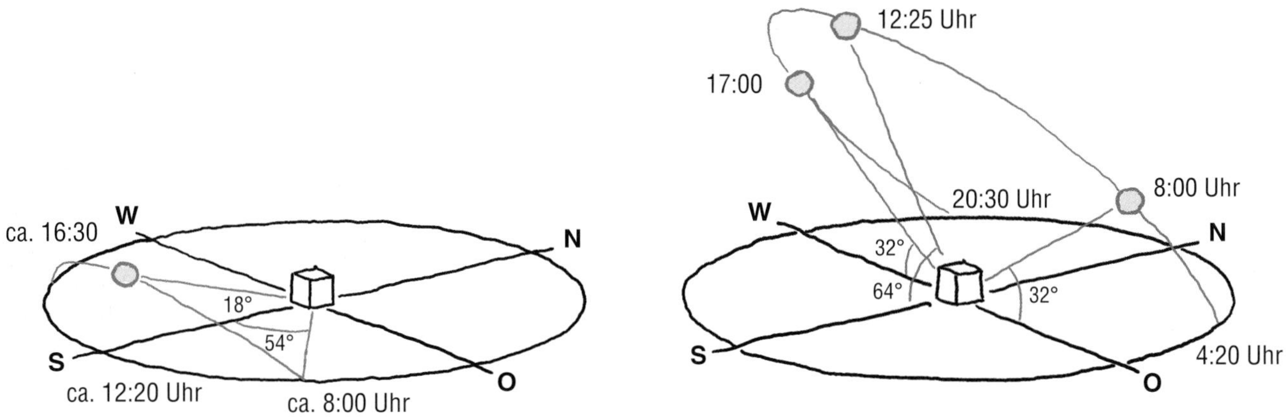

Bild 2: Verlauf der Sonne, 21. Juni und 21. Dezember, Süddeutschland

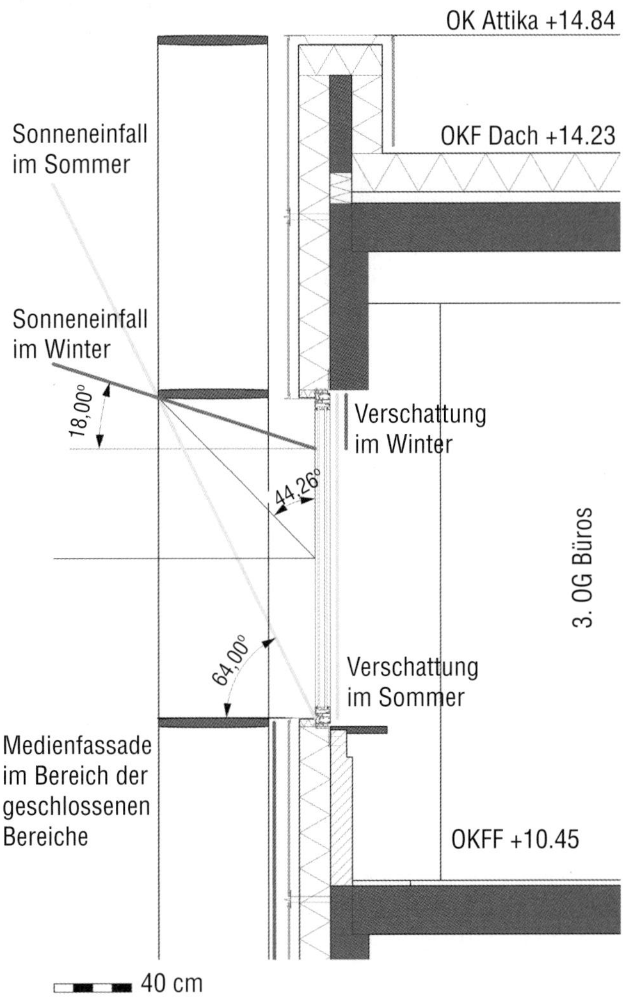

Bild 3: Detail Fassadenschnitt, Sonnenschutz Süden

Bezogen auf das Grundstück sind eine mögliche Bauwerksorientierung in südlicher Richtung und eine freie Einstrahlung wünschenswert. Dabei bietet sich eine Erschließung im Norden an. Eine Abweichung an der Südorientierung ist bis zu 30° tolerierbar.

Wenn das Ideal nicht erreicht werden kann, lassen sich Abweichungen in der Energiebilanz einschätzen. Dabei können auch alle Arten von Verschattung berücksichtigt werden. So lässt sich der eventuell entgangene solare Gewinn einschätzen und durch zusätzliche Dämmung kompensieren.

Von dem maximal möglichen solaren Gewinn (Qi) bleibt im Planungsbereich durch Verschattung von Gebäuden und Vegetation meist zwischen 35 % und 95 % als verfügbarer Solargewinn (Qs) übrig.

Neben Gebäuden und Bäumen ist auch die Verschattung durch Topografie möglich und für den Standort zu berücksichtigen.

Die Verdunstung über Vegetation stellt im Sommer eine hohe Qualität dar. Im Entwurf lässt sich das mit der Gartengestaltung und den bereits besprochenen Grundsätzen der Verschattung in Einklang bringen. Hier sollten die Bäume im ausgewachsenen Zustand berücksichtigt werden.

Im Winter verschatten Nadelbäume, vergleichbar mit einem Nachbargebäude. Von Laubbäumen reduziert sich der Schattenwurf auf den Anteil von Stamm und Geäst. Wuchsformen, Höhen und Belaubungszeiten sind bei der Auswahl zu berücksichtigen.

Nicht versiegelte Flächen können unter den genannten Aspekten als Qualität aktiv geplant werden und beispielsweise über Wasserflächen zur sommerlichen Kühlung im Projekt beitragen.

Bodenbeschaffenheit, Grundwasser

Das Erdreich kann mehr leisten, als lediglich das Regenwasser zu versickern. Mit zunehmender Tiefe bleibt die Temperatur im Erdreich konstant und ermöglicht so eine gleichmäßige Wärmeerzeugung (Wärmepumpe) und eine passive Kühlung über Bauteilflächen. Dabei wirkt sich die Flächenversickerung durch zusätzliche Feuchte nicht negativ aus. Ähnliche Vorteile hat auch die Nutzung von Grundwasser für den Betrieb von Wärmepumpen. Hier muss die Auslegung der Heizung erfolgen, um abzuschätzen, ob die entsprechende Fläche für einen Erdkollektor vorhanden ist und – im Falle der Grundwassernutzung – die verfügbaren Wassermengen und dessen Qualität ausreichen. Technisch bietet das Erdreich als Wärmequelle Vorteile gegenüber einer Luftwärmepumpe, da gerade in der Kernheizperiode bessere Arbeitstemperaturen genutzt werden können.

Windexponiertheit

Besonders windexponierte Gebäude haben einen höheren Energieverlust über die Gebäudehülle, bieten allerdings auch ideale Voraussetzungen für effiziente und natürliche Lüftungskonzepte. Auftretende Druckunterschiede an den verschiedenen Fassaden können technisch beispielsweise für Nachtlüftungskonzepte genutzt werden.

Energieinfrastruktur

Als Energieinfrastruktur werden im Allgemeinen die zur Verfügung stehenden Energieträger angesehen wie Gas, Nah- oder Fernwärme und Strom. Der Kanal als Teil der technischen Infrastruktur kann eventuell auch zur Energiegewinnung genutzt werden. Als Wärmequelle für eine Wärmepumpe kann Abwärme aus dem Abwasser teilweise zurückgewonnen werden.

Der Trend im Bereich der Energienetze geht zur Nutzung von lokal erzeugtem Strom mit gleichzeitiger Anbindung an das Stromnetz. Hier wird die größte Change für einen regionalen Energiehandel und einen Ausgleich der verschiedenen regenerativen Energien gesehen. Dazu können auch Batterien im Gebäude als dezentrale Energiespeicher beitragen.

Solarkollektorenausrichtung

Für die Gewinnung von Energie über PV- oder Solarthermiekollektoren muss für deren Ausrichtung grundsätzlich überlegt werden, wann die Energie zur Verfügung stehen soll. Für einen gleichmäßigen Verbrauch von solar erzeugtem Strom bietet sich eine nach Osten und Westen orientierte Solaranlage an. Diese liefert schon früh am Tag und am Nachmittag Strom und verringert den Mittagspeak. So kann die Energie gleichmäßiger verbraucht werden. Für eine thermische Solaranlage, die für die Heizungsunterstützung im Winter vorgesehen ist, eignen sich gut isolierte Vakuumkollektoren in der Südfassade.

2/3.2 Orientierung und Baukörper

Grundrisszonierung

Die Nutzungen im Grundriss werden in der Regel nach Tageslichtbedarf und Nutzungszeiten organisiert. Dabei können Nebenräume als Pufferzone angeordnet werden. So lassen sich Zonen mit unterschiedlichen thermischen Anforderungen bilden. Sehr stabile Temperaturen ergeben sich in einer Kernzone, nicht dauerhaft beheizte Räume sind im Norden gut untergebracht. Ein Badezimmer beispielsweise, das in der Regel besonders warm sein darf, ist im Süden gut platziert. Dort kann es die solare Wärme nutzen und muss nicht nachgeheizt werden.

Flächenoptimierung und Hüllengeometrie

Das Ziel des energetischen Entwurfs ist es, eine kompakte Hülle für das Nutzungsvolumen zu finden. Grundsätzlich bestimmt der Gebäudetyp das A/V-Verhältnis maßgeblich. Ein EFH ist hier ungünstig, ein RH und ein MFH schon deutlich besser. Das bedeutet, dass für ein MFH mit gleichem Heizwärmebedarf im Vergleich zum EFH Dämmung gespart werden kann. Wenn für das EFH ein ungünstiges A/V-Verhältnis gewählt wird, wie z.B. bei einem L-Bungalow, dann muss für den gleichen Heizwärmebedarf deutlich mehr Dämmung eingesetzt werden.

Wichtig ist, dass weiterhin eine Vielfalt an Gebäudeformen entsteht. Die Formfindung soll dabei bewusst mit der Abwägung energetischer Aspekte erfolgen.

Passive Nutzung der Solarstrahlung

Das ist einer der wichtigsten Faktoren für energieeffiziente Gebäude. In der Energiebilanz zeigt sich, dass die passive Nutzung der Solarstrahlung (in der Regel über die Fensterflächen) bis zu einem Drittel, zusammen mit den internen Wärmegewinnen sogar mehr als die Hälfte der Verluste ausgleichen kann. Mit dem folgenden Beispiel lässt sich das verdeutlichen: Raum mit 14,00 m^2, nur mit einer Fläche an die Fassade eines Gebäudes angrenzend, Außenwandfläche 4,50 m^2, Fensterfläche 6,00 m^2.

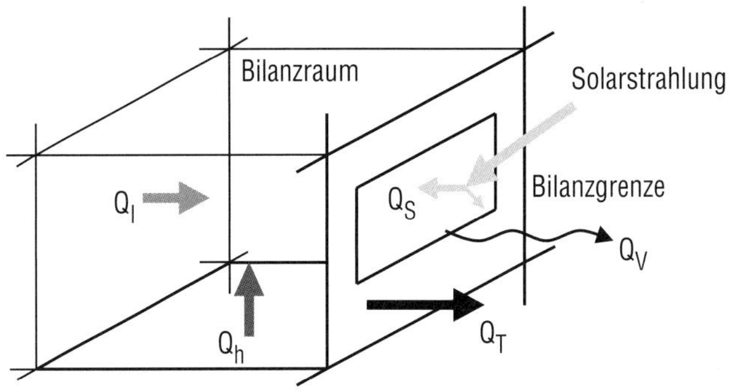

Bild 1: Beispielraum

In einer vereinfachten Energiebilanz wurde der Raum für den Monat Januar bilanziert, einmal nach Süden und einmal nach Norden orientiert.

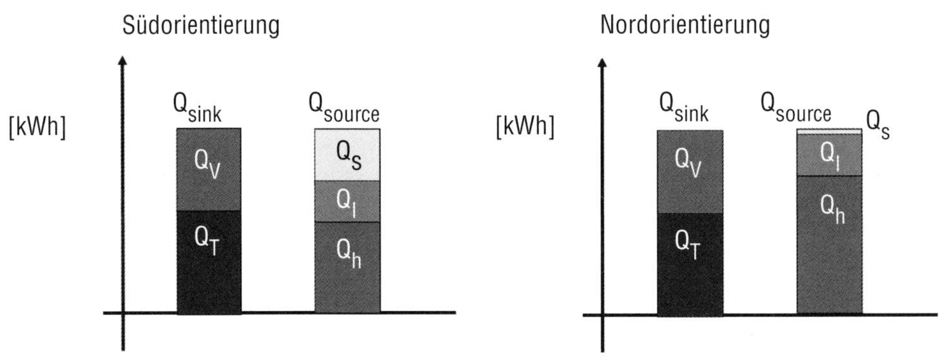

Bild 2: Vergleich der Energiebilanz Süd- und Nordorientierung

Mit dieser einfachen Bilanzrechnung für einen Wintermonat kann schon ein Vergleich aufgestellt werden.

Heizwärme

- Q_h = 72,22 kWh (südorientiert)
- Q_h = 109,41 kWh (nordorientiert)

Ähnliche Berechnungen werden als Handrechnung zur Plausibilitätskontrolle eingesetzt, können aber im Entwurfsprozess helfen, schnell gute Entscheidungen zu treffen.

Fensterverschattung

Fenster in der Ost- oder Westfassade tragen im Sommer häufig einen nicht unerheblichen Teil zur Aufheizung im Gebäude bei, da morgens bzw. abends eine fast senkrechte Einstrahlung auf das Fenster möglich ist. Diese Einstrahlung lässt sich nur durch Elemente vor den Fenstern verhindern (Jalousie, Schiebeläden oder Rollläden).

Selbst Fenster in der Nordfassade können zum sommerlichen Aufheizen der Räume beitragen, wenn sie nicht verschattet werden. Zwar trifft auf die Nordfassade keine direkte Solarstrahlung, der diffuse Strahlungsanteil ist im Sommer aber nicht zu vernachlässigen.

Flache Dachverglasungen eignen sich nicht als Solargewinn für den Winter, tragen aber, falls sie nicht verschattet sind, maximal zur sommerlichen Überhitzung bei. Deswegen sollten sie, wenn überhaupt, ganz behutsam eingesetzt werden.

Weitere Möglichkeiten der passiven solaren Energienutzung können mit transparenter Wärmedämmung (TWD) oder in Form von Trombewänden realisiert werden. Das Prinzip nutzt die solare Strahlung durch transparente Dämmung oder Fenster auf einen dahinter liegenden Speicher, beispielsweise eine massive Wand.

Für die passive Nutzung der solaren Strahlung sind die Speicherfähigkeit der Flächen relevant, auf die Strahlung trifft, sowie die raumbegrenzenden Bauteile. Speichermassen können nur aktiviert werden, wenn sie vom Raum her auch zugänglich sind. Eine abgehängte Decke oder ein Teppichfußboden koppelt die Speichermasse vom Raum ab.

Bauteile, massive oder leichte Konstruktionen

Massive und leichte Konstruktionen haben beide ihre Vorteile. Massive Konstruktionen bieten durch die Bauteilmasse eine bessere Ausnutzung von solaren Gewinnen und einen ausgleichenden Effekt für den sommerlichen Wärmeschutz. Hat sich die Konstruktion jedoch einmal aufgeheizt, ist das Auskühlen durch deren Trägheit nur langsam möglich.

Eine schnellere Anpassung der Raumtemperatur erfolgt in einer leichten Konstruktion, da keine Bauteilmassen erwärmt werden müssen.

Luftdichtheit

Die Luftdichtheit ist elementar wichtig für Gebäude, nicht nur aus dem Gesichtspunkt der Energieeinsparung, sondern vor allem für die Nutzerzufriedenheit und Schadensfreiheit.

Im Entwurf können die Grundlagen für eine einfach zu realisierende luftdichte Ebene definiert werden: zum einen durch eine klare Zuweisung und Abtrennung der beheizten Bereiche, zum anderen durch Konstruktionen, die Durchdringungen der luftdichten Ebene vermeiden.

In der Sanierung von Wohnhäusern mit Verbindung zu einem nicht beheizten Keller ist eine klare Abtrennung von Zonen notwendig. Die Trennung der Zonen kann durch eine luftdichte Tür im Kellerabgang erfolgen oder durch einen separaten Kellerzugang aus einem nicht beheizten Bereich.

Ein Beispiel für eine Konstruktion, die nur mit enormem Aufwand luftdicht ausgeführt werden kann, ist eine Kehlbalkenlage oder Holzbalkendecke, die die luftdichte Ebene durchdringt. Da eine luftdichte Abdichtung an jedem Punkt erfolgen muss, an dem Balken die luftdichte Ebene durchdringen, entsteht ein unverhältnismäßig hoher Aufwand mit hohem Schadensrisiko.

Wärmebrücken

Für das Einhalten von KfW-Effizienzhaus-Standards ist die Optimierung von Wärmebrücken gefordert. Mit dem Entwurf der Gebäudehülle und der Zonierung werden die Anzahl der Wärmebrücken und die dazugehörigen Einflusslängen maßgeblich definiert. Dies wird in der Energiebilanz berücksichtigt, sobald auf pauschale Berechnungsansätze verzichtet wird. Das Einsparpotenzial, das mit der Reduzierung von Wärmebrücken verbunden ist, sollte nicht unterschätzt werden. Punkte, die im Entwurf eventuell nicht hinsichtlich ihrer Wärmebrückenwirkung berücksichtigt werden, sind häufig: Außenkellertreppen, Balkone, Rücksprünge, Loggien, Dachverglasungen etc.

Hinweis für die Praxis

Die Wärmebrückenwirkung einer Dachverglasung war ausschlaggebend für den KfW-Standard. Nur durch den Verzicht auf die Verglasung oder durch zusätzliche Maßnahmen konnte dieser eingehalten werden.

Für den Entwurf sollte uns bewusst sein, dass Wärmebrücken, die über den thermischen Verlust definiert werden, eventuell durch andere Maßnahmen kompensiert werden müssen. Die Erfahrungen aus aufwendigen Simulationsrechnungen belegen, dass in der heute üblichen Energiebilanz nach GEG tendenziell die Wirkung von Wärmebrücken unterschätzt wird. Durch die Minimierung von Wärmebrückenpunkten und die Optimierung der verbleibenden Wärmebrücken können Einsparungen für die Bauteilaufbauten entstehen. Somit können durch gute Planung besonders im Bereich der Wärmebrücken Ressourcen und Kosten gespart werden.

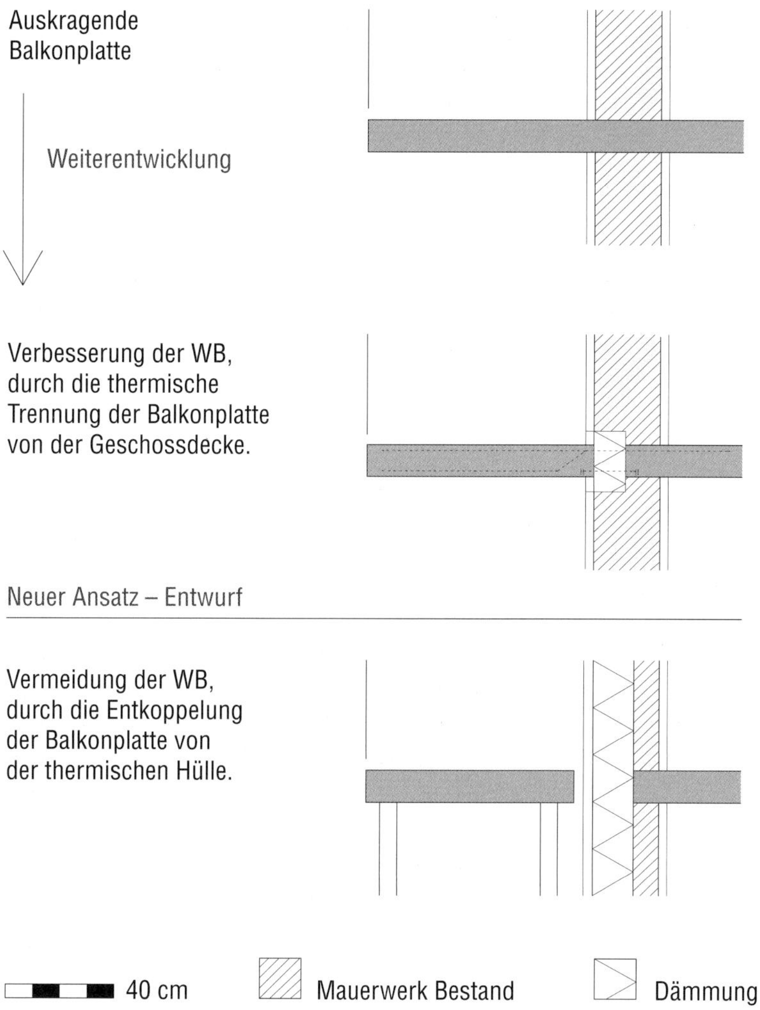

Bild 3: Beispiel „Balkon“

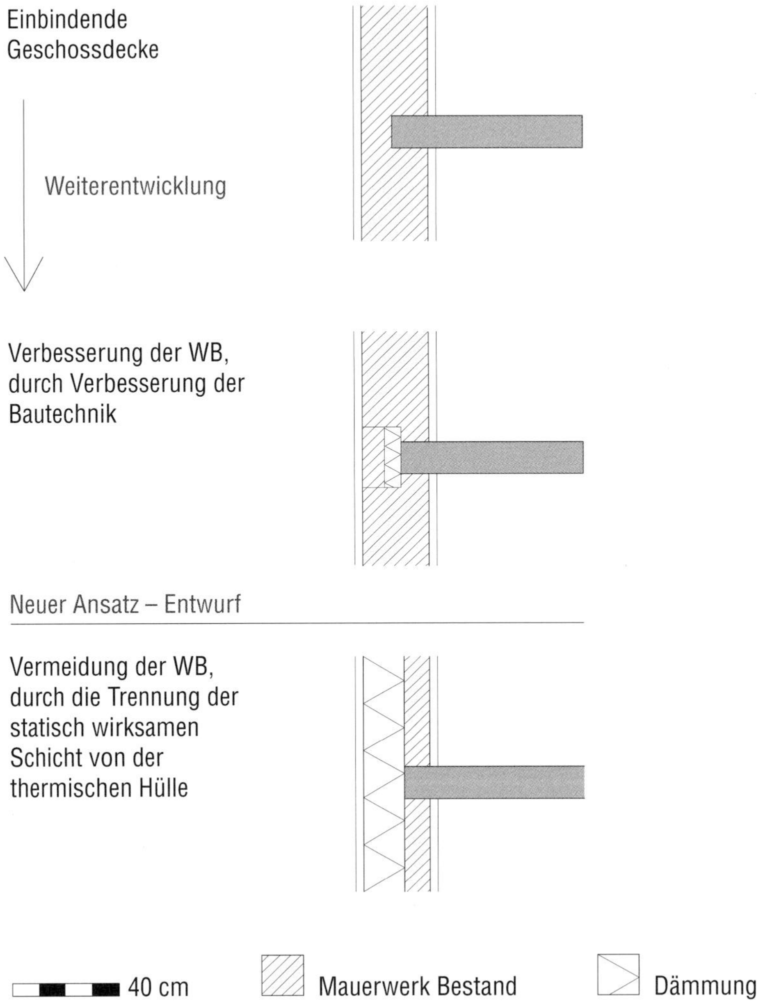

Bild 4: Beispiel „einbindende Geschossdecke"

2/4 Kosten und Wirtschaftlichkeit

Bauherren werden bei ihrer Entscheidung eine Abwägung zwischen finanziellen (Kosten, Amortisationsdauer, Energieeinsparung, etc.) und ökologischen Faktoren (Primärenergieverbrauch, Kohlenstoffverbrauch, Grauer Energieverbrauch, etc.) suchen, bzw. weichen (Komfort, Ästhetik) und harten Faktoren (Zinsbelastung, Heizkosten, etc.).

Maßgebliche Einflussfaktoren bei dieser Kostenbetrachtung sind:

Kostenarten

- Investitionskosten
- Abschreibungsmöglichkeiten
- Finanzierungskosten, die im direkten Zusammenhang mit dem Aufwand stehen
- Förderzuschüsse, die damit indirekt zusammenhängen
- Energiekosten (Brennstoff, CO_2-Abgabe, ...)
- Unterhaltskosten (Erhaltungsaufwendungen, Instandsetzung, Pflege, ...)

Angesetzte Preise sind in der Planungsphase Schätzwerte und müssen durch realistische Angebote abgeglichen werden. Hier können zusätzliche Investitionen in die Hüllfläche die Anlagenkosten reduzieren.

Eingesparte Energiekosten werden z.Z. mit ca. 0,08 €/kWh angesetzt; Stromkosten mit 28 ct/kWh, Steigerungsfaktor 2–10 % in den letzten Jahren, wenn man von dem Einbruch in 2008 im Zuge der Lehmann-Krise absieht. Langfristig wird sich eine CO_2-Abgabe auf diesen Preis auswirken und fossil betriebene Techniken verteuern.

Im Laufe des letzten Vierteljahrhunderts wurde eine Vielzahl von neuen Technologien entwickelt, die energetisch hocheffiziente Gebäude erst möglich machen. Üblicherweise sind innovative Komponenten zunächst teurer, weil die Entwicklungskosten über den Erlös erbracht werden müssen und zudem am Anfang eine eher geringe Nachfrage besteht.

Ein typisches Beispiel dafür stellen Fenster mit Passivhausqualität dar. Die ersten zehn Jahre lagen die Kosten über dem Doppelten von Standardfenstern. Erst um das Jahr 2006 begannen sich die Kosten anzugleichen.

Investitionsrechnung

Unterschieden werden statische und dynamische Methoden, die Kostenentwicklungen über den Betrachtungszeitraum hinweg berücksichtigen können.

Zu den statischen Methoden zählen:

- Kostenvergleichsrechnungen
- Rentabilitätsrechnungen
- Amortisationsrechnung

Zu den Grundmodellen der dynamischen Investitionsrechnung zählen:

- die Kapitalwertmethode,
- die Annuitätenmethode
- die Methode des internen Zinsfußes
- die dynamische Amortisationsrechnung

In der Praxis rechnen viele Eigenheimbesitzer bei der Ermittlung der Wirtschaftlichkeit gerne – wegen ihrer einfachen Handhabung – mit der Amortisationsrechnung. Sie ermittelt die Zeitdauer, die benötigt wird, bis sich die getätigten Anschaffungsauszahlungen durch Einnahmeüberschüsse amortisieren. Allerdings gibt es bei einem Gebäude selten Rückflüsse, sondern Verbräuche, die es zu optimieren gilt.

Wirtschaftlichkeitsberechnung Wohngebäude: Beispiel EFH-Neubau

Am Beispiel eines typischen Einfamilienhauses werden zunächst die energetisch wirksamen Investitionskosten nach DIN 276 ermittelt. Gewählt wurde ein Gebäude mit einer Breite von 13 m bei einer Gebäudetiefe von 9 m ohne Keller in zweigeschossiger Bauweise mit Satteldach und einer Neigung von 15°. Die Bauhöhe wurde mit 6 m angesetzt.

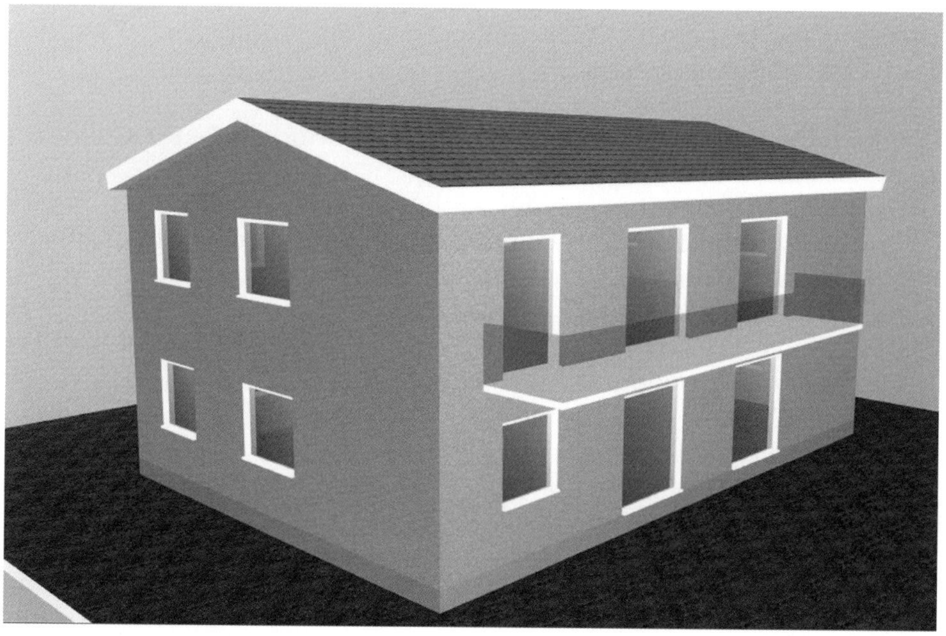

Bild 1: Geometrisches Gebäudemodell

Bei 702 m^3 beheiztem Volumen ergibt das eine Nutzfläche A_N von ca. 225 m^2 sowie eine BGF von 234 m^2. Die Wohnfläche weicht je nach Dicke der Hüllfläche leicht voneinander ab, was in dicht bebauten Gegenden mit hohen Grundstückspreisen wiederum zu ungünstigen Kostenentwicklungen führen kann.

Folgende Daten ergeben sich aus dem geometrischen Modell, die Preise wurden geschätzt:

- Dachfläche 121 m^2, Baukosten KfW 70 250,– €/m^2
- Außenwandfläche 221 m^2, 250,– €/m^2
- Fensterfläche 43 m^2, 600,– €/m^2
- Türfläche 2 m^2, 1.500,– €/m^2
- Bodenfläche 117 m^2, 250,– €/m^2

Beim Entwurf für das Niedrigstenergiegebäude mit dem Mindeststandard musste der Dämmwert der Außenwand, des Dachs und der Bodenplatte auf 0,18, die Fenster auf 1,1 verbessert werden sowie detaillierte Wärmebrückenwerte von ca. 0,03 angesetzt werden, um den Anforderungswert des GEG im Primärenergiebereich zu erfüllen.

Die Mehrkosten der Hüllflächenbauteile werden beim KfW40+ mit 10 % addiert, beim Passivhaus noch einmal mit 10 % erhöht. Bei der technischen Anlage werden nur die Heizungs- und Warmwasseranlage, sowie die Lüftungsanlage und ggfs. Stromproduktion in Höhe von $5kW_{Pk}$ erfasst. Die Solaranlage für Warmwasser sowie ein Pufferspeicher wurden in allen Modellen angesetzt.

Bei der technischen Anlage werden folgende Modelle berücksichtigt:

- EFH Niedrigenergiegebäude: Radiatoren, Gas-Brennwert, solare Trinkwassererwärmung und Heizungsunterstützung, Abluftanlage
- KfW 40+: Flächenheizung, Sole-Wärmepumpe, Lüftung mit WRG, PV 5kW$_{Pk}$ mit Batterie
- Passivhaus: Lüftungsanlage mit WRG, Infrarot Heizung Bad, WW über Abluft-Wärmepumpe

Tabelle 1: Daten EFH: U-Werte

	EFH Mind	**EFH KfW40+**	**Passivhaus**	**Bemerkungen**
Dach	30.250	33.275	36.603	
Außenwand	55.250	60.775	66.853	
Fenster	25.800	28.380	31.218	
Tür	3.000	3.300	3.630	
Bodenfläche	29.250	32.175	35.393	
Summe	**143.550**	**157.905**	**173.696**	**KG 300**
Heizung	30.000	45.000	2.000	
Solaranlage	15.000	8.000	8.000	
Warmwasser	15.000	8.000	8.000	
Lüftung	2.000	15.000	25.000	
PV, Batterie	0	12.500	12.500	
Summe	**72.000**	**88.500**	**55.500**	**KG 400**
Gesamt Baukosten	215.550	246.405	229.196	
Planungskosten	32.333	49.281	57.299	KG 200
Förderung Bafa	0	–15.7520	–8.750	35 % auf Heizung bzw. Lüftung
Tilgung KfW		–30.000	–30.000	KfW-Förd 40+
Summe	**247.883**	**249.936**	**247.744**	

Die Planungskosten wurden beim 1. Typ mit 15 %, beim 40+ mit 20 % und beim Passivhaus mit 25 % angesetzt. Da die Summen nach der Gutschrift von Förderungen in etwa gleich sind, wurde auf die Ermittlung der Finanzierungskosten verzichtet. Sie würden bei 2 % Jahreszins in etwa bei ca. 5.000 € im Jahr liegen. Hinzu kämen die Tilgungskosten.

Die höheren Kosten im Bereich Hüllfläche werden durch die niedrigeren Anlagenkosten, bzw. höheren Tilgungszuschüssen teilweise kompensiert.

In einem nächsten Schritt wurde die Hüllfläche soweit verbessert, dass die jeweiligen Werte erreicht werden. Beim Passivhaus wurde nicht mit phpp gerechnet, sondern mit einem normalen Energieberater-Programm. Daher liegen die Brennstoff-Kosten auch über dem KfW-40+ Haus. Dies liegt an dem höheren Strombedarf. Leider ist das Passivhaus in der herkömmlichen Energieberater Software auf Basis der DIN 4701-10 nur sehr unzureichend darstellbar.

Tabelle 2: Daten EFH: Verbrauchswerte

	EFH Mind	EFH KfW40+	Passivhaus	Bemerkungen
Endenergiebedarf	10.400 kWh	1.700 kWh	2.900 kWh	
Primärenergiebedarf	12.000 kWh	3.100 kWh	5.300 kWh	
Brennstoffkosten	940 €/a	380 €/a	610 €/a	

Interessant wäre auch noch die Einsparung der Stromkosten durch den Einsatz der PV-Anlage. Im phhp (Passivhaus-Projektierungspaket) wird der Stromverbrauch standardmäßig erfasst. Bei der DIN 18599 immerhin der Verbrauch an Beleuchtungsstrom.

Zusammenfassend kann man sagen, dass die Investitions- und Finanzkosten nicht die alleinige Basis für eine Entscheidung seien sollten. Gerade die langfristigen Verbrauchs- und Instandsetzungskosten werden über die Nutzungszeit von 20 bis 50 Jahren eine erhebliche Rolle spielen.

Sanierung

Maßgeblich für Entscheidungen bei der Sanierung ist der Renovierungsbedarf der Bauteile, die Höhe der möglichen Energieeinsparungen, die Preise und Machbarkeit der Investitionen sowie die Höhe des finanziellen und ökologischen Gewinns. Dafür sind Tabellen, die auf dem Energiebedarf basieren, eine Hilfestellung.

Die Amortisationsrechnung liefert hier keine Aussagen über die Wirtschaftlichkeit von Sanierungsmaßnahmen.

Dieser Hinweis ist deshalb von großer Bedeutung, weil die Amortisationsrechnung, sowohl in der Beratungspraxis, als auch in Expertenberechnungen benutzt wird, um die Wirtschaftlichkeit von energetischen Sanierungsmaßnahmen rechnerisch zu untermauern.

Investitionszyklus

In der Literatur wird häufig die These vertreten, dass Energiesparinvestitionen an Eigenheimen besonders dann wirtschaftlich sind, wenn sie sich an Investitionszyklen von Gebäudeteilen orientieren. Das bedeutet, dass energiesparende Sanierungsmaßnahmen nur dann ergriffen werden, wenn Gebäudeteile im Rahmen von Instandsetzungsarbeiten ohnehin erneuert werden müssen. Bei der Berücksichtigung dieses Kopplungsprinzips fließen lediglich die Kosten der Zusatzinvestitionen, die ausschließlich für die energetische Sanierung anfallen, in die Berechnung mit ein, während Kosten, die ohnehin angefallen wären (sogenannte Sowieso-Kosten wie z.B. Gerüstkosten, Anstrich), in der Wirtschaftlichkeitsbetrachtung vernachlässigt werden.

Diese Herangehensweise, bei der der erzielte Mehrertrag den Mehrkosten gegenüber gestellt wird, bezeichnet man auch als Mehrertragsansatz. Unter diesen Bedingungen, nämlich Orientierung an Sanierungszyklen und Verwendung des Mehrertragsansatzes sind eine ganze Reihe von energetischen Sanierungsmaßnahmen wirtschaftlich.

Nichtwohngebäude

Die Einflussfaktoren auf die Kostenentwicklung bei Nichtwohngebäuden sind auf Grund der sehr unterschiedlichen Anforderungen an die Bauten nochmals deutlich komplexer als bei den Wohngebäuden.

Ein grundsätzliches Problem ist dabei die relativ kurzfristige Betrachtungsweise vieler Unternehmen, die Im Gegensatz zu Kommunen und Genossenschaften Gewinne in kürzeren Zeiträumen erwarten. Viele Maschinen, Bauteile und Maßnahmen rentieren sich erst jenseits der 10 Jahres-Grenze.

Zudem besteht hier das grundsätzliche Problem der DIN 18599, die zwar für den öffentlichen Nachweis geeignet ist, aber nach Auffassung vieler Experten, den Energiebedarf von Gebäuden und Anlagen nicht besonders realistisch darstellen kann. Diese Aussagen braucht man aber, will man zukunftssichere Investitionsentscheidungen treffen.

Die Mehrinvestitionen der Passivhaus-Nichtwohngebäude in Frankfurt betragen gegenüber Mindestenergie-Gebäuden im Mittel zwischen 3 und 8 %, in Ausnahmefällen bis 10 %.

2/4.1 Lebenszyklusbetrachtung

In den Köpfen der Einkäufer findet ein Umdenken statt. Während früher ausschließlich der Anschaffungspreis eines Gegenstands ausschlaggebend für eine Kaufentscheidung war, so rücken heutzutage immer mehr die Lebenszykluskosten in den Vordergrund.

Ein Beispiel hierfür ist die Mitteilung eines deutschen Konsumgüterkonzerns an seine Lieferanten.

Beispiel

Sehr geehrte Damen und Herren,

wir möchten Sie darüber informieren, dass Energieeffizienz einen hohen Stellenwert bei uns im Unternehmen einnimmt. Aus diesem Grund erfolgt eine Auftragsvergabe nicht nach den Anschaffungskosten, sondern nach den Lebenszykluskosten.

Wir bitten Sie, dies bei Ihren Angeboten zu berücksichtigen.

Für Fragen steht Ihnen unser Energiebeauftragter gerne zur Verfügung.

Mit freundlichen Grüßen

Doch was bedeutet dies für eine Immobilie?

Lebenszyklus einer Immobilie

Der Lebenszyklus einer Immobilie durchläuft verschiedene Stadien. Diese sind:

- Entwicklungsphase
- Realisierungsphase
- Nutzungsphase (mit möglicher Sanierungsphase)
- Verwertungsphase

Hierbei können Nutzungs- und Sanierungsphase auch mehrfach im Wechsel auftreten.

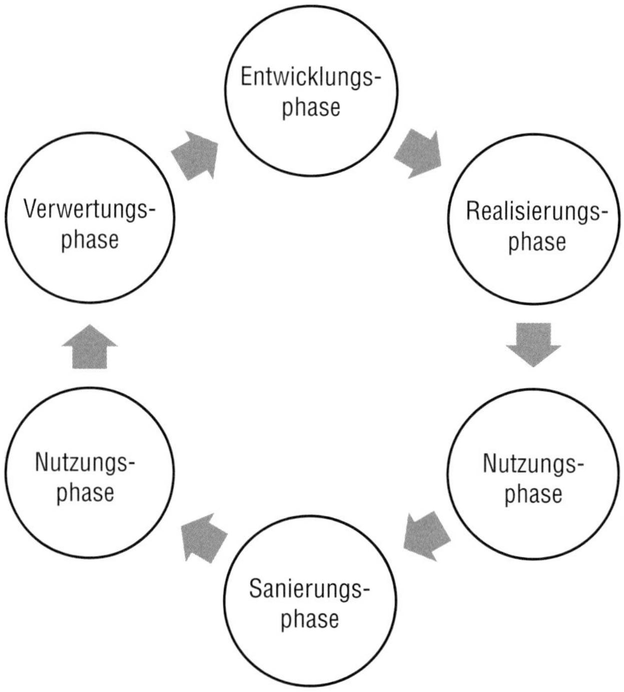

Bild 1: Lebenszyklus einer Immobilie

In diesen Phasen entstehen verschiedene Kosten durch Bauteile, gebäudetechnische Anlagen und Bewirtschaftungskosten.

Ebenfalls ändert sich die Möglichkeit, auf diese Kosten Einfluss zu nehmen, je weiter man im Lebenszyklus voranschreitet.

Grundsätzlich gilt, dass je eher Einfluss genommen wird, das Kostensenkungspotenzial am höchsten ist und die Folgekosten am geringsten sind. Konkret bedeutet dies Folgendes.

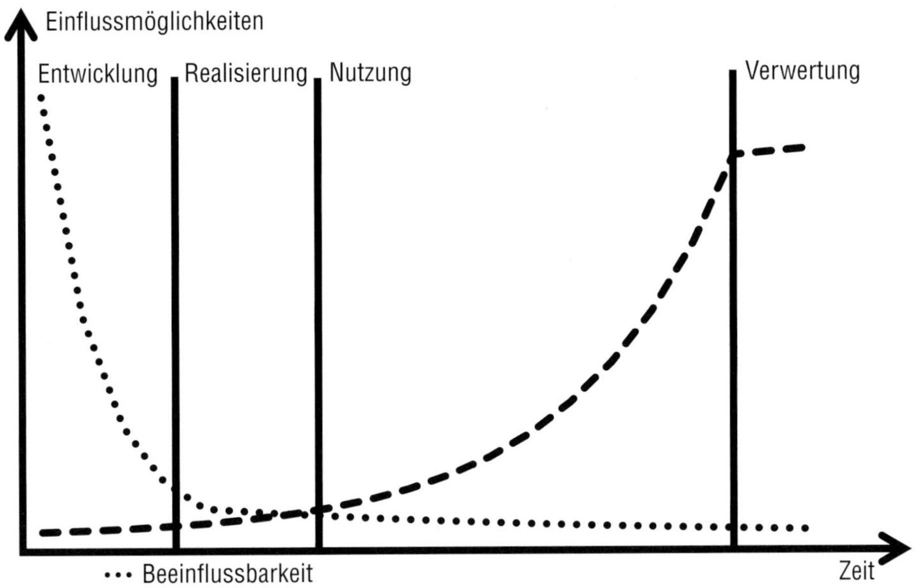

Bild 2: Beeinflussbarkeit der Kosten

Entwicklungsphase

In der Entwicklungsphase muss bereits der Grundstein für eine spätere energetisch effiziente Bewirtschaftung und Nutzung gelegt werden. Dies bedeutet zum einen die richtige Architektur und das richtige Design der Immobilie in Kombination mit den richtigen Baustoffen, zum anderen die sinnvolle Ausstattung mit gebäudetechnischen Anlagen und deren Verknüpfung untereinander und zur Architektur.

Bei der Architektur müssen vorrangig bauliche Wärmebrücken vermieden werden und es muss ein der Nutzung angepasstes Design gewählt werden.

Hinweis für die Praxis

Große Glasflächen, z.B. in einem Wintergarten, sind zwar vom Design ansprechend, bei schlechten Dämmwerten der Verglasung sind jedoch hohe Wärmeverluste im Winter und hoher solarer Eintrag im Sommer die Folge.

Im Zuge der Planung müssen auch die späteren Baustoffe bestimmt werden und der Aufbau der Gebäudehülle festgelegt werden. Die Auswahl der Baumaterialien hat einen enormen Einfluss auf den späteren Wärmebedarf eines Gebäudes. Auschlaggebendes Merkmal der eingesetzten Materialien ist hierbei der U-Wert.

Je geringer dieser ist, desto besser sind die Dämmeigenschaften des Baustoffs.

Höhere Anschaffungskosten von Baustoffen mit gutem U-Wert werden oft durch geringere Wärmeverluste in der Nutzungsphase kompensiert.

Bei der Auswahl von Bauteilen und Baustoffen muss auch an die spätere Verwertung bzw. Beseitigung gedacht werden. Während einige Baustoffe, wie z.B. Ziegel oder Beton, als Bauschutt einfach und kostengünstig entsorgt werden können, ist dies bei anderen Stoffen komplizierter. Ein Beispiel hierfür ist Styropor. Handelt es sich noch um mit HBCD versetztes Dämmmaterial entsteht sogar Sondermüll. Bereits bei der Anschaffung sollte somit betrachtet werden, wie das Baumaterial später entsorgt werden kann.

Realisierungsphase

In der Realisierungsphase muss auf die exakte Ausführung der Planung geachtet werden. Bauliche Fehler, wie z.B. zu geringe Dämmdicken, müssen unter allen Umständen vermieden werden.

Nutzungsphase

In der Nutzungsphase fallen die Kosten für Wartung und Energieverbrauch an.

Verwertungsphase

In der Verwertungsphase fallen die Kosten für die Entsorgung und die Verwertung der eingesetzten Komponenten und Bauteile an. Je nach Kategorisierung bzw. Zuordnung nach Abfallschlüssel fallen Kosten in unterschiedlicher Höhe an.

Ermittlung der anfallenden Kosten

Die zentrale Frage ist, wie ermittle ich die Kosten, welche im Laufe des Lebenszyklus auftreten?

Bauliche Hülle

Bei der reinen baulichen Hülle definieren sich die Kosten über thermische Verluste aufgrund der Dämmeigenschaften der verwendeten Baumaterialien. Die Betrachtung ist rein auf Energiekosten bezogen. Faktoren wie Versicherung, Personalkosten etc. werden nicht betrachtet.

Der maßgebende Indikator für die Wärmeverluste ist hierbei der U-Wert in $W/(m^2K)$.

Eine konkrete Berechnung hierzu ist recht komplex und würde den hiesigen Rahmen sprengen. Zumal der geforderte U-Wert festgehalten ist und eingehalten werden muss.

Gebäudetechnische Ausstattung

Eine Lebenszyklusbetrachtung ist bei den gebäudetechnischen Anlagen sehr sinnvoll. Für einen Einbau, ein technisches Gerät oder eine gebäudetechnische Anlage (GTA) müssen bei den Anschaffungskosten die Bausteine „Kaufpreis", „Installationskosten" und „mögliche Abnahmen" berücksichtigt werden.

Die meisten Kosten entstehen jedoch nicht in der Anschaffung und Entsorgung, sondern im Betrieb.

Hierbei treten Kosten für Wartung und Instandhaltung, für Verbrauchsmaterialien und Energie sowie für mögliche regelmäßige Überprüfungen auf. Kosten für Wartung und Instandhaltung spielen hierzu zwar eine Rolle, der größte Kostentreiber ist jedoch der Verbrauch an Energie. Je effizienter eine Anlage funktioniert, desto weniger Energie wird benötigt und desto geringere Kosten fallen an.

Bei den Entsorgungskosten müssen die Demontage und die Verschrottung der Anlage berücksichtigt werden.

Die Lebenszykluskosten eines Gegenstands lassen sich grob wie folgt darstellen:

Anschaffungskosten (Investment, Zölle, Abnahmekosten, Engineering-Kosten ...) + Kosten während der Laufzeit (Wartung, Instandhaltung, Energieaufnahme ...) + Entsorgungskosten = Lebenszykluskosten — Formel

Mit dieser Formel lassen sich sehr gut die Lebenszykluskosten für eine gebäudetechnische Anlage ermitteln.

Auf der Grundlage dieser Betrachtungen kann eine fundierte Kaufentscheidung getroffen werden.

Berechnungsbeispiel

Zur Verdeutlichung ein Beispiel: Ihr Kunde möchte seine Werkhalle sanieren. Dabei steht auch die Entscheidung an, welches Beleuchtungssystem installiert werden soll. Der Kunde arbeitet das gesamte Jahr in der Werkhalle im vollkontinuierlichen Betrieb.

Aufgrund der Arbeitsstättenrichtlinie (ASR) und der daraus geforderten Lichtstärken hat er die Beleuchtung rund um die Uhr brennen.

Insgesamt müssen 100 Lampen verbaut werden. Die Halle soll 15 Jahre im Betrieb sein. Aus Angeboten sind folgende Parameter bekannt.

Annahmen zur Berechnung

Tabelle 1: Annahmen zur Berechnung

	Leuchtstofflampen	**LED-Lichtbänder**
Leistungsaufnahmen		
Stückzahl	100	100
Leuchtmittel	T8-Leuchtstoffröhre	LED
Anzahl der Leuchtmittel	1	1
Leistungsaufnahme je Leuchtmittel in W	58	46
Leistungsaufnahme Vorschaltgerät in W	12	
Leistungsaufnahme der Leuchte insgesamt in W	70	46
Leistungsaufnahme aller Leuchten in W	6.950	4.616
Nutzungsdauer		
Nutzungsdauer/Tag in Stunden	24	24
Nutzungsdauer in Tagen/Woche	7	7
Nutzungsdauer der Wochen/Jahr	52	52
anteilige Minderung durch Automation in %	0 %	0 %
Nutzungsdauer in Stunden/Jahr	8.736	8.736
durchschnittliche Lebensdauer in Stunden	20.000	50.000
durchschnittliche Lebensdauer bei vorher berechneter Nutzungsdauer in Jahren	2,29	5,72

Tabelle 1: Annahmen zur Berechnung *(Fortsetzung)*

	Leuchtstofflampen	LED-Lichtbänder
Installationskosten		
Kosten neuer Leuchtmittel/Leuchten inkl. Montage	30,00 €	190,00 €
Installationskosten	3.000,00 €	19.000,00 €
Jahresverbrauch und Stromkosten		
Verbrauch pro Jahr in kWh	60.715	40.322
Strompreis pro kWh in €	0,20 €	0,20 €
Stromkosten pro Jahr in €	12.143,04 €	8.064,46 €
Entsorgungskosten		
Entsorgungskosten	100,00 €	100,00 €

Daraus ergeben sich folgende Lebenszykluskosten:

Lebenszykluskosten

Tabelle 2: Lebenszykluskosten

Lebenszykluskosten für einen Zyklus	Leuchtstofflampen	LED-Lichtbänder
Installationskosten	3.000,00 €	19.000,00 €
Stromkosten für gesamten Lebenszyklus	27.800,00 €	46.156,50 €
Entsorgungskosten	100,00 €	100,00 €
Summe	30.900,00 €	65.256,50 €

Auf den ersten Blick sind die Leuchtstofflampen die bessere Wahl. Jedoch muss noch der Gesamtbetrachtungsraum herangezogen werden. Dieser beträgt 15 Jahre.

Gegenüberstellung der Kosten im Betrachtungszeitraum

Tabelle 3: Gegenüberstellung der Kosten im Betrachtungszeitraum

Kosten im Betrachtungszeitraum	Bestandsleuchten	LED-Lichtbänder
Betrachtungszeitraum in Jahren	15	15
Betrachtungszeitraum in Stunden	131.400	131.400
vollständige Zyklen	6	2

Tabelle 3: Gegenüberstellung der Kosten im Betrachtungszeitraum *(Fortsetzung)*

Kosten im Betrachtungszeitraum	Bestandsleuchten	LED-Lichtbänder
Kosten für vollständige Zyklen	185.400,00 €	130.513,00 €
Installationskosten für unvollständigen Zyklus	3.000,00 €	19.000,00 €
Stromkosten für unvollständigen Zyklus	15.846,00 €	28.986,28 €
Kosten im Betrachtungszeitraum	204.246,00 €	178.499,28 €
Differenz	**25.746,72 €**	

Durch die geringere Leistungsaufnahme und die längere Lebensdauer, ist die LED Beleuchtung trotz hoher Anschaffungskosten über den Lebenszyklus betrachtet wesentlich günstiger.

Im Beispiel ist somit ein Potenzial von rund 25.700,00 € gegeben.

Diese Berechnung gilt aber nur für die gegebenen Parameter. Sobald sich ein Parameter ändert, z.B. der Strompreis, muss die Betrachtung neu durchgeführt werden.

Neben der Beleuchtung sollte die Lebenszyklusbetrachtung für alle größeren gebäudetechnischen Anlagen im Gebäude durchgeführt werden.

Diese sind in jeder Immobilie:

- Beleuchtung
- Heizungsanlage
- Warmwasserbereitung

In den meisten größeren Immobilien wird diese Liste ergänzt durch:

- Klimageräte
- Lüftungsanlagen
- Gebäudeleittechnik

In Industrieimmobilien kommen zu dieser Liste noch prozessspezifische Anlagen hinzu:

- Druckluftversorgung
- Prozesskälte
- Produktionsanlagen

Kleingeräte

Ein Indikator bei Kleingeräten ist die Energieeffizienzklasse. Mit dieser sind die Geräte gekennzeichnet. Teilweise ist die jährliche Leistungsaufnahme bereits berechnet, z.B. bei Kühlgeräten. Diese Werte geben schnell einen guten Überblick über die zu erwartenden Kosten in der Nutzungsphase. Kleingeräte

Eine Betrachtung von Bauteilen und gebäudetechnischen Anlagen darf nicht nur auf der Grundlage der Anschaffungskosten geschehen. Ausschlaggebend sind auch die Kosten im Betrieb – an erster Stelle die Energiekosten und die Kosten durch Energieverluste – und die Kosten für die Entsorgung. Nur eine ganzheitliche Betrachtung kann hier zu einer Kostenersparnis führen. Eine frühzeitige Betrachtung und Berechnung von Komponenten ist hierbei vonnöten. Fazit

Kapitel 3
Bauphysikalische Nachweise

3/1 Bauphysikalische Grundlagen und Begriffe

3/1.1 Gebäudehülle und Transmissionswärmeverlustkoeffizient H'_T

Energetische Faktoren

Energetische Qualität und Berechnung eines Gebäudes werden über drei Faktoren maßgeblich bestimmt:

- A/V-Verhältnis aus Fläche und Volumen
- Hüllflächenfaktor H'_T (Transmissionswärmeverlustkoeffizient)
- Anlagenfaktor Q_P (Primärenergiekoeffizient)

Berechnung „Hüllfläche“

In einem ersten Schritt wird das thermische Volumen bestimmt, das beheizt oder gekühlt wird. Dieses Volumen wird von der thermischen Hüllfläche umschlossen und ergibt eine Auflistung von verschiedenen Bauteilen, sortiert nach ihrer Lage, dem Wärmeübergang, U-Wert sowie Fläche.

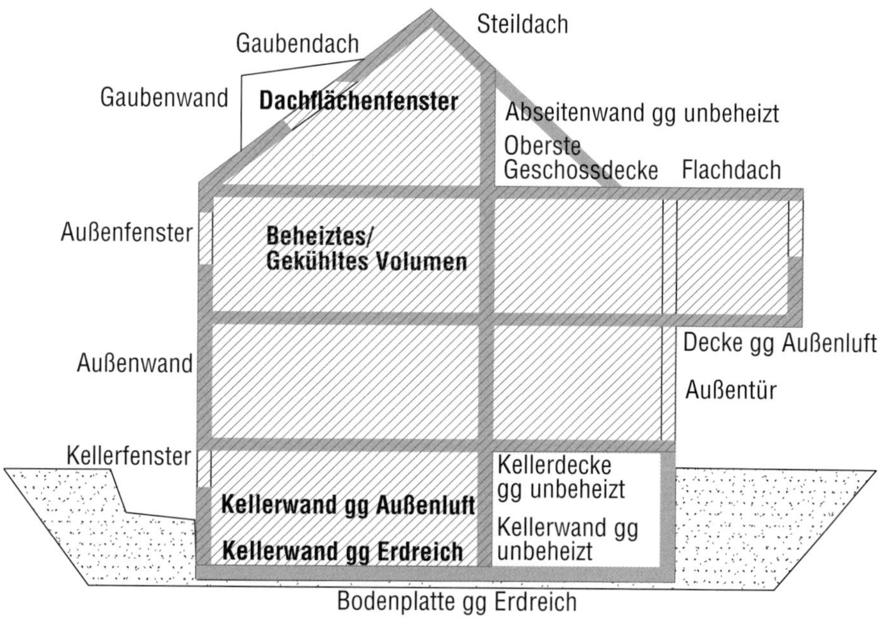

Bild 1: Teile der Hüllfläche

Systematik der Hüllflächen

Wärmeübergangskoeffizient

Je nach Lage des Hüllflächenteils im Gebäude unterscheidet man folgende Bauteile, die sich in der energetischen Berechnung mit unterschiedlichen Wärmeübergangskoeffizienten wiederfinden:

- gegen Außenluft
- gegen unbeheizt
- gegen Erdreich

Je nach Ausrichtung gibt es:

- horizontale Bauteile (Bodenplatten, Decken, Flachdächer, Fensterkuppeln)
- vertikale Bauteile (Außenwände, Kellerwände, Innenwände, Abseitenwände, Fenster, Türen)
- schräge Bauteile (Steildächer, Dachfenster, Fassaden)

Erfassung der Hüllfläche

Abhängig vom verwendeten Programm und von der eigenen Systematik kann man alle relevanten Bauteile von unten (Bodenplatte) nach oben (Dach) oder von oben nach unten erfassen, oder wie im vorliegenden Fall nach der energetischen Relevanz, nämlich die Außenwände am Anfang.

Kennwerte der Gebäudehülle

Folgende Kennwerte sind dabei zu ermitteln:

- Aufbau der Bauteile und der jeweilige Wärmeleitwert der einzelnen Schichten
- Bei inhomogenen Bauteilen der Abstand der Gefache und die Breite der Ständer/Stützen
- Schichtdicken
- Flächenermittlung nach den Vorgaben des GEG
- Temperaturkorrekturfaktoren
- Übergangswiderstände innen und außen – je nach Einbausituation
- Himmelsrichtung der Bauteile (bietet sich an, da transparente Bauteile wegen der unterschiedlichen solaren Erträge mit ihrer Lage eingegeben werden)

Berechnung des Transmissionswärmeverlustkoeffizienten H'_T

Dämmqualität

Der H'_T-Wert gibt den Wärmestrom in Watt je Quadratmeter Hüllfläche pro Temperaturdifferenz (in Kelvin) zwischen innen und außen an. Er entspricht somit dem durchschnittlichen U-Wert der Gebäudehüllfläche und ist deshalb ein Gebäudekennwert, der die durchschnittliche Dämmqualität der Hüllfläche angibt. Je niedriger dieser Wert ist, desto besser ist die Dämmqualität der Hüllfläche.

Temperaturkorrekturkoeffizient

Der H'_T-Wert errechnet sich aus der Aufsummierung der einzelnen Hüllflächen, der Flächen, deren U-Werte, der Gradtagszahlen und des Temperaturkorrekturkoeffizienten. Hinzu kommt noch ein Zuschlag für die Wärmebrücken.

Einfluss der Gebäudehüllfläche auf den Heizenergiebedarf

Je niedriger der H'_T-Wert ist, desto geringer ist der Heizwärmebedarf. Bei ungedämmten Altbauten beträgt der Anteil der Transmissionswärmeverluste ca. 85 %, bei modernen und gut gedämmten Gebäuden verringert sich dieser Anteil auf bis zu 40 %.

Hinweis für die Praxis

Beim energetischen Optimieren eines Entwurfs ermittelt man über die Software die prozentuale Verteilung der Transmissionswärmeverluste. Bei größeren Werten wie bei der Außenwand oder beim Dach lohnt sich eine Verbesserung des Dämmwerts am ehesten, bei Fenstern wegen ihres geringen Flächenanteils eher weniger. Bei energieeffizienten Gebäuden haben Wärmebrücken einen größeren Einfluss und verschlechtern bei der Verwendung von Pauschalwerten den H'_T-Wert erheblich.

3/1.2 Mindestwärmeschutz

Der Mindestwärmeschutz von Bauteilen wird mit dem Ziel der Gewährleistung eines hygienischen Innenklimas in der DIN 4108-2:2013-02 (Mindestanforderungen an den baulichen Wärmeschutz) geregelt. Durch die Mindestanforderungen an Bauteile wird der Mindestwärmeschutz der Bauteile festgelegt.

Eine wichtige Kenngröße für den Mindestwärmeschutz ist der Wärmedurchlasswiderstand R.

Anforderungen an den Mindestwärmeschutz nach DIN 4108-2

Anforderungen an den Mindestwärmeschutz wärmeübertragender Bauteile werden in der DIN 4108-2 in der Weise gestellt, dass Mindestwerte für die Wärmedurchlasswiderstände R unterschiedlicher Bauteile gefordert werden – getrennt für schwere Bauteile (das sind Bauteile mit einer flächenbezogenen Masse von 100 kg/m^2 oder mehr) und leichte Bauteile (Bauteile mit einer flächenbezogenen Masse unter 100 kg/m^2) sowie für inhomogene nichttransparente wie beispielsweise Bauteile in Rahmen- und Skelettbauarten und transparente sowie teiltransparente Bauteile.

Darüber hinaus kann davon ausgegangen werden, dass Bauteile, die den Ausführungen des Beiblatts 2 der DIN 4108 entsprechen, als schimmelpilzfrei einzustufen sind.

Nachfolgend werden die Mindestanforderungen von verschiedenen Bauteilen aufgezeigt.

Tabelle 1: Mindestanforderungen an den Wärmeschutz nach DIN 4108-2:2013-02 für Bauteile mit einer flächenbezogenen Masse von 100 kg/m² oder mehr in normal beheizten Gebäuden (auszugsweise)

Bauteilbeschreibung	**Wärmedurchlasswiderstand R [m²K/W]**
Außenwände; Wände von beheizten Räumen gegen Erdreich	1,20 bzw. 0,55 bei Gebäuden mit niedrigen Innentemperaturen
Wände zwischen fremdgenutzten beheizten Räumen; Wohnungstrennwände	0,07
Wohnungstrenndecke	0,35
Decken nach oben gegen Außenluft beheizter Räume	0,90
Flachdach gegen Außenluft	1,20
Decke nach unten gegen Außenluft beheizter Räume	1,75

Tabelle 2: Einzuhaltende Mindestwerte für Wärmedurchlasswiderstände von weiteren Bauteilen nach der DIN 4108-2 (auszugsweise)

Bauteilbeschreibung		**Wärmedurchlasswiderstand R [m²K/W]**
ein- und mehrschalige leichte Bauteile (mit einer flächenbezogenen Masse unter 100 kg/m²)		1,75
Rahmen- und Skelettbauarten	im Gefachbereich	1,75
	als Mittelwert	1,00
Rollladenkästen	als Mittelwert	1,00
	für den Deckel	0,55
opake Ausfachung von transparenten und teiltransparenten wie z.B. Fenster, Vorhangfassaden		1,20

Zweidimensionale Betrachtung

Eine weitere Absenkung der Innenoberflächentemperaturen wärmeübertragender Bauteile stellt sich im Bereich von Wärmebrücken ein. Wärmebrücken sind definiert als diejenigen Teile einer Gebäudehülle, an denen der ansonsten normalerweise zum Bauteil auftretende Wärmestrom deutlich verändert wird. Den einfachsten Fall stellen die – bei üblicher Bauweise – unvermeidbaren Gebäudekanten dar. Hier steht einer kleinen wärmeaufnehmenden Innenoberfläche eine große wärmeabgebende Außenoberfläche gegenüber. Nachfolgendes Bild zeigt diesen Effekt für die Außenecke einer Außenwand, die wärmeschutztechnisch ein typisches Altbauniveau aufweist. Angegeben sind dabei die Verläufe gleicher Temperatur (Isotherme) im Bauteil in Abhängigkeit von der Entfernung von der Raumecke.

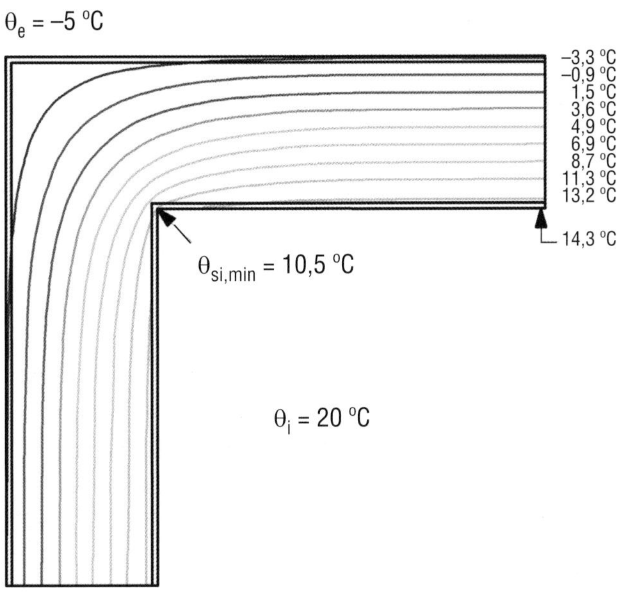

Bild 1: Darstellung der Isothermen im Bereich einer Außenecke einer Außenwand auf wärmeschutztechnischem Altbauniveau

Es ist deutlich zu erkennen, dass die Innenoberflächentemperatur, die im Bereich der ungestörten Wand mit 14,3 °C noch deutlich über der kritischen Temperatur für die Bildung für Schimmelpilze liegt, diese im Bereich der Ecke mit 10,5 °C deutlich unterschreitet.

Dreidimensionale Betrachtung

Für Ecken von Bauteilen, in denen die Oberflächentemperaturen wegen der gegenüber den Raumkanten noch deutlich erhöhten Wärmebrückenwirkung noch weiter absinken, können keine allgemeingültigen Mindestanforderungen an den Wärmedurchlasswiderstand erhoben werden. In diesen Fällen wird eine Abschätzung oder im Zweifelsfall eine genaue Berechnung empfohlen. Diese Berechnungen werden EDV-gestützt auf Basis der Finite-Differenzen-oder Finite-Elemente-Methode durchgeführt.

Individuelle Klimata

Die oben beschriebenen Zusammenhänge hinsichtlich des Mindestwärmeschutzes gelten für die schon genannten üblichen Wohn- und Außenklimarandbedingungen (Raumlufttemperatur 20 °C, relative Raumluftfeuchte 50 %, Außenlufttemperatur –5 °C).

Im Nichtwohnungsbau stellen sich häufig jedoch hinsichtlich der Nutzung der betrachteten Gebäude oder Räume völlig andere Randbedingungen dar. Als offensichtliche Beispiele werden hier die deutlich abweichenden Innenklimata von

- Schwimmbädern,
- Brauereien,
- Wäschereien,
- Hotelküchen und Kantinen,
- Sporthallen

genannt. In diesen Fällen ist es erforderlich, genauere Berechnungen zu den erforderlichen Oberflächentemperaturen – insbesondere im Bereich von Wärmebrücken – durchzuführen. Für die eindimensionale Betrachtung bietet sich hier dann die Verwendung der DIN EN ISO 13788:2013-05 (Wärme- und feuchtetechnisches Verhalten von Bauteilen und Bauelementen: raumseitige Oberflächentemperatur zur Vermeidung kritischer Oberflächenfeuchte und Tauwasserbildung im Bauteilinneren – Berechnungsverfahren) an. Für mehrdimensionale Betrachtungen gelten dann zusätzlich die obigen Ausführungen zu EDV-gestützten Vorgehensweisen.

3/1.3 Wärmeübergangswiderstand

Der Wärmeübergangswiderstand stellt eine wichtige Größe zur Berechnung des Wärmedurchgangskoeffizienten (U-Wert) dar. Dieser dient vor allem der energetischen Beurteilung von Bauteilen der Gebäudehülle.

Strömen Flüssigkeiten oder Gase an einer festen Oberfläche entlang, so wird entsprechend dem Temperaturgradienten Wärmeenergie zwischen dem vorbeiströmenden Medium und der Wandoberfläche ausgetauscht. Dieser Austausch findet grundsätzlich statt und ist somit auch im Bauwesen von Bedeutung. Betrachtet man den Wärmeverlust von Gebäuden über die wärmeübertragende Hüllfläche, dann ist es der Wärmeaustausch zwischen der Raumluft und den Innenoberflächen sowie zwischen Außenluft und Außenoberflächen, den es hier zu beachten gilt. Grundsätzlich gilt: Ist die vorbeiströmende Luft kälter als die Bauteiloberfläche, dann wird dem Bauteil Wärme entzogen, ist die Luft wärmer, wird dem Bauteil Wärme zugeführt.

Hierbei sind zwei grundsätzliche Regeln zu beachten:

- Je höher die Geschwindigkeit der vorbeiströmenden Luft ist, desto mehr Wärmeenergie kann ausgetauscht werden.
- Strömt Luft an einer Bauteiloberfläche entlang, dann wird die Geschwindigkeit des vorbeiströmenden Mediums durch die Reibung zwischen Luft und Bauteiloberfläche herabgesetzt: Es entsteht eine Grenzschicht, die dem Wärmeaustausch einen Widerstand entgegensetzt.

Wärmeübergangswiderstände für bauphysikalische Berechnungen

Für ebene Oberflächen gelten die in der Tabelle 1 angegebenen Werte, wenn keine besonderen Angaben über Randbedingungen vorliegen (siehe auch nachfolgendes Bild). Für nicht ebene Oberflächen oder für spezielle Randbedingungen sind die Verfahren nach DIN EN ISO 6946:2008-04, Anhang A anzuwenden.

Tabelle 1: Wärmeübergangswiderstände R_{si} und R_{se} für wärmeschutztechnische Berechnungen gemäß DIN EN ISO 6946

	R_{si} [m²K/W]	**R_{se} [m²K/W]**	**Beispiel**
bei aufwärts gerichtetem Wärmestrom	0,10	0,04	Flachdach 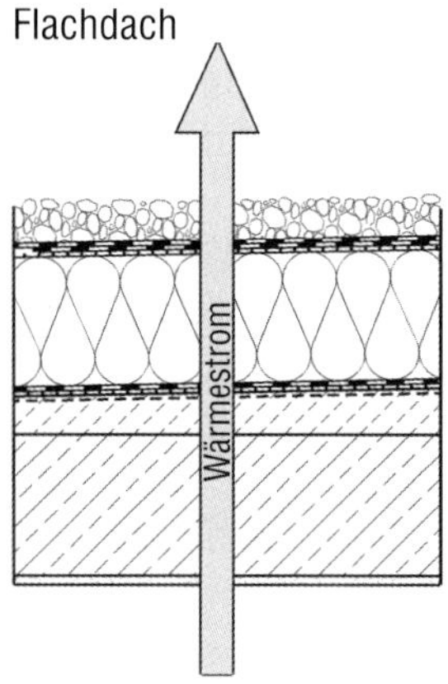
bei horizontal gerichtetem Wärmestrom*)	0,13	0,04	Außenwand 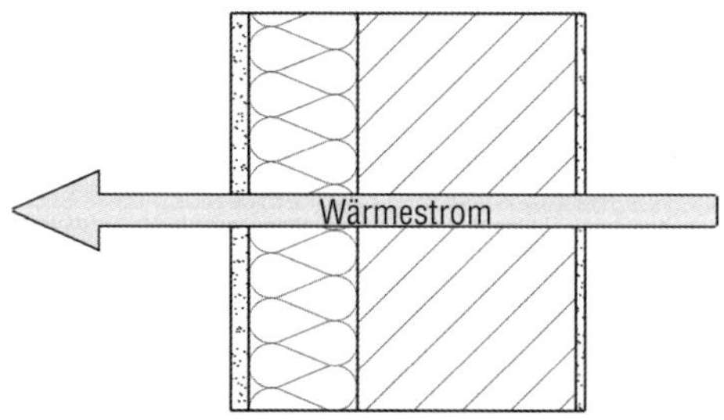
bei abwärts gerichtetem Wärmestrom	0,17	0,04	Decke gegen Außenluft 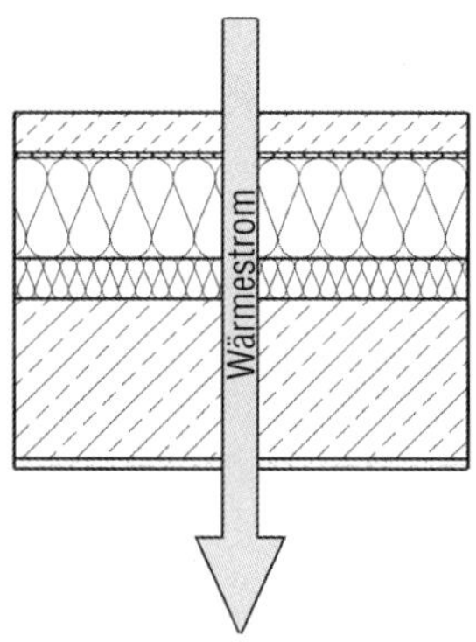

*) Die Werte unter „horizontal" gelten für Richtungen des Wärmestroms von ±30° zur horizontalen Ebene.

Weitere Regelungen:

- Bei erdberührten Bauteilen ist für den Wärmeübergangswiderstand auf der erdberührten Seite R_{se} = 0 m²W/K anzusetzen.
- Bei hinterlüfteten Bauteilen, nicht ausgebauten Dachgeschossen und Abseitenwänden zum nicht wärmegedämmten Dachraum sowie bei Kellerdecken zum unbeheizten Keller ist für den Wärmeübergangswiderstand auf der Außenseite der gleiche Wert wie auf der Innenseite anzusetzen, d.h., es gilt: $R_{se} = R_{si}$.
- Für Berechnungen zur Vermeidung von Tauwasserbildung nach DIN 4108-3 sowie für Berechnungen zur Vermeidung von Schimmelpilzbildung nach DIN 4108-2 sind teilweise andere Werte für die Wärmeübergangswiderstände anzusetzen.

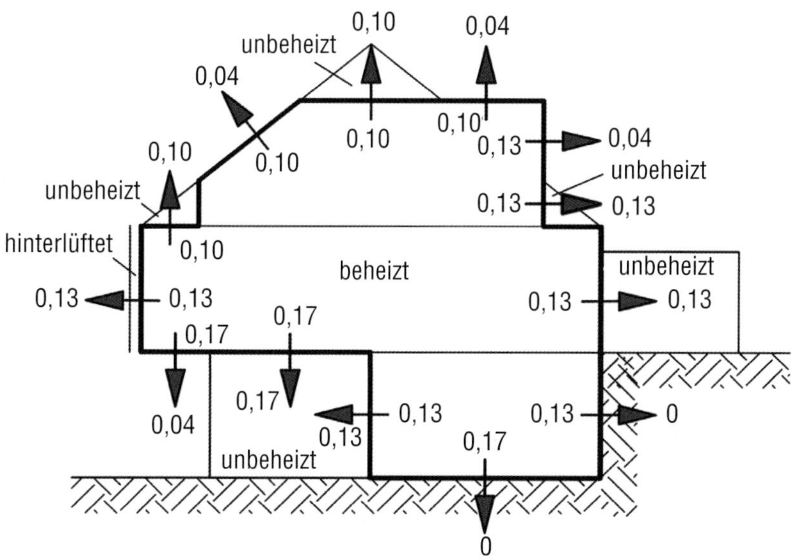

Bild 1: Wärmeübergangswiderstände R_{si} und R_{se} für wärmeschutztechnische Berechnungen nach DIN EN ISO 6946

Oberflächen mit Vorsprüngen

Sind auf einer Oberfläche Vorsprünge vorhanden, die aus einem Material mit einer Wärmeleitfähigkeit von höchstens 2,5 W/(m²K) bestehen, dann können diese Vorsprünge bei der Ermittlung des Wärmedurchgangswiderstands des Bauteils vernachlässigt werden.

Anschlussbereiche

Im Inneren von Bauwerken treten im Bereich von Anschlüssen zwischen unterschiedlichen Bauteilen aufgrund der teils komplexen Geometrie erhöhte Wärmeübergangswiderstände auf, da die Konvektionseinflüsse durch die geringere Luftgeschwindigkeit weniger ausgeprägt sind. Als Folge zeigen sich in diesen Bereichen deutlich verminderte Oberflächentemperaturen. Zur Berücksichtigung dieses Phänomens werden beispielsweise Berechnungen zur Vermeidung von Schimmelpilzbildung auf Oberflächen stets mit einem erhöhten Wärmeübergangswiderstand durchgeführt. Dieser beträgt bei Berechnungen nach DIN 4108-2 beispielsweise stets $R_{si} = 0{,}25\ m^2K/W$.

Behinderung von Strahlung und Konvektion

Wird der Strahlungsaustausch mit anderen Oberflächen des Raums und/oder die Luftbewegung und damit die Konvektion an Bauteiloberflächen durch falsches Nutzungsverhalten beeinträchtigt, so treten als Folge oftmals deutlich geringere Oberflächentemperaturen auf als in ungestörten Bereichen. Ursachen für die Behinderung von Strahlungsaustausch und Konvektion können beispielsweise sein:

- raumhohe, schwere Gardinen vor Außenwänden
- frei stehende Schränke, welche direkt an der Außenwand postiert sind
- Einbauküchen vor Außenwänden
- wandgroße Einbauschränke

Es ist dringend zu empfehlen, Schränke, Betten, Sofas oder ähnliche Möbel nicht an der Außenwand zu positionieren. Ist dies nicht zu vermeiden, dann ist ein Mindestabstand von 10 cm zur Wand einzuhalten. Zur Sicherstellung der Luftzirkulation muss dieser Abstand auch unterhalb und oberhalb des Möbels sichergestellt sein.

Bei Feuchteschutzberechnungen zur Vermeidung von Schimmelpilzbildung sollte daher für Bereiche mit großen, geschlossenen Schrankflächen (Küchen) oder Einbauschränken mit einem erhöhten R_{si} gerechnet werden. Anzusetzen ist dann ein $R_{si} = 0{,}5\ m^2K/W$ (z.B. bei Vorhängen) bzw. ein $R_{si} = 1{,}0\ m^2K/W$ bei geschlossenen Schrankflächen.

Hinweis für die Praxis

Auch der beschriebene Abstand von 10 cm zur Außenwand gewährleistet nicht in jedem Fall eine ausreichende Konvektion. Zur Sicherheit sollte hier bei Nachweisen gemäß DIN 4108-2 mindestens mit einem $R_{si} = 0{,}25\ m^2K/W$ gerechnet werden.

3/1.4 Wärmeleitfähigkeit

Die Wärmeleitfähigkeit λ gibt den Wärmestrom an, der bei einem Temperaturunterschied von 1 Kelvin (K) durch eine 1 m^2 große und 1 m dicke Schicht eines Stoffs geht. Die Einheit der Wärmeleitfähigkeit ist W/(mK). Je kleiner dieser Wert ist, umso besser ist das Dämmvermögen eines Baustoffs. Umso besser die Dämmwirkung ist, umso geringer sind die Verluste durch die Bauteile und damit durch die Gebäudehülle (erhöhte Energieeinsparung).

Um die Wärmeverluste durch die Gebäudehülle ermitteln zu können, wird der Wärmedurchgangskoeffizient (U-Wert) der Bauteile benötigt. Zur Bestimmung des U-Werts wird sowohl die Dicke der einzelnen Bauteilschichten als auch die Wärmeleitfähigkeit der Baustoffe benötigt. Diese Werte sind als Tabellenwerte in Tabellenbüchern, in Normen oder in Herstellerangaben zu finden.

Die Wärmeleitfähigkeit ist u.a. abhängig von:

- der Porenanordnungen – umso höher der Porenanteil, umso geringer die Wärmeleitfähigkeit
- der Rohdichte – umso höher die Rohdichte, umso höher die Wärmeleitfähigkeit
- dem Feuchtigkeitsgehalt – umso höher der Feuchtigkeitsgehalt, umso höher die Wärmeleitfähigkeit

Nennwert und Bemessungswert der Wärmeleitfähigkeit

Hinweis für die Praxis

Für den Wärmeschutznachweis nach GEG ist immer der Bemessungswert zu verwenden.

Der Nennwert der Wärmeleitfähigkeit λ_D (von engl. „declared") ist als EU-weit einheitlicher Basiswert bekannt. Er darf nicht für die Berechnung des U-Werts verwendet werden! Sollte dies doch erforderlich werden, so muss ein Sicherheitsaufschlag von 20 % angesetzt werden.

Der Bemessungswert der Wärmeleitfähigkeit λ ist durch die DIN 4108-4 geregelt und wird im Rahmen der bauaufsichtlichen Zulassung ermittelt. Er wird für die U-Wert-Berechnung herangezogen.

Wärmeleitfähigkeitsstufe

Die Dämmstoffe werden in Wärmeleitfähigkeitsgruppen (WLG – früher) bzw. Wärmeleitfähigkeitsstufen (WLS – heute) eingeteilt. Diese Bezeichnungen sind auf den Verpackungen wiederzufinden, z.B. auf der Mineralwolle „WLS 035“. Das bedeutet, dass die Mineralwolle eine Wärmeleitfähigkeit von 0,035 W/(mK) aufweist.

Weiterer Ansatz der Wärmeleitfähigkeit

Bei der nachträglichen Dämmung eines Gebäudes/Bauteils z.B. gelten die Anforderungen bei Änderungen von Außenbauteilen nach Anlage 7 des GEG. Dort kann z.B. bei der nachträglichen Dämmung der Außenwand, wenn Maßnahmen aus technischen Gründen begrenzt sind, auch die maximal mögliche Dämmschichtdicke eingebaut werden. Hier ist für die Dämmung aber ein Bemessungswert der Wärmeleitfähigkeit von 0,035 W/(m^2K) zugrunde zu legen.

Weiter gibt das GEG Mindestanforderungen an die Dämmdicke von Rohrleitungen und Armaturen vor. Zur Begrenzung der Wärmeverluste von Heizungs- und Warmwasserrohrleitungen schreibt das GEG die Dämmdicken in Abhängigkeit vom Rohrdurchmesser vor. Es dürfen nur Dämmstoffe zum Einsatz kommen, die einen amtlich anerkannten Rechenwert der Wärmeleitfähigkeit bei 40 °C von 0,035 W/(mK) aufweisen. Werden Dämmstoffe mit schlechteren Dämmeigenschaften eingesetzt, müssen die Dämmstoffdicken entsprechend größer dimensioniert werden.

3/1.5 Wärmedurchgangswiderstand

Der Wärmedurchgangswiderstand von einer Umgebung zur anderen beschreibt den Gesamtwiderstand, den das Bauteil selbst sowie die oberflächennahen Luftschichten dem Wärmedurchgang entgegensetzen. Die Berechnung erfolgt für opake Bauteile gemäß DIN EN ISO 6946:2008-04 („Bauteile – Wärmedurchlasswiderstand und Wärmedurchgangskoeffizient – Berechnungsverfahren").

Hinweis für die Praxis

Opake Bauteile sind nicht transparente, d.h. nicht lichtdurchlässige Bauteile wie z.B. eine Wand.

Der Wärmedurchgangswiderstand ergibt sich aus den einzelnen Wärmedurchlasswiderständen der jeweiligen Schichten und den Wärmeübergangswiderständen des Bauteils.

Hinweis für die Praxis

Der Kehrwert des Wärmedurchgangswiderstands ergibt den Wärmedurchgangskoeffizienten (U-Wert), der eine sehr wichtige Größe in der energetischen Bewertung eines Bauteils der Gebäudehülle darstellt.

Bei der Berechnung des Wärmedurchgangswiderstands ist zwischen drei Fällen zu unterscheiden:

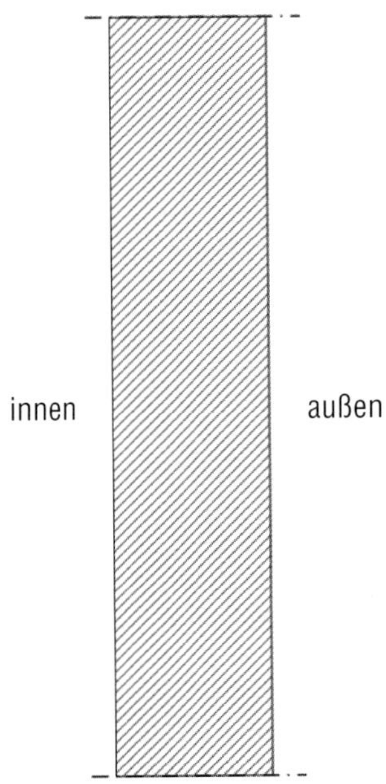

Bild 1: Einschichtiges homogenes Bauteil

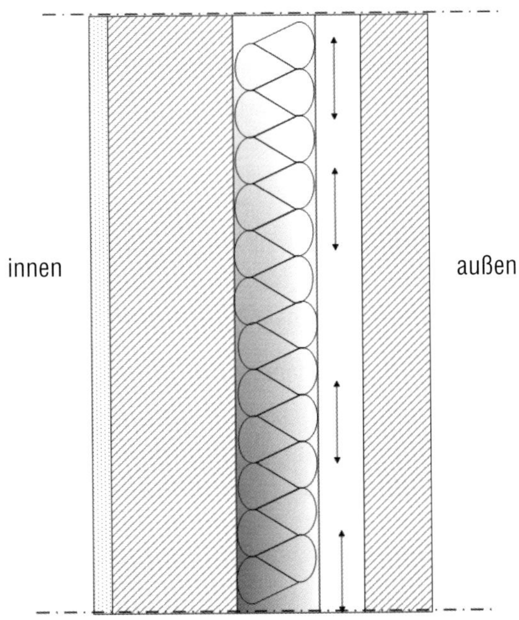

Bild 2: Mehrschichtiges homogenes Bauteil

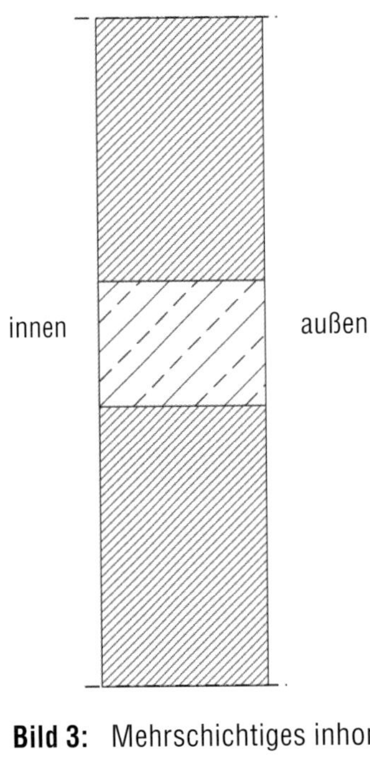

Bild 3: Mehrschichtiges inhomogenes Bauteil

Einschichtiges homogenes Bauteil

Für ein einschichtiges homogenes Bauteil berechnet sich der Wärmedurchgangswiderstand aus der Summe der Wärmeübergangswiderstände innen und außen und aus dem Wärmedurchlasswiderstand der Bauteilschicht. Der Wärmedurchlasswiderstand der Schicht ergibt sich aus der Bauteildicke und der Wärmeleitfähigkeit des Baustoffs.

Beispiel für einschichtiges homogenes Bauteil

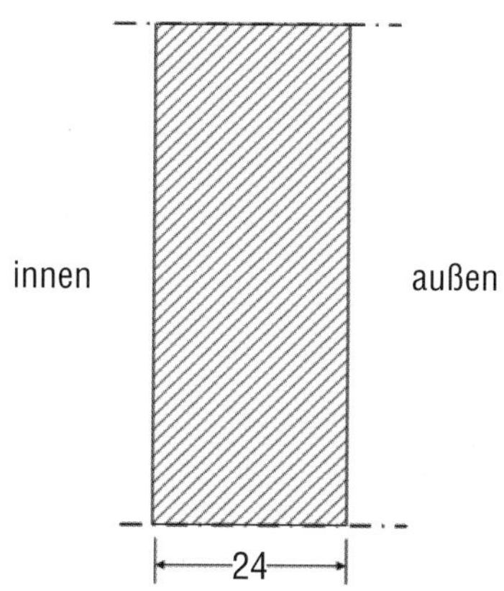

Bild 4: Mauerwerk aus Kalksandstein

Für die dargestellte Außenwand aus Kalksandstein mit einer Dicke von 24 cm und einer Wärmeleitfähigkeit von 1,1 W/(mK) ergibt sich der Wärmedurchgangswiderstand wie folgt:

$R_T = R_{si} + R + R_{se}$

$R_T = 0{,}13 + 0{,}24/1{,}1 + 0{,}04 = 0{,}388$ [m^2K/W]

R_T Wärmedurchgangswiderstand des Bauteils [m^2K/W]
R_{si} innerer Wärmeübergangswiderstand [m^2K/W]
R_j Wärmedurchlasswiderstand der Schicht des Bauteils [m^2K/W]
R_{se} äußerer Wärmeübergangswiderstand [m^2K/W]

Mehrschichtiges homogenes Bauteil

Im Regelfall ist ein Bauteil aus mehreren einzelnen Schichten zusammengesetzt. In diesem Fall werden die Wärmedurchlasswiderstände der einzelnen Schichten aufaddiert und bilden mit den Wärmeübergangswiderständen den Wärmedurchgangswiderstand.

Mehrschichtiges inhomogenes Bauteil

Für mehrschichtige inhomogene Bauteile ermittelt sich der Wärmedurchgangswiderstand als Mittelwert aus einem oberen und einem unteren Grenzwert. Der obere Grenzwert beschreibt dabei in erster Linie die Längsleitung, und der untere Grenzwert berücksichtigt die Querleitungseffekte. Somit ist für jede Schicht des Bauteils ein mittlerer Wärmedurchlasswiderstand zu ermitteln.

3/1.6 Wirksame Wärmespeicherfähigkeit

Die wirksame Wärmespeicherfähigkeit C_{wirk} bildet einen Kennwert, der sowohl für den sommerlichen Wärmeschutz als auch bei der energetischen Bilanzierung eines Gebäudes eine wichtige Rolle spielt.

Für energetische Nachweise wird die wirksame Wärmespeicherfähigkeit bei Berechnungen zum sommerlichen Wärmeschutz nach DIN 4108-2 und zur Bilanzierung nach DIN V 18599 auf die Nutzfläche oder beim Nachweis nach DIN V 4108-6 auf das Gebäudevolumen bezogen.

Die wirksame Wärmespeicherfähigkeit wird im Wesentlichen durch die Rohdichte des Bauteils bestimmt. Da die Aufnahme und Abgabe von Wärmeenergie in Wechselwirkung zur Umgebungstemperatur erfolgt, wirken wärmespeichernde Baustoffe ausgleichend auf Schwankungen der Raumtemperatur. Die Wärmespeicherung von innen liegenden Bauteilen dämpft Temperaturschwankungen im Raum, was vor allem Einfluss auf den sommerlichen Wärmeschutz hat.

Eine hohe Wärmespeicherfähigkeit hat vor allem Vorteile, wenn z.B. das Heizsystem nur sehr träge reagiert und Sonneneinstrahlung als schwankende Lasten vorhanden sind.

Eine geringe Wärmespeicherfähigkeit ist von Vorteil, wenn z.B. Gebäude/Räume seltener genutzt werden (Gästezimmer, Hobbyraum).

Die Art der Bauweise hat Einfluss auf die Fähigkeit, die auftretende Wärmeenergie aufzunehmen und auch wieder abzugeben. Eine schwere Konstruktion reagiert langsamer auf Temperaturschwankungen und kann damit im sich später ändernden Temperaturverlauf e Wärmeenergie wieder an den Raum abgeben. Bei Gebäuden mit leichten Wänden und Decken (leichte Bauweise) zeichnet sich dagegen ein deutlich anderes Verhalten im Erwärmungs- und Abkühlvorgang ab. Die geringe Wärmespeicherfähigkeit der leichten Baustoffe, wie z.B. Holz oder Gipskartonplatten, hat vor allem Vorteile in Räumen, die seltener genutzt werden, da die Räume kurzfristig schnell aufgeheizt werden können. Bei der leichten Bauweise müssen die massiven Bauteile nicht erst miterwärmt werden.

Die spezifische Wärmespeicherfähigkeit kann pauschal angesetzt oder exakt berechnet werden. Für die Bestimmung der spezifischen Wärmespeicherfähigkeit benötigt man

- die Wanddicke,
- das spezifische Gewicht und
- die spezifische Wärmespeicherkapazität des Bauteils.

Bei der genauen Berechnung kann nur eine bestimmte Schichtdicke für die Wärmespeicherung hinsichtlich der Nutzung solarer Energie berücksichtigt werden. Hinter Wärmedämmschichten liegende Speichermassen werden beispielsweise von diesen abgedeckt. Man bestimmt deswegen nicht die Wärmespeicherfähigkeit des gesamten Bauteils, sondern nur die während der Heizperiode wirksame Wärmespeicherfähigkeit C_{wirk}.

Berechnet wird die wirksame Wärmespeicherfähigkeit nach den Regeln der DIN EN ISO 13786.

Vereinfachte Ansätze

Werden die vereinfachten Ansätze angewendet, so ist dies immer mit anzugeben.

Bilanzierung nach DIN V 18599

- Leichte Gebäude:
  Als Standardwert kann immer die leichte Bauweise angesetzt werden.
  $C_{wirk} = 50\ Wh/(m^2K) \times A_B$
- Mittelschwere Gebäude sind Gebäudezonen mit folgenden Bedingungen:
  Stahlbetondecken, massive Innen- und Außenbauteile mit einer mittleren Rohdichte von 600 kg/m³ und mehr, keine abgehängten oder thermisch abgehängten Decken, keine innen liegende Wärmedämmung an den Außenbauteilen, keine hohen Räume (d.h. über 4,5 m, wie z.B. Turnhallen).
  $C_{wirk} = 90\ Wh/(m^2K) \times A_B$
- Schwere Gebäude sind Gebäudezonen mit folgenden Bedingungen:
  Stahlbetondecken, massive Innen- und Außenbauteile mit einer mittleren Rohdichte von 1.600 kg/m³ und mehr, keine abgehängten oder thermisch abgehängten Decken, keine innen liegende Wärmedämmung an den Außenbauteilen, keine hohen Räume (d.h. über 4,5 m, wie z.B. Turnhallen, Hallengebäude, wenn keine Einrichtungsgegenstände oder Lagergüter mit hoher thermischer Speicherfähigkeit vorhanden sind [z.B. Logistikhallen]).
  $C_{wirk} = 130\ Wh/(m^2K) \times A_B$
  A_B entspricht dabei der Bezugsfläche.

DIN V 4108-6

Nach der DIN V 4108-6 wird die wirksame Speicherfähigkeit zur Bestimmung des Ausnutzungsgrades festgelegt. Wärmespeichereinflüsse können im Zuge der solaren Einstrahlung nur bis zu einer bestimmten Schichtdicke berücksichtigt werden. Dies wird bei den Berechnungen berücksichtigt.

Vereinfachter Ansatz (muss immer angegeben werden):

- Leichte Gebäude sind Gebäude in Holztafelbauweise ohne massive Innenbauteile, Gebäude mit abgehängten Decken und überwiegend leichten Trennwänden, Gebäude mit hohen Räumen (wie z.B. Turnhallen).
  $C_{wirk} = 15\ Wh/(m^3K) \times V_e$
- Schwere Gebäude sind Gebäude mit massiven Innen- und Außenbauteilen ohne untergehängte Decken.
  $C_{wirk} = 50\ Wh/(m^2K) \times V_e$
  V_e entspricht dabei dem beheizten Gebäudevolumen.

Sommerlicher Wärmeschutz nach DIN 4108-2

Vereinfachter Ansatz (muss immer angegeben werden):

- Leichte Gebäude sind Gebäude mit Trockenbauwänden und abgehängten Decken, Innendämmung hinter Vorsatzschalen.
  $C_{wirk}/A_G < 50\ Wh/(m^2K)$
- Mittelschwere Gebäude sind Gebäudezonen mit folgenden Bedingungen:
  Stahlbetondecken, massive Innen- und Außenbauteile mit einer mittleren Rohdichte von 600 kg/m^3 und mehr, keine abgehängten oder thermisch abgehängten Decken, keine innen liegende Wärmedämmung an den Außenbauteilen, keine hohen Räume (d.h. über 4,5 m, wie z.B. Turnhallen).
  C_{wirk}/A_G: zwischen 50 $Wh/(m^2K)$ und 130 $Wh/(m^2K)$
- Schwere Gebäude sind Gebäudezonen mit folgenden Bedingungen: Stahlbetondecken, massive Innen- und Außenbauteilen mit einer mittleren Rohdichte von 1.600 kg/m^3 und mehr, keine abgehängten oder thermisch abgehängten Decken, keine innen liegende Wärmedämmung an den Außenbauteilen, keine hohen Räume (d.h. über 4,5 m, wie z.B. Turnhallen, Hallengebäude).
  $C_{wirk}/A_G > 130\ Wh/(m^2K)$
  A_G entspricht dabei der Grundfläche.

3/1.7 Temperatur-Korrekturfaktoren

Der Temperatur-Korrekturfaktor F_x ist ein dimensionsloser Wert und findet Anwendung bei der Berechnung der Transmissionswärmeverluste im Rahmen der Nachweisführung nach dem Gebäudeenergiegesetz. Mithilfe des Temperatur-Korrekturfaktors werde Bauteile, die nicht an die Außenluft grenzen, rechnerisch vereinfacht berücksichtigt. Für Bauteile, die direkt an die Außenluft grenzen, ist $F_x = 1{,}0$. Bei Bauteilen, die nicht direkt an die Außenluft grenzen, ist $F_x < 1{,}0$. Der tatsächliche Wert hängt in diesem Fall von der Art des Bauteils sowie von der Temperatur auf der Außenseite bzw. von dem Wärmestrom nach außen ab. Der Grund für die Anpassung der Bauteile, die nicht an die Außenluft grenzen, liegt darin, dass der Wärmestrom geringer ist als dort, wo ein Bauteil an die Außenluft grenzt.

Einen Bezug zum GEG haben Temperatur-Korrekturfaktoren in der Weise, dass sie bei den Bilanzierungsverfahren (Monatsbilanzverfahren nach DIN V 4108-6 bzw. Rechenverfahren nach DIN V 18599) verwendet werden.

Als Flächen, die nicht direkt an die Außenluft grenzen, gelten Flächen zu folgenden Räumen:

- Keller (nicht beheizt) – Wände und Decken
- nicht ausgebautes Dachgeschoss (oberste Geschossdecke)
- Drempelräume (Abseitenwände)
- nicht beheizte angebaute Treppenräume
- erdreichberührte Flächen (Böden und Wände)
- Wände und Decken zu unbeheizten Räumen

Berechnung Temperatur-Korrekturfaktor

Die Berechnung des Temperatur-Korrekturfaktors erfolgt über die Innenlufttemperatur, die Außenlufttemperatur und die Temperatur auf der außen liegenden Seite des zu betrachtenden Bauteils.

$F_x = (\theta_i - \theta_u) / (\theta_i - \theta_e)$

Darin bedeuten:

F_x Temperatur-Korrekturfaktor (dimensionslose Größe)
θ_i Innenlufttemperatur [°C]
θ_e Außenlufttemperatur [°C]
θ_u Temperatur auf der Außenseite des Bauteils, das nicht direkt an die Außenluft grenzt [°C]

Die Bestimmung der Temperatur-Korrekturfaktoren von Bauteilen des unteren Gebäudeabschlusses sind abhängig von mehreren Faktoren:

- charakteristisches Bodenplattenmaß B [m]; das Bodenplattenmaß ergibt sich aus der Fläche des Bauteils und des Perimeterumfangs
- Wärmedurchlasswiderstand des betrachteten Bauteils und
- z.B. Fußboden auf Erdreich ohne oder mit zusätzlicher Randdämmung

Die Tabelle 6 der DIN V 18599-2:2018-09 bzw. die Tabellen 1 und 2 der DIN V 4108-6:2003-06 geben diese Werte wieder.

Temperatur-Korrekturfaktoren nach DIN V 4108-6

Berechnungswerte der Temperatur-Korrekturfaktoren nach DIN V 4108-6:2003-06, Tabelle 3, sind in den folgenden Tabellen angegeben:

Tabelle 1: Berechnungswerte der Temperatur-Korrekturfaktoren von Bauteilen nach DIN V 4108-6:2003-06, Tabelle 3 (auszugsweise)

Wärmestrom nach außen über	Temperatur-Korrekturfaktor F_x[1]
Außenwand, Fenster, Decke über Außenluft	1,0
Dach (als Systemgrenze)	1,0
Dachgeschossdecke (Dachraum nicht ausgebaut)	0,8
Wände und Decken zu Abseiten (Drempel)	0,8
Wände und Decken zu unbeheizten Räumen	0,5
Wände und Decken zu niedrig beheizten Räumen, d.h. zu Räumen mit Innentemperaturen zwischen 12 °C und 19 °C	0,35
Wände und Fenster zu unbeheiztem Glasvorbau bei einer Verglasung des Glasvorbaus mit:	
■ Einfachverglasung	0,8
■ Zweischeibenverglasung	0,7
■ Wärmeschutzverglasung	0,5

[1] Die Werte (außer Zeile 6) gelten analog auch für Flächen niedrig beheizter Räume.

Tabelle 2: Berechnungswerte der Temperatur-Korrekturfaktoren von Bauteilen des unteren Gebäudeabschlusses nach DIN V 4108-6:2003-06, Tabelle 3 (auszugsweise)

Wärmestrom nach außen über Bauteile des unteren Gebäudeabschlusses	**Temperatur-Korrekturfaktor F_x**					
	B'					
	< 5		5–10		> 10	
	R_f bzw. R_w		R_f bzw. R_w		R_f bzw. R_w	
Flächen des beheizten Kellers	≤ 1	> 1	≤ 1	> 1	≤ 1	> 1
■ Fußboden des beheizten Kellers	0,30	0,45	0,25	0,40	0,20	0,35
■ Wand des beheizten Kellers	0,40	0,60	0,40	0,60	0,40	0,60

3/2 Wärmebrücken

3/2.1 Wärmebrückenfreies Bauen

„Ein Gebäude ist so zu errichten, dass der Einfluss konstruktiver Wärmebrücken auf den Jahres-Heizwärmebedarf nach den anerkannten Regeln der Technik und nach den im jeweiligen Einzelfall wirtschaftlich vertretbaren Maßnahmen so gering wie möglich gehalten wird (§ 12 des GEG)." Mit dem Entwurf der Gebäudehülle werden die Anzahl der Wärmebrücken und die dazugehörigen Einflusslängen maßgeblich definiert. Hier können manche Wärmebrücken komplett vermieden werden. Das ist die wirtschaftlichste Lösung und im Sinne des GEG.

Die Wärmebrücken, die sich nicht vermeiden lassen, können in der Regel optimiert werden, sodass (fast) kein zusätzlicher Wärmeverlust auftritt und die Oberflächentemperatur im Bereich der Wärmebrücke nicht signifikant absinkt.

Die Optimierung führt im Gebäude zu mehr Behaglichkeit, Kundenzufriedenheit und vermeidet erhöhten Energieverbrauch. Die Qualität der Wärmebrücken lässt sich über die Oberflächentemperatur am besten ablesen. Verglichen mit den Regelbauteilen sollte die Oberflächentemperatur im Bereich der Wärmebrücken kaum abweichen, um optimalen Komfort zu erreichen.

Gleichzeitig wird mit gut geplanten Wärmebrücken der Energiebedarf für das Bauvorhaben reduziert, wenn das in der Energiebilanz entsprechend berücksichtigt wird. Der Anteil wird als $H_{T,WB}$ als Teil von H_T mitberücksichtigt.

Mit dem „detaillierten Wärmebrücken-Nachweis" erzielt man in der Regel das beste und sicherste Ergebnis. Kann für diesen Nachweis auf bereits berechnete Wärmebrücken wie z.B. in Wärmebrückenkatalogen zurückgegriffen werden, ist der Aufwand dafür gering.

Eine weitere Option ist die Abschätzung über pauschale Wärmebrückenzuschläge. Die verschiedenen Stufen, die hier möglich sind, werden im Abschnitt „Wärmebrückenzuschläge" beschrieben. Allerdings werden hierbei nicht die optimalen Ergebnisse für die Energiebilanz erzielt.

Die Bereiche des Feuchteschutzes und der Energiebilanz sind sehr komplex. Daher sollten diese Themen erst einmal separat betrachtet werden, um sich einen Überblick verschaffen zu können. In der Übersicht sind die wichtigsten Größen und die zugehörigen Normen aufgeführt.

Bauphysik – Überblick

Feuchteschutz
DIN 4108-03

f_{Rsi}-Wert
S_d-Wert

Luftdichtheit
DIN 4108-7

N_{50}-Wert

Wärmeschutz
DIN V 4108-06
DIN V 18599

U-Wert
λ-Wert
Ψ-Wert

Schimmelrisiko
Bauschäden

GEG-Nachweis
KfW-Effizienzhaus

Oberflächentemperatur
relevant für die Bewertung der
„Qualität“

Ψ-Wert
Korrektur für die
„Energie-Bilanz“

Bild 1: Übersicht zu Wärmebrücken

Warum selbst Fachleute am Bau mit Wärmebrücken manchmal Schwierigkeiten haben, könnte daran liegen, dass man sie unter normalen Bedingungen nicht sehen kann. Das ist in der Regel nur mit technischen Hilfsmitteln wie der Infrarotthermografie möglich.

Wenn die entsprechenden Randbedingungen vorhanden sind und Feuchtigkeit an den kälteren Oberflächen kondensiert, werden Wärmebrücken auch mit dem bloßen Auge sichtbar. Die folgende Aufnahme zeigt diesen Effekt am Beispiel eines „Standard-Ziegelbaus“ mit Rollladenkasten, Ziegelsturz und Ringanker im Bereich von First und Ortgang. Die Bauteile sind außen mit einer Dämmschürze isoliert.

Bild 2: Standard-Ziegelbau (2017) in der Bauphase; durch Tauwasser auf dem Putz zeichnen sich Wärmebrücken ab

Dass sich die Wärmebrücken in dieser Art abzeichnen, liegt an der hohen Luftfeuchte, die durch das Trocknen des Estrichs entsteht, und der Innentemperatur von ca. 5 °C bei 0 °C Außentemperatur.

Hinweis für die Praxis

Für die Planung hochwertiger Gebäude werden wir uns nur selten mit Mindestanforderungen zufriedengeben. Vielmehr können wir die einzuhaltenden Größen als Qualitätsmaßstab verstehen.

Beispielsweise wird die minimal geforderte innere Oberflächentemperatur von θ_{si} = 12,6 °C (unter Normbedingungen DIN 4108-2) als nicht behaglich bewertet werden. Dagegen kann mit guten Detailausführungen auch an Wärmebrückenpunkten θ_{si} = 19,5 °C erreicht werden. Die hohe Oberflächentemperatur kommt durch einen sehr geringen Wärmestrom im Bereich der Wärmebrücke zustande.

Die Bezeichnung „wärmebrückenfreies Bauen", die vor allem durch das Passivhausinstitut geprägt wurde, bezieht sich nicht direkt auf die einzelne Wärmebrücke, da sich im Bereich der Wärmebrücke in der Regel immer ein zusätzlicher Wärmestrom einstellt.

Bei dem Begriff geht es darum, dass bezogen auf das ganze Bauprojekt der zusätzliche Wärmeverlust aller Wärmebrücken $H_{T,WB}$ in der Summe null ergibt. Das bedeutet für die Bauteile, dass in der Energiebilanz keine zusätzlichen Wärmeverluste durch Wärmebrücken entstehen. Verluste und Einsparungen durch Wärmebrücken gleichen sich im besten Fall gegenseitig aus.

In der Energiebilanz werden Ψ-Werte der Wärmebrücken und die dazugehörenden Einflusslängen betrachtet. Ein größerer Wärmeverlust kann damit für einen sehr kleinen Einflussbereich toleriert werden. Für Anschlüsse mit großen Einflusslängen zahlt sich eine Optimierung besonders aus.

Entstehung und Auswirkungen von Wärmebrücken

Durch die Hülle eines Baukörpers fließt immer eine bestimmte, als sog. Wärmestrom bezeichnete Wärmemenge ab. Wird dieser gleichmäßige Wärmeabfluss signifikant verändert, entstehen sog. Wärmebrücken. Dort fließt ein erhöhter Wärmestrom, in dessen Folge die Temperaturen auf der Innenseite der Konstruktion sinken. So kann sich dort Tauwasser bilden.

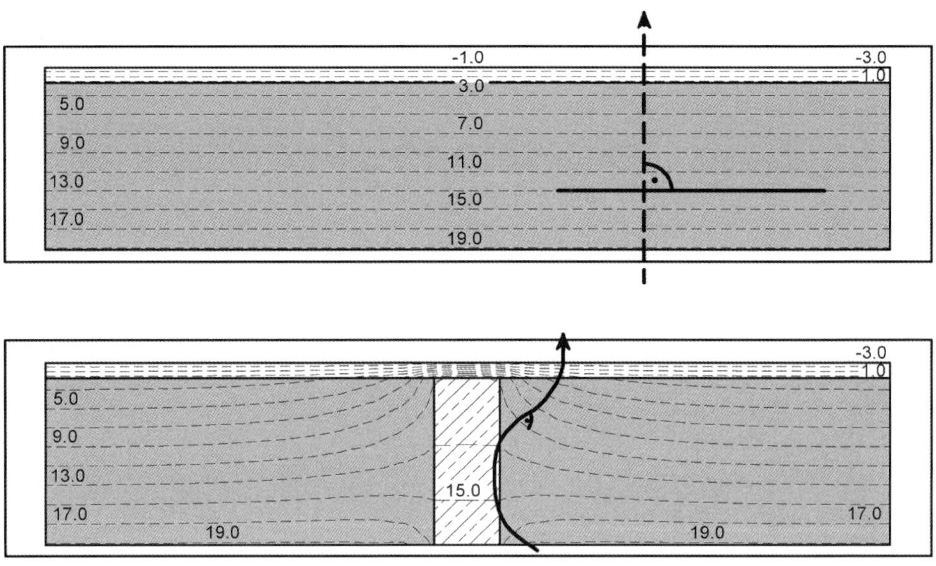

Bild 3: Wärmeströme im Bereich eines ungestörten Bauteils und im Bereich einer Stütze

Wärmebrücken treten in vielfältigen Formen in allen Bereichen der Gebäudehülle auf, im Neubau genauso wie im Gebäudebestand.

Typische Wärmebrücken

Wärmebrücken entstehen aus unterschiedlichen Gründen und werden entsprechend dieser Typen eingeordnet bzw. klassifiziert:

Konstruktionsbedingte Wärmebrücken

Konstruktionsbedingte Wärmebrücken entstehen durch eine Konstruktionsänderung im Bereich von Anschlusspunkten verschiedener Bauteile wie z.B.:

- Bodenplatte/Außenwand
- Rollladenkästen
- auskragende Bauteile wie z.B. Balkonplatten
- Geschossdecke/Außenwand
- Veränderungen der Materialstärke des Bauteils, z.B. die Heizkörpernische

Materialbedingte Wärmebrücken

Materialbedingte Wärmebrücken sind gekennzeichnet durch Materialwechsel innerhalb von Bauteilen, z.B.:

- das Auflager der Stahlbetondecke in einer Mauerwerkswand
- das Einbinden einer Mauerwerkswand in eine Dachkonstruktion
- Stahl- oder Stahlbetonstützen innerhalb von Mauerwerkswänden

Geometrische Wärmebrücken

Geometrische Wärmebrücken entstehen in Bereichen mit unterschiedlich großen Innen- und Außenflächen, z.B. an den Außenecken:

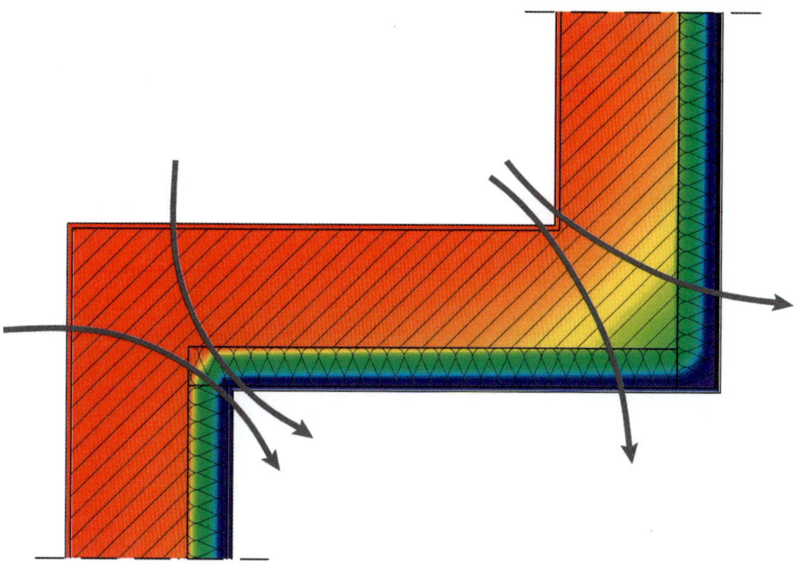

Bild 4: Außenecke als geometrische Wärmebrücke

Mischformen von Wärmebrücken

Oft treten zwei oder mehrere dieser Ursachen im Bereich eines Bauteilgefüges auf, man spricht dann von Mischformen.

Wärmebrücken in Mischformen finden sich z.B.:

- im Bereich einer Attika (Bild 5)
- im Bereich auskragender Erker oberhalb eines Fensters (Bild 6)

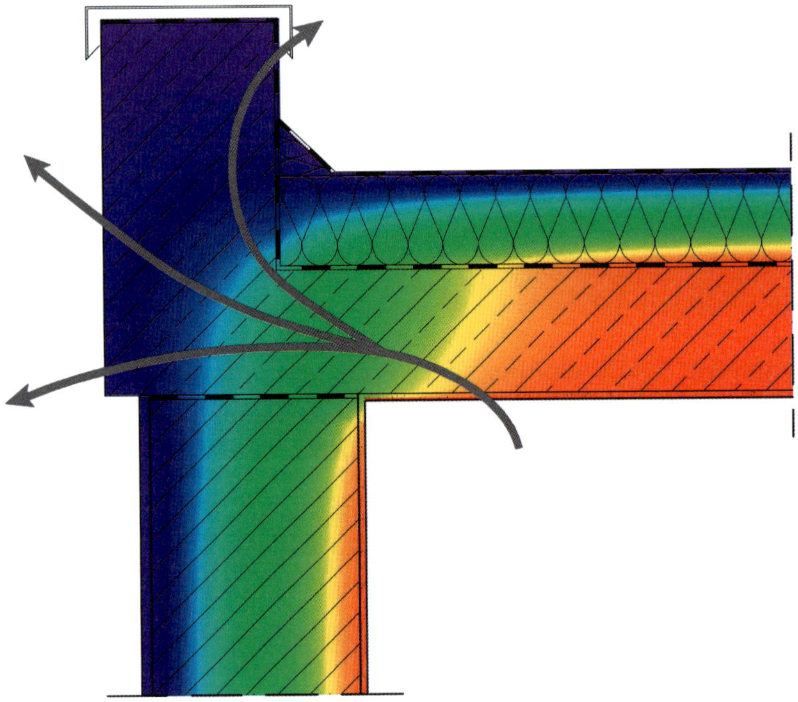

Bild 5: Attikaanschluss

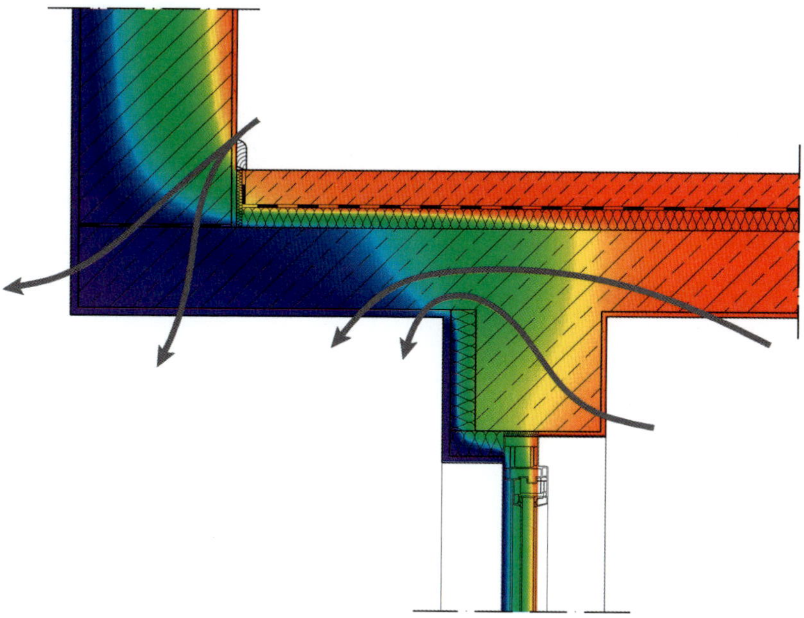

Bild 6: Auskragender Erker

Wärmebrücken können durchaus auch punktförmig in Erscheinung treten. Beispiele dafür sind:

Sonderfall punktförmige Wärmebrücken

- Tellerdübel in Wärmedämmverbundsystemen
- dämmschichtdurchstoßende, auskragende Teile von Stahl- oder Holzkonstruktionen
- Mauerwerksanker
- betonierte Einzelkragarme
- in eine Außenwand einbindende Deckenbalkenköpfe

Einen weiteren Sonderfall stellen sog. dreidimensionale Wärmebrücken dar. Diese entstehen, wenn zwei linienförmige Wärmebrücken aufeinandertreffen, wie das z.B. im Schnittpunkt zweier Außenwände im Bereich einer Deckenplatte der Fall ist (Punkt C in Bild 6). Bedeutet die zweidimensionale Wärmebrücke schon eine thermische Schwächung, so verstärkt sich am Schnittpunkt die Schwächung zusätzlich.

Dreidimensionale Wärmebrücken

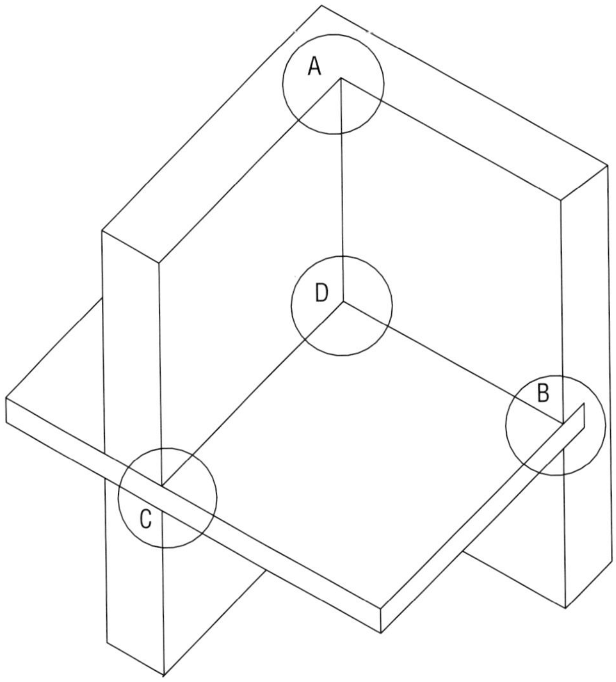

A geometrische Wärmebrücke Außenecke
B konstruktive Wärmebrücke Deckenauflager
C konstruktive Wärmebrücke Balkonplatte
D dreidimensionale Wärmebrücke im Schnittpunkt von Deckenauflager und Außenwand

Bild 7: Typische Wärmebrückenpunkte

Aufgrund der begrenzten Flächenwirkung können Wärmeverluste durch einzelne punktförmige bzw. dreidimensionale Wärmebrücken zumeist vernachlässigt werden. Dennoch muss die Tauwasserfreiheit gewährleistet sein!

Hinweis für die Praxis

Solche Details sollten dennoch genau betrachtet werden. So kann es z.B. bei Wärmedämmverbundsystemen zu Schadensbildern kommen, wenn die Befestigungsdübel wärmetechnisch nicht optimiert werden. Insbesondere gilt das auch für Bauteildurchdringungen (z.B. auskragende Träger). Die Gefahr von Bauschäden durch Tauwasserausfall, die Wärmeverluste dieser vermeintlich kleinen Bereiche sind nicht zu unterschätzen!

Folgen und Auswirkungen von Wärmebrücken

Wärmebrücken lassen sich nicht komplett vermeiden. Sie sollten jedoch, wenn möglich, vermieden oder optimiert werden. Dadurch lassen sich unangenehme Auswirkungen verhindern wie z.B.:

- die Gefährdung der Bausubstanz durch Schimmelpilzbildung infolge von Tauwasserausfall wegen zu niedriger Oberflächentemperaturen
- die Beeinträchtigung der thermischen Behaglichkeit durch den erhöhten Wärmeabfluss innerhalb eines Bauteils, diese wird als Zugerscheinung empfunden
- ein steigender Energieverbrauch durch die Erhöhung der Transmissionswärmeverluste

Hinweis für die Praxis

Gerade im Hinblick auf die immer weiter steigenden Ansprüche an die Dämmqualität einer Gebäudehülle gewinnt die Betrachtung der einzelnen Wärmebrücke an Bedeutung. Schlecht ausgebildete Wärmebrückendetails können den Transmissionswärmeverlust hocheffizient gedämmter Gebäude um mehr als 50 % erhöhen!

3/2.2 Wärmebrücken in der Energiebilanz

In der Energiebilanz, egal ob nach DIN 4108 oder DIN 18599, werden die Wärmebrücken immer berücksichtigt. Am häufigsten wird mit pauschalen Zuschlägen gerechnet, da keine genaueren Angaben bekannt sind. Die Zuschläge werden dem Transmissionswärmeverlust zugerechnet und letztendlich auf den gesamten U-Wert des Bauvorhabens. Dies lässt sich durch zusätzliche Dämmmaßnahmen nicht immer kompensieren. Dabei kann das schnell unwirtschaftlich werden.

Die pauschalen Zuschläge lassen sich mit dem U-Wert vergleichen. In den folgenden Bildern wird der Wärmebrückenzuschlag ΔU_{WB} in Relation zu gängigen U-Werten (Außenwände) gestellt. So können die Auswirkungen oder die notwendige Kompensation gut abgeschätzt werden.

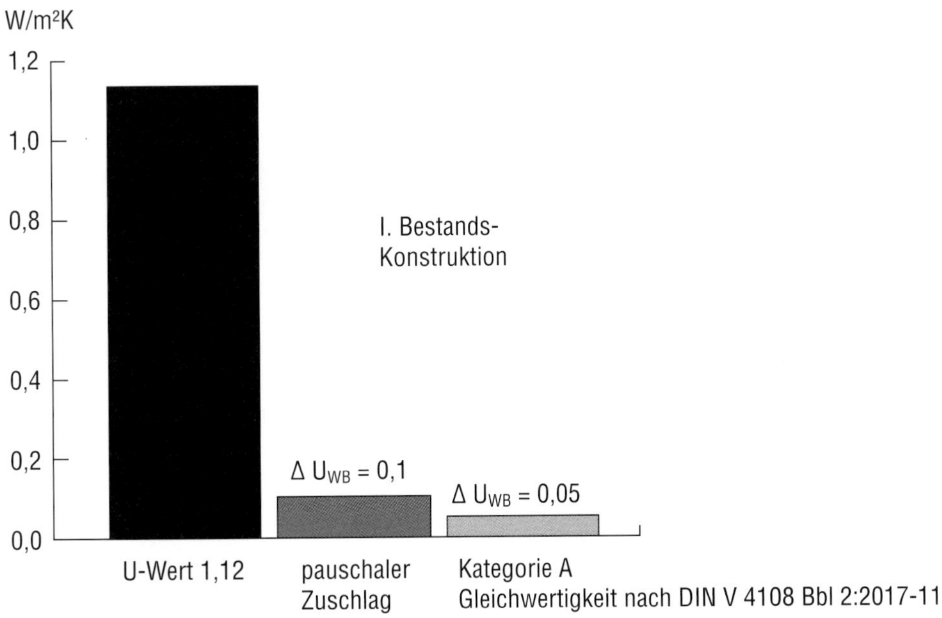

Bild 1: Der pauschale ΔU_{WB}-Zuschlag in Relation zu einer Bestandskonstruktion U-Wert (Außenwand)

Der U-Wert der Bestandskonstruktion wird durch den pauschalen Wärmebrückenzuschlag ΔU_{WB} = 0,1 W/(m²K) schon um ca. 10 % verschlechtert (siehe Bild 1). In Bezug auf die Bestandskonstruktion ist der pauschale Zuschlag eventuell noch vertretbar. Für moderne Konstruktionen, die aktuelle energetische Anforderungen einhalten, ist es mit pauschalen Zuschlägen schwierig, kosteneffizient zu planen. Dies lässt sich schon aus dem folgenden Bild ableiten.

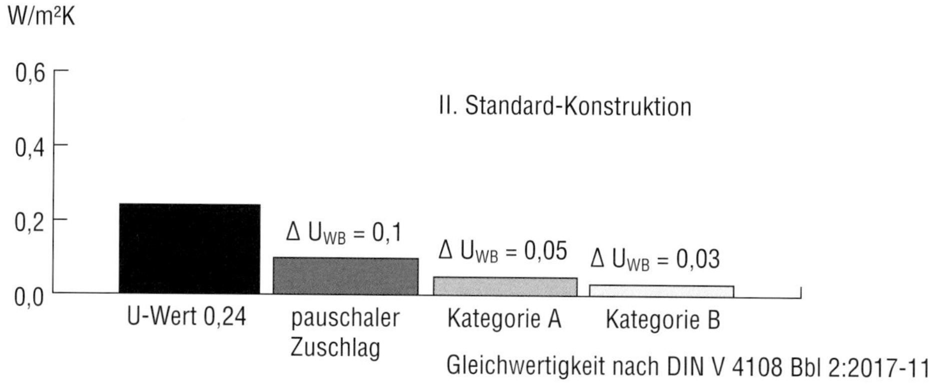

Bild 2: Der pauschale ΔU_{WB}-Zuschlag in Relation zur Mindestanforderung U-Wert (Außenwand)

Für den Mindest-U-Wert der Außenwand macht der pauschale Wärmebrückenzuschlag ΔU_{WB} = 0,1 W/(m²K) schon ca. 50 % aus.

Diese Betrachtung macht klar, warum mit diesem pauschalen Zuschlag keine wirtschaftliche Konstruktion zum aktuellen Energiestandard gerechnet werden kann. Noch deutlicher wird es, wenn eine sehr gut gedämmte Konstruktion mit den pauschalen Werten gegenübergestellt wird (vgl. Bild 3).

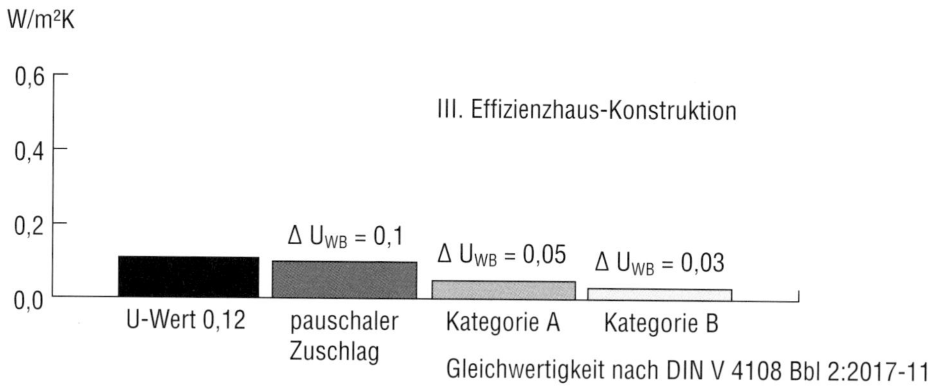

Bild 3: Der pauschale ΔU_{WB}-Zuschlag in Relation zu einem energieeffizienten U-Wert (Außenwand)

Der pauschale Zuschlag lässt sich durch zusätzliche Dämmmaßnahmen für energieeffiziente Konstruktionen nicht mehr kompensieren.

Überblick Formeln und Begriffe

Der Zusammenhang und die Begriffe für die Berücksichtigung der Wärmebrücken in der Energiebilanz werden im Folgenden dargestellt. Der Transmissionswärmeverlust über Bauteile ($H_{T,D}$) und Wärmebrücken ($H_{T,WB}$) bildet die Basis. Die nachfolgenden Formeln sind aus der DIN V 18599-2:2018-09.

Der Wärmetransferkoeffizient H_T ist aus den Wärmedurchgangskoeffizienten der einzelnen Bauteile und deren Flächen unter Berücksichtigung linienförmiger Wärmebrücken zu ermitteln. Vereinfachend können die Wärmebrücken pauschal angesetzt werden.

Vergleichbar mit dem mittleren U-Wert wird für die Wärmebrücken der ΔU_{WB}-Wert verwendet. Beide Werte haben die gleiche Einheit [W/(m^{2}K)] und werden der kompletten Hüllfläche zugeordnet. Der ΔU_{WB}-Wert kann pauschal vorgegeben oder detailliert ermittelt werden.

Transmissionswärmesenken

Für die Berechnung der Transmissionswärmesenken durch Bauteile und Wärmebrücken wird die folgende Gleichung verwendet:

$$Q_T = (H_{T,D} + H_{T,WB})\ (\theta_i - \theta_e)\ t \quad \text{für } \theta_i > \theta_e$$

Dabei ist:

$H_{T,D}$ der Transmissionswärmetransferkoeffizient zwischen der beheizten Gebäudezone und außen
$H_{T,WB}$ der Transmissionswärmetransferkoeffizient für zweidimensionale Wärmebrücken
θ_i die Bilanz-Innentemperatur der Gebäudezone
θ_e die durchschnittliche Außentemperatur des Monats
t die Dauer des Berechnungsschritts (t = 24 h)

In den Wärmetransferkoeffizienten $H_{T,D}$ sind die flächenbezogenen Wärmedurchgangskoeffizienten der Bauteile, die die Gebäudezone nach außen hin abgrenzen, einzubeziehen. Der Transmissionswärmetransferkoeffizient ist nach DIN EN ISO 13789 zu berechnen ($H_{T,D}$ entspricht H_D).

Die Berechnung des Wärmetransferkoeffizienten für Bauteile

Der Transmissionswärmetransferkoeffizient ergibt sich als Summe über die einzelnen Bauteile, die die Gebäudezone nach außen hin abgrenzen.

$H_{T,D} = \Sigma(U_j A_j)$

Dabei ist:

- A_j die Fläche eines Bauteils j, das die Gebäudezone zur Außenluft hin begrenzt; als Maße von Fenstern und Türen werden die lichten inneren Rohbauöffnungen angesetzt
- U_j der Wärmedurchgangskoeffizient des Bauteils j der Gebäudehülle; berechnet nach DIN EN ISO 6946 für opake Bauteile oder nach DIN 4108-4, DIN EN ISO 10077-1 bzw. DIN EN ISO 12631 für transparente Bauteile
- j ein Bauteil

Die Berechnung des Wärmetransferkoeffizienten für Wärmebrücken

Der Wärmetransport über Wärmebrücken wird detailliert oder durch einen pauschalen Zuschlag bezogen auf die wärmeübertragende Umfassungsfläche berücksichtigt. Der Wärmetransferkoeffizient für Transmission über zweidimensionale Wärmebrücken ist nach der folgenden Gleichung zu berechnen:

$H_{T,WB} = \Delta U_{WB} \, \Sigma \, Aj$

Dabei ist:

- ΔU_{WB} der Wärmebrückenzuschlag (wird entweder pauschal angesetzt oder detailliert berechnet)
- A_j die Fläche eines Bauteils j, das die Gebäudezone zur Außenluft, zu unbeheizten oder ungekühlten Zonen oder zum Erdreich hin begrenzt; als Maße von Fenstern und Türen werden die lichten inneren Rohbauöffnungen angesetzt (entspricht den Maßbezügen der Bauteilberechnung; die Summe ist die Hüllfläche)
- j ein Bautcil

Der Wärmebrückenzuschlag muss folgende Wärmebrückentypen (linienförmige Anschlüsse zwischen flächigen Bauteilen) berücksichtigen:

- Gebäudekanten
- Sockelanschlüsse
- Fenster- und Fenstertüranschlüsse
- Fassadenanschlüsse
- Dachanschlüsse
- Wand- und Deckeneinbindungen
- Deckenauflager
- Balkonplatten und sonstige auskragende Bauteile

ΔU_{WB} detailliert berechnen

Der tatsächliche ΔU_{WB} für ein Bauprojekt kann nach der folgenden Formel detailliert berechnet werden:

$\Delta U_{WB} = \Sigma\ (\Psi_i\ l_i) / A$ (60)

Dabei ist:

Ψ_i der temperaturbewertete Ψ_i-Wert der betreffenden Anschlusssituation
l_i die Länge der betreffenden Anschlusssituation
A die wärmeübertragende Umfassungsfläche des Gebäudes

Für diesen detaillierten Wärmebrückennachweis werden die Ψ-Werte für die Wärmebrückendetails und die dazugehörigen Einflusslängen benötigt. Wärmebrückendetails gibt es im Neubau häufig von den Bauproduktherstellern oder den entsprechenden Verbänden. Der zusätzliche Aufwand beschränkt sich auf die Auflistung der Anschlüsse und die Ermittlung der Einflusslängen. Dieses Verfahren wird im Abschnitt „Detaillierter Wärmebrückennachweis" ausführlich beschrieben.

3/2.3 Pauschale Wärmebrückenzuschläge DIN 4108/DIN 18599

In der Bilanzierung, d.h. der Berechnung der Transmissionswärmeverluste H_T der Gebäudehülle, können Wärmebrücken durch den Wärmebrückenzuschlag ΔU_{WB} W/(m²K) pauschal berücksichtigt werden.

$H_T = \Sigma\ (F_{XI} \times U_i \times A_i) + \Delta U_{WB} \times \Sigma\ A_i$

Dabei bedeuten:

F_{XI} Temperaturkorrekturfaktor
A_i Bauteilfläche
U_i Wärmedurchgangskoeffizient eines Bauteils
ΣA_i Hüllfläche, Summe aller Bauteilflächen j

Grundlagen

Die DIN 18599-2:2018-09 kennt die folgenden pauschalen Wärmebrückenzuschläge. Dabei wird auf die DIN 4108 Beiblatt 2:2019-06 Bezug genommen, in der neben vielen Informationen zu Wärmebrücken vor allem ein Katalog an Planungsbeispielen zur Verfügung steht. Bei der Anwendung der verbesserten Zuschläge sind diese Planungsbeispiele verbindlich einzuhalten.

- pauschale Berücksichtigung aller Wärmebrücken ohne weiteren Nachweis:
  $U_{WB} = 0{,}10$ W/(m²K)
- pauschaler Zuschlag bei Außenbauteilen mit innen liegender Dämmschicht und einbindender Massivdecke:
  $\Delta U_{WB} = 0{,}15$ W/(m²K)

Gleichwertigkeitsnachweis nach DIN 4108 Beiblatt 2

Wenn bei allen Anschlüssen die Merkmale und Kriterien der Planungsbeispiele (DIN 4108 Beiblatt 2:2019-06) berücksichtigt werden und dies im Projekt dokumentiert wird, können die folgenden verbesserten ΔU_{WB}-Werte angesetzt werden. Dabei werden zwei unterschiedliche energetische Niveaus berücksichtigt. Diese werden als Kategorien A und B bezeichnet. Die Kategorie B ist als höherwertiger einzustufen.

- Gleichwertigkeitsnachweis gemäß der DIN 4108 Beiblatt 2:
  $\Delta U_{WB} = 0{,}05$ W/(m²K)
- Gleichwertigkeitsnachweis gemäß der DIN 4108 Beiblatt 2 mit Beachtung der Merkmale und Kriterien ausschließlich von Kategorie B:
  $\Delta U_{WB} = 0{,}03$ W/(m²K)

Gleichwertigkeitsnachweis mit Ausnahmen nach DIN 4108 Beiblatt 2

Wenn nicht *alle* Wärmebrücken konform zum Beiblatt ausgeführt werden, lässt sich das Verfahren jetzt auch öffnen: Wenn es Ausnahmen gibt, die sich mit den Planungsbeispielen im Beiblatt nicht abdecken lassen, können einzelne Wärmebrücken mit in den verbesserten ΔU_{WB}-Wert eingerechnet werden.

Wärmebrücken, die im Beiblatt 2 aufgeführt sind, aber anders geplant/ausgeführt werden

Wenn keine Konformität (Gleichwertigkeitsnachweis) zu einem oder mehreren in DIN 4:108 Beiblatt 2 dargestellten Konstruktionsprinzipien der Kategorie A bzw. zu einem oder mehreren Konstruktionsprinzipien der Kategorie B hergestellt wird, ergibt sich der Korrekturwert zu:

$\Delta U_{WB} = \Sigma\ (\Delta\Psi_i\ l_i)\ /\ A + 0{,}05$ bzw. $\Delta U_{WB} = \Sigma\ (\Delta\Psi_i\ l_i)\ /\ A + 0{,}03$

Dabei ist:

- $\Delta\Psi_i$ die Differenz des projektbezogenen, temperaturbewerteten Ψ-Werts zum jeweiligen in DIN 4108 Beiblatt 2 dargestellten Ψ-Referenzwert
- l_i die Länge der betreffenden Anschlusssituation
- A die wärmeübertragende Umfassungsfläche des Gebäudes

Anmerkung: Die vorbeschriebene Korrektur darf nur verwendet werden, wenn der vorhandene Ψ-Wert größer ist als der jeweils entsprechende Referenz-Ψ-Wert.

Wärmebrücken, die im Beiblatt 2 nicht aufgeführt sind, integrieren

Werden in DIN 4108 Beiblatt 2 nicht enthaltene Wärmebrücken berücksichtigt, ergibt sich der Korrekturwert zu:

$\Delta U_{WB} = \Sigma\ (\Psi_i\ l_i)\ /\ A + 0{,}05$ bzw. $\Delta U_{WB} = \Sigma\ (\Psi_i\ l_i)\ /\ A + 0{,}03$

Dabei ist:

- Ψ_i der temperaturbewertete Ψ-Wert der betreffenden Anschlusssituation
- l_i die Länge der betreffenden Anschlusssituation
- A die wärmeübertragende Umfassungsfläche des Gebäudes

Werden auch Außenbauteile in die Gleichung einbezogen, bei denen der Wärmebrückeneinfluss bereits im U_j-Wert der Gleichung berücksichtigt worden ist, z.B. bei nach DIN EN ISO 12631 berechneten Wärmedurchgangskoeffizienten für Vorhangfassaden, darf die für den Wärmebrückenzuschlag zu berücksichtigende wärmeübertragende Umfassungsfläche $\Sigma\ A_j$ in der Gleichung um die entsprechenden Bauteilflächen vermindert werden.

- Der detaillierte Nachweis aller Wärmebrücken kann z.B. anhand von Ψ-Werten aus einem Wärmebrückenkatalog oder über die Wärmebrückenberechnung erfolgen. Der Wärmebrückenzuschlag ΔU_{WB} ergibt sich aus den Berechnungsergebnissen. Wenn ein Gebäude optimal geplant wird, ist ein Zuschlag bis $\Delta U_{WB} = 0{,}00$ W/(m²K) möglich!

Mit einem detaillierten Nachweis können eventuell noch bessere ΔU_{WB}-Werte erreicht werden

Hinweis für die Praxis

Der Wärmebrückenzuschlag muss folgende Wärmebrückentypen (linienförmige Anschlüsse zwischen flächigen Bauteilen) berücksichtigen:

- Gebäudekanten
- Sockelanschlüsse
- Fenster- und Fenstertüranschlüsse
- Fassadenanschlüsse
- Dachanschlüsse
- Wand- und Deckeneinbindungen
- Deckenauflager
- Balkonplatten und sonstige auskragende Bauteile

Hinweis für die Praxis

Der Planer kann mit der Wahl seines Nachweises und des davon abhängigen Wärmebrückenzuschlags den errechneten Transmissionswärmeverlust wesentlich beeinflussen. Gerade im Hinblick auf mögliche Förderungen stellt das eine erhebliche Stellschraube dar!

Der Gleichwertigkeitsnachweis, die Ausführung nach Beiblatt 2 oder der detaillierte Nachweis muss unbedingt dokumentiert und die Ausführung entsprechend ausgeschrieben und überwacht werden.

Nur dann kann zum Projektabschluss das energetische Niveau auch entsprechend bestätigt werden.

Wärmebrücken nach DIN 4108 Beiblatt 2:2019-06

Diese DIN-Norm besteht aus mehr als 200 Seiten und acht Hauptkapiteln:

- Anwendungsbereich
- Verweisungen
- Begriffe

- Planungsempfehlungen
- Bauteilanschlüsse und Umgang mit Planungsbeispielen
- Vorgehen bei der Berechnung von Wärmebrücken
- Planungsbeispiele von Anschlussdetails
- Randbedingungen

Nachdem die Wärmebrückenzuschläge schon ausführlich behandelt wurden, möchte ich hier nur auf die wichtigsten Kapitel und Änderungen kurz eingehen:

- überarbeitete Begrifflichkeiten, Regelungen und Definitionen
- ergänzte Berechnungsrandbedingungen
- Ausweitung der Anschlussdetails wie z.B. Innenwandeinbindungen, Tiefgaragenanschlüsse und Balkonanschlüsse (Gesamtzahl nun ca. 400)
- verschiedene Anschlussarten von Fenstern
- neue Baustoffe: gefüllte Ziegelsteine, Holzbau, ISO-Körbe, Dämmmaterial mit einem Wärmeleitwert von 0,035
- neuer Ansatz für Bauelemente und Pfosten-Riegel-Fassaden
- Einführung von zwei unterschiedlichen Niveaus des Wärmebrückenzuschlags: A = 0,05 $W/(m^2K)$ sowie neu B = 0,03 $W/(m^2K)$

Falls eine Konstruktion gebaut würde, die in ihren Bauteilabmessungen von dem vorliegenden Beispiel abweicht, und der bildliche Gleichwertigkeitsnachweis nicht erfüllt werden kann, dann könnte der rechnerische Gleichwertigkeitsnachweis geführt werden.

Beide Nachweisarten gelten als gleichwertig. Gegebenenfalls können in einem Gebäude verschiedene Gleichwertigkeitsnachweise erbracht werden. Dabei gilt eine Gleichwertigkeit, wenn das Ergebnis der Berechnung höchstens so hoch wie der Referenzwert ist.

Fenster dürfen weiterhin als Maske (Holzbrett mit 7 cm Dicke) angesetzt werden. Allerdings werden die Eigenschaften des Rahmenmaterials anhand einer Tabelle mit Zuschlägen berücksichtigt. Für Rollladenkästen wurde ein Systemaufbau eingeführt. Die Anschlüsse von Dachflächenfenstern an die Dachfläche können vereinfacht über eine Ersatzmaske erfolgen.

Anwendungsbereich

Dieses Beiblatt enthält Planungsbeispiele zur Verminderung von Wärmebrückenwirkungen. Das Beiblatt stellt Prinzipien von Anschlussdetails aus dem Hochbau dar. Dargestellt werden Planungs- und Ausführungsbeispiele nur unter dem Aspekt des Wärmeschutzes. Andere bauphysikalische und sonstige konstruktive Anforderungen bedürfen der objektbezogenen und fallspezifischen Berücksichtigung durch den Anwender.

Die angegebenen längenbezogenen Wärmedurchgangskoeffizienten Ψ sind Referenzwerte und dienen dem Nachweis der Gleichwertigkeit anderer, nicht im Beiblatt abgebildeter Anschlussmodifikationen. Die Referenzwerte können auch zur Berechnung eines projektbezogenen Wärmebrückenzuschlags ΔU_{WB} verwendet werden.

Die in diesem Beiblatt angegebenen Bedingungen und Randbedingungen gelten für den Gleichwertigkeitsnachweis der in diesem Beiblatt aufgeführten Beispiele. Sie können auch anstelle der Ansätze nach DIN EN ISO 10211 und DIN EN ISO 13370 vereinfachend für die Bestimmung längenbezogener Wärmedurchgangskoeffizienten Ψ zur Berechnung eines projektbezogenen Wärmebrückenzuschlags ΔU_{WB} verwendet werden.

Dieses Beiblatt berücksichtigt nicht alle bei Gebäuden auftretenden Wärmebrücken.

Planungsempfehlungen

Allgemeine Planungsempfehlungen zur Reduzierung von Wärmebrücken sind:

- Vermeidung stark gegliederter Baukörper
- wärmetechnische Trennung auskragender Bauteile (Balkonplatten, Attiken, Tragkonsolen usw.) vom angrenzenden Baukörper
- durchgehende Dämmebene, z.B. außen liegende Wärmedämmung auf einer Außenwand, Kelleraußenwand mit Außenwanddämmung und Übergang der einzelnen Dämmstoffebenen ohne Schwächung

Bauteilanschlüsse und Umgang mit Planungsbeispielen

Hier sind allgemeine Hinweise und Einschränkungen zum Umgang mit den Planungshinweisen gegeben. Der wichtigste Punkt bezieht sich auf den Gleichwertigkeitsnachweis.

Gleichwertigkeitsnachweis

Der Gleichwertigkeitsnachweis kann bildlich oder rechnerisch erfolgen.

Bildlicher Gleichwertigkeitsnachweis

Bei der Möglichkeit einer eindeutigen Zuordnung des konstruktiven Grundprinzips und bei Vorliegen der Übereinstimmung der beschriebenen Bauteilabmessungen und Baustoffeigenschaften ist eine Gleichwertigkeit gegeben. Der bildliche Gleichwertigkeitsnachweis gilt auch dann als erfüllt, wenn bei Berechnung des Anschlussdetails der Referenzwert überschritten wird.

Bei Materialien mit abweichender Wärmeleitfähigkeit erfolgt der Nachweis der Gleichwertigkeit über den Wärmedurchlasswiderstand R der jeweiligen Schicht.

Rechnerischer Gleichwertigkeitsnachweis

Ist bildlich keine Übereinstimmung zu erzielen, so kann die Gleichwertigkeit des entsprechenden Anschlussdetails mit einer Wärmebrückenberechnung nach dem in DIN EN ISO 10211 beschriebenen Verfahren mit den Randbedingungen entsprechend Beiblatt 2 nachgewiesen werden.

Ebenso können Werte für den längenbezogenen Wärmedurchgangskoeffizienten Ψ Veröffentlichungen, Wärmebrückenkatalogen oder Herstellernachweisen entnommen werden, die auf den in Beiblatt 2 festgelegten Randbedingungen basieren.

Für den rechnerischen Nachweis der Gleichwertigkeit sind bei den Planungsbeispielen Referenzwerte für den längenbezogenen Wärmedurchgangskoeffizienten Ψ angegeben. Bei den Bauelementanschlüssen (z.B. Fenster) sind jeweils zwei Referenz-Ψ-Werte angegeben, $\Psi_{ref,Ers}$ bei Modellierung mittels Ersatzsystem und $\Psi_{ref,det}$ bei detaillierter Modellierung. Beim rechnerischen Gleichwertigkeitsnachweis ist der jeweils zutreffende Vergleichswert heranzuziehen.

Nicht relevante Wärmebrücken (DIN 4108 Beiblatt 2)

Es sind alle linienförmigen Wärmebrücken zu berücksichtigen. Hierzu zählen alle geometrischen und stofflichen oder materialbedingten sowie konstruktive Wärmebrücken. Bei der energetischen Betrachtung können folgende Anschlusssituationen vernachlässigt werden:

- kleinflächige Querschnittsänderungen in der wärmeübertragenden Umfassungsfläche, z.B. durch Steckdosen und Leitungsschlitze, Briefkästen usw.
- Durchdringungen wie z.B. Holzsparren, Pfetten durch Dämmungen oder durch monolithische Außenwände

- Lüftungsrohre, Lüftungsschächte und Abgasanlagen werden aufgrund ihrer komplexen Wirkungsweise nicht berücksichtigt.
- einzeln auftretende Anschlüsse wie z.B. Haustür, Kellertür, Tür zum unbeheizten Dachraum, Dachlukenklappe, Vordach über Haustür
- Außen- und Innenecke bei gleichartigem konstruktivem Aufbau (z.B. durchlaufende Dämmung)
- Anschluss Innenwand an durchlaufende Außenbauteile, die nicht durchstoßen werden bzw. eine durchlaufende Dämmschicht mit $R \geq 2{,}5\ m^2 \times K/W$ aufweisen
- Anschluss Geschossdecke (zwischen beheizten Geschossen) an Außenwand, bei der eine durchlaufende Dämmschicht mit $R \geq 2{,}5\ m^2 \times K/W$ vorliegt
- Anschlüsse außenluftberührter kleinflächiger Bauteile wie z.B. untere Abschlüsse von Erkern mit außen liegenden Wärmedämmschichten mit einem Wärmedurchlasswiderstand $R \geq 2{,}5\ m^2 \times K/W$

Hinweis für die Praxis

Die Anforderungen an den Feuchteschutz sind in jedem Fall für alle Anschlussdetails zu beachten. Hier gelten diese Einschränkungen nicht.

Risiken der pauschalen Berücksichtigung ohne Nachweis

Bei einer pauschalen Berücksichtigung der Wärmebrücken wird der Transmissionswärmeverlust mit einem Zuschlag von 0,10 $W/(m^2K)$ auf die gesamte wärmeübertragende Außenfläche ermittelt. Die Einzelbetrachtung von Wärmebrücken bleibt dabei gänzlich außer Betracht, da ein weiterer Nachweis nicht erforderlich ist.

Daraus ergeben sich folgende mögliche Konsequenzen:

- Zum Erreichen bestimmter Grenzwerte für den Transmissionswärmeverlust sind ggf. die Dämmstärken zu erhöhen.
- Die Anforderungen bestimmter Förderstufen werden zum Teil nicht erfüllt.
- Wärmebrücken werden möglicherweise nicht erkannt und bleiben planerisch unberücksichtigt, obwohl selbstverständlich der Mindestwärmeschutz nach DIN 4108-2 ($f_{Rsi} \geq 0{,}7$) auch im Fall der pauschalen Berücksichtigung an der ungünstigsten Stelle einzuhalten ist.

Sanierungsfall

Die Angabe dieses Pauschalwerts kann bei der Sanierung von Gebäuden von Vorteil sein. Oftmals sind die energetischen Werte der verwendeten Baustoffe nicht bekannt oder nur schwer nachzuvollziehen. Ein aus dem ungünstigeren Wärmebrückenzuschlag resultierender größerer Transmissionswärmeverlust kann durch eine Dämmstärkenerhöhung oft kompensiert werden. Gleichzeitig werden dadurch auch Wärmebrücken minimiert. Insbesondere im Sanierungsfall ist es selten möglich, ohne große Aufwände optimale Detaillösungen zu erreichen. Andererseits ist es gerade dann manchmal sehr empfehlenswert, Wärmebrücken genauer zu untersuchen, sowohl im Hinblick auf konstruktive Details und objektbezogene Besonderheiten als auch, um bessere Ergebnisse zu erzielen und somit ggf. Förderungen in Anspruch nehmen zu können.

Üblicherweise wird man auch mit diesem Ansatz rechnen, wenn lediglich ein Energiebedarfsausweis für ein Bestandsgebäude ausgestellt werden soll und keine weiteren energetischen Maßnahmen geplant sind.

Wärmebrückenkorrekturwert bei Sanierung mit Innendämmung

Für bestehende Gebäude gilt folgende Regelung:

Sofern mehr als 50 % der Außenwände mit einbindenden Massivdecken innenseitig gedämmt sind, erhöht sich der Wärmebrückenkorrekturfaktor auf 0,15 W/(m^{2}K).

Damit wird vor allem berücksichtigt, dass über eine Innendämmung konstruktiv nie wirklich eine allseitig geschlossene Dämmebene zu erreichen ist. Das Problem sind immer einbindende Bauteile.

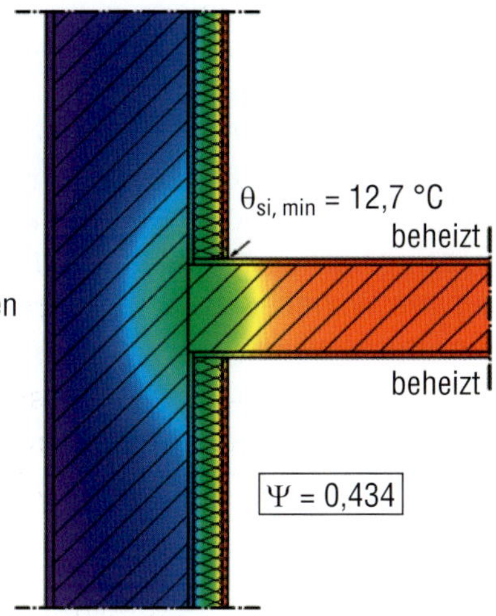

Bild 1: Innendämmung, unzureichend ausgeführt

Erkennbar ist der große Wärmeverlust durch die stumpfgestoßene Innendämmschicht im Bereich einer einbindenden Innenwand.

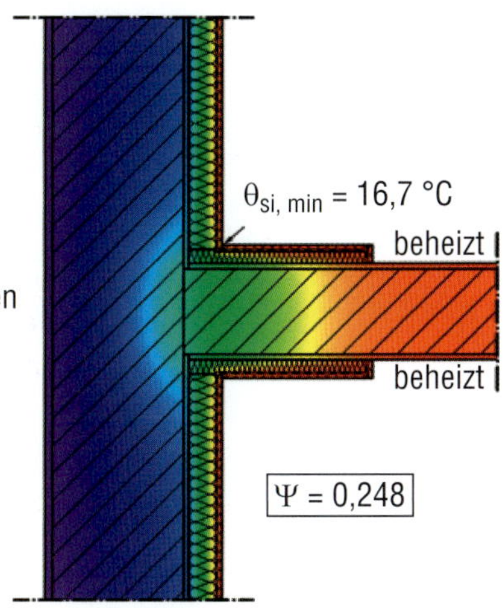

Bild 2: Innendämmung mit Flankendämmung im Wandbereich

Werden die flankierenden Bauteile, wie es die DIN 4108 beschreibt, 50 cm weit gedämmt, verringern sich zwar die Wärmeverluste durch diesen Punkt, bleiben als solche jedoch bestehen.

Aus bauphysikalischer Sicht ist darüber hinaus die Anbringung einer Innendämmung oft problematisch, weil Taupunkte in die Konstruktion verlagert werden.

Hinweis für die Praxis

Auch wenn man mit dem standardmäßig anzusetzenden Wärmebrückenzuschlag arbeiten möchte, kann eine genauere Betrachtung einer Wärmebrücke in Einzelfällen empfehlenswert sein, da die Details im Gebäudebestand vielfältig und oft sehr komplex sind. Gerade in der Sanierung, z.B. bei der Ausführung von Innendämmungen, ist eine detaillierte Betrachtung von Wärmebrücken anzuraten. Es empfiehlt sich, frühzeitig einen Bauphysiker hinzuzuziehen. Oft lassen sich dadurch Mängel schon in der Planungsphase vermeiden.

3/2.4 KfW-Wärmebrückenbewertung

Verweis auf das Infoblatt „KfW-Wärmebrückenbewertung".

Die Bewertung von Wärmebrücken ist ein entscheidender Teilbereich im Rahmen des Effizienzhausnachweises.

Anspruchsvolle Effizienzhausstandards sind mit dem Pauschalansatz ohne Nachweis kaum umsetzbar. Gegebenenfalls erfordern sie sehr hohe Dämmstoffstärken, um den entsprechenden Wärmeverlust über den Wärmebrückenansatz zu kompensieren. Daher empfiehlt es sich für viele KfW-Effizienzhäuser, den Wärmeverlust der Wärmebrücken über einen Gleichwertigkeitsnachweis oder über eine detaillierte Berechnung genauer zu ermitteln.

Die KfW bietet daher neben den Vorgaben des GEG zwei weitere Methoden des Wärmebrückennachweises an, mit denen eine Abschätzung der zusätzlichen Wärmebrückenverluste im Rahmen des KfW-Effizienzhausnachweises erfolgen kann:

- Bei Sanierungsvorhaben kann im Rahmen eines erweiterten Gleichwertigkeitsnachweises durch die Kombination einer pauschalen und detaillierten Wärmebrückenbewertung ein Zuschlag zwischen 0,1 und 0,05 W/(m^{2}K) erreicht werden.
- Mithilfe eines standardisierten KfW-Wärmebrückenkurzverfahrens kann bei Wohngebäuden und gleichzeitiger Einhaltung von geometrischen und konstruktiven Vorgaben ein pauschaler Wärmebrückenzuschlag von 0,035 W/(m^{2}K) und niedriger erreicht werden, ohne diesen detailliert nachweisen zu müssen.

Zusammen mit den in der Anlage „KfW-Wärmebrückenempfehlungen" des Infoblatts der KfW dargestellten Wärmebrückendetaillösungen kann der Bearbeitungsaufwand für die energetische Bewertung von KfW-Effizienzhäusern mit diesen vereinfachten Nachweismethoden deutlich reduziert werden. Für den Nachweis dieses Wärmebrückenzuschlags bietet die KfW verschiedene Formblätter und Verfahren. Hier sollten Sie sich aktuell informieren.

Grundsätzlich bietet die KfW Formblätter an, mit denen sich die Dokumentation für Wärmebrückennachweise erledigen lässt. Diese sollten als Hilfestellung und können auch als Richtlinie für die eigene Dokumentation verstanden werden:

- Formblatt A: Gleichwertigkeitsnachweis
- Formblatt B: Erweiterter Gleichwertigkeitsnachweis
- Formblatt C: Detaillierter Wärmebrückennachweis
- Formblatt D: KfW-Wärmebrückenkurzverfahren

Beantragtes KfW-Effizienzhaus (EH)
☐ EH Denkmal ☐ EH 115 ☐ EH 100 ☐ EH 85 ☐ EH 70 ☐ EH 55 ☐ EH 40

Der Gleichwertigkeitsnachweis wurde erstellt auf Basis
☐ von Planungsdaten im Rahmen des KfW-Effizienzhausantrages
☐ der vorhandenen Konstruktion im Rahmen der KfW-Bestätigung nach Durchführung

		Relevante Wärmebrücken für den Gleichwertigkeitsnachweis	Nr. des Vergleichsbeispiel aus BBL 2 oder KfW Wärmebrückenempfehlung	Nachweis der Gleichwertigkeit nach Verfahren				
				1 Konstruktives Grundprinzip BBL 2	2 Wärmedurchlasswiderstand	3 ψ-Wert nach eigener Berechnung	4 ψ-Wert aus Veröffentlichung	5 KfW Wärmebrückenempfehlung
1.	☐	Kelleraußenwand/Bodenplatte		☐	☐			
2.	☐	Außenwand/Bodenplatte		☐	☐			
3.	☐	Außenwand/Kellerdecke		☐	☐			
4.	☐	Fensterbrüstung		☐	☐			
5.	☐	Seitliche Fensterlaibung		☐	☐			
6.	☐	Fenstersturz		☐	☐			
7.	☐	Fenstersturz mit Rollokasten		☐	☐			

Bild 1: KfW-Formblatt A (Ausschnitt)

Streng genommen gibt es zwei Verfahren: eines für die Planung und eines für die Ausführung. Technisch ist es für den Energieberater bzw. Planer sinnvoll, im Vorfeld der Planung Vorgaben für Wärmebrücken zu machen. Dies hat den Vorteil, frühzeitig bei den Details eine energetische Optimierung vornehmen zu können.

Leider sparen sich die meisten diesen Aufwand und dokumentieren lediglich die Ausführung. In der ersten Spalte unterscheidet die KfW beide Verfahren.

Die KfW macht im Gegensatz zur aktuellen EnEV keinen Unterschied zwischen den verschiedenen Versionen von Beiblättern. Darüber hinaus kann ein Beispiel aus der KfW-Wärmebrückenempfehlung genommen werden.

Bei dem Nachweis der Gleichwertigkeit bietet die KfW fünf unterschiedliche Varianten an:

- konstruktives Grundprinzip nach Beiblatt 2
- Wärmedurchlasswiderstand
- Ψ-Wert nach eigener Berechnung
- Ψ-Wert aus Veröffentlichung (z.B. Wärmebrückenkataloge)
- KfW-Wärmebrückenempfehlung

Sollten bei dem vorhergehenden Verfahren Details gefunden werden, die nicht den Vorgaben des Beiblatts 2 der DIN 4108 oder den KfW-Wärmebrückenempfehlungen entsprächen, könnten diese mit einem geeigneten Nachweis über das Formblatt B hinzugefügt werden. Dies würde den Wärmebrückenwert von 0,05 erhöhen. Der Erhöhungsfaktor ergibt sich aus der abgebildeten Rechenformel.

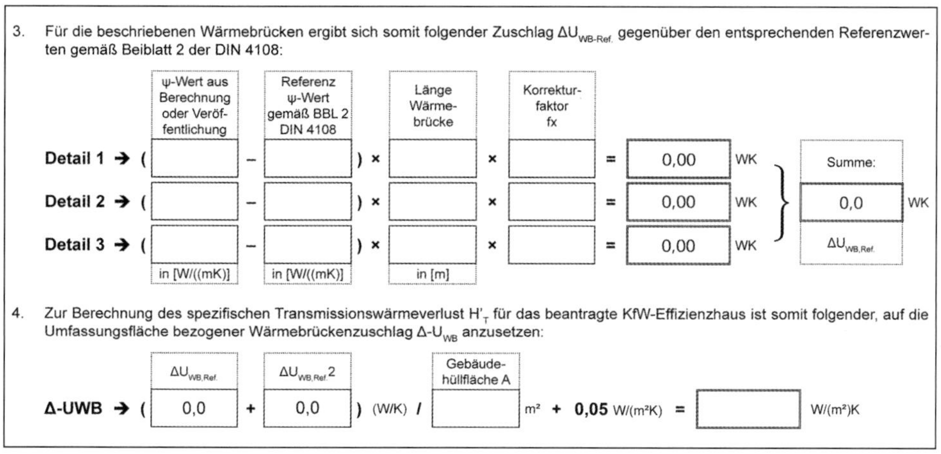
3. Für die beschriebenen Wärmebrücken ergibt sich somit folgender Zuschlag $\Delta U_{WB\text{-}Ref.}$ gegenüber den entsprechenden Referenzwerten gemäß Beiblatt 2 der DIN 4108:

	ψ-Wert aus Berechnung oder Veröffentlichung		Referenz ψ-Wert gemäß BBL 2 DIN 4108		Länge Wärmebrücke		Korrekturfaktor fx				
Detail 1 → (		–		) ×		×		=	0,00	WK	Summe:
Detail 2 → (		–		) ×		×		=	0,00	WK	0,0 WK
Detail 3 → (		–		) ×		×		=	0,00	WK	$\Delta U_{WB,Ref.}$
	in [W/((mK)]		in [W/((mK)]		in [m]						

4. Zur Berechnung des spezifischen Transmissionswärmeverlust H'_T für das beantragte KfW-Effizienzhaus ist somit folgender, auf die Umfassungsfläche bezogener Wärmebrückenzuschlag $\Delta\text{-}U_{WB}$ anzusetzen:

	$\Delta U_{WB,Ref.}$		$\Delta U_{WB,Ref.}2$		Gebäudehüllfläche A			
Δ-UWB → (	0,0	+	0,0	) (W/K) /		m² + **0,05** W/(m²K) =		W/(m²)K

Bild 2: KfW-Formblatt B; Formel für Wärmebrückenkurzverfahren der KfW

Seit November 2015 bietet die KfW eine speziell für die Bewertung von Effizienzhäusern entwickelte Variante zur Berücksichtigung der Wärmebrücken an. Ziel sollte sein, die mitunter sehr aufwendigen und detaillierten Wärmebrückennachweise zumindest für einige Gebäudearten zu vereinfachen bzw. zu ersetzen. Gleichzeitig können so – auch ohne eine schon endgültige Detailplanung – Wärmebrückenzuschläge für die Bestätigung zur Beantragung eines Effizienzhauses abgeschätzt und verwendet werden. Grundsätzlich ist das Kurzverfahren für den Neubau und die Sanierung einsetzbar.

Eigenschaften des Effizienzhauses

Das zu bewertende Effizienzhaus muss dabei bestimmten Anforderungen, die sowohl an das Gebäude als auch an die Umsetzungen der KfW-Richtlinien gestellt werden, genügen.

Wärmebrücken

Die Wärmebrücken des Gebäudes müssen vollständig gemäß den Empfehlungen der KfW umgesetzt werden. Ist das bei einzelnen Details aus konstruktiven Gründen nicht möglich, müssen diese explizit nachgewiesen werden. Das Ergebnis des Werts darf 65 % des Referenzwerts der DIN 4108-2 Beiblatt 2 nicht überschreiten.

Konstruktive Hinweise

Dämmungen

Alle Dämmschichten liegen auf der Kaltseite des Gebäudes.

Ausnahme „Bodenplatte“

Bei der Bodenplatte als unterem Gebäudeabschluss dürfen alle Dämmschichten auf der Warmseite liegen, jedoch müssen gleichzeitig alle KfW-Wärmebrückenempfehlungen (WBE) eingehalten sein.

U-Werte der Dämmungen

Die Dämmungen der jeweiligen Bauteile sind identisch bzw. weichen nur maximal 10 % voneinander ab.

Durchdringungen

Grundsätzlich sind Durchdringungen und Unterbrechungen der Dämmungen unzulässig. Möglicherweise einbindende Bauteile (Innenwände) sind thermisch zu trennen.

U-Wert opaker Bauteile

Auch die U-Werte der opaken Bauteile dürfen nur maximal 10 % voneinander abweichen. Darüber hinaus müssen sie mindestens dem Niveau des angestrebten Effizienzhauses entsprechen.

Fensterdetails

Maximal 70 % der Fensterstürze sind mit Rollladenkästen gemäß den Vorgaben des Beiblatts 2 ausgestattet. Alternativ sind die WBE einzuhalten.

Keller

Der Keller muss entweder vollständig in der beheizten Gebäudehülle liegen, oder es darf nur der Kellerabgang berücksichtigt werden. Beim Vorhandensein eines einzelnen beheizten Raums innerhalb des ansonsten kalten Kellers kann das Kurzverfahren nicht angewendet werden.

Dach

Das Dach wird als beheizt berücksichtigt.

Dachflächenfenster

Sofern mehr als ein Dachflächenfenster pro Gebäude, Dachfläche und Nutzungseinheit vorgesehen ist, dürfen die Ψ-Werte der Anschlussdetails 65 % der Anforderungswerte des Beiblatts 2 nicht überschreiten.

Dachgauben

Zulässig ist pro Dachfläche maximal eine Dachgaube. Deren Fläche darf maximal 20 % der Hauptdachfläche betragen. Ist die Fläche größer oder sind mehr Gauben pro Dachseite geplant, kann das Kurzverfahren nicht angewendet werden.

Gebäudegeometrie

Der Gebäudegrundriss muss rechteckig oder quadratisch sein. Andere Grundrissformen sind unzulässig, ebenso wie Gebäudeeinschnitte in Form von Wand- und/oder Dachloggien.

Ermittlung des Wärmebrückenzuschlags

Wenn alle Kriterien für die Anwendung des Kurzverfahrens zutreffen, wird zunächst der Wärmebrückenzuschlag mit ΔU_{WB} = 0,035 W/(m²K) festgesetzt. Dieser Basiswert kann sich je nach Gebäudeart noch verändern.

Tabelle 1: Reduzierung nach Gebäudeart

Gebäudeart	Wärmebrückenabschlag [W/(m²K)]
frei stehende Gebäude	0,005
einseitig angebaute Gebäude	0,002
Reihenmittelhäuser	0,000 (keine Reduzierung)

Holzhäuser

Der Wärmebrückenzuschlag reduziert sich bei Gebäuden in Holzbauweise (ab Oberkante „Kellerdecke/Bodenplatte"), unabhängig von der Gebäudeart, um weitere 0,005 W/(m²K).

Somit kann ein Effizienzhausstandard vergleichsweise schneller und einfacher erreicht werden, als es durch einen detaillierten und berechneten Nachweis möglich wäre.

Hinweis für die Praxis

Es ist im Einzelfall genau zu prüfen, ob die Kriterien für die Anwendung erfüllt sind, da dies auf Nachfrage in einem Formblatt im Einzelnen bestätigt werden muss. Allerdings müssen hier auch die Dokumentation der Wärmebrücke und die notwendigen Konstruktionsbeschreibungen beigefügt werden.

Die KfW-Wärmebrückenempfehlungen

Diese Wärmebrückenempfehlungen orientieren sich an den Details aus dem Beiblatt 2 und können alternativ dazu bzw. zu anderen Wärmebrückenkatalogen auch für den „normalen" Gleichwertigkeitsnachweis herangezogen werden.

Sie enthalten einige im Beiblatt 2 nicht berücksichtigte Details, welche beim Effizienzhaus zu beachten sind. Für die Anwendung des beschriebenen Kurzverfahrens sind sie ebenfalls als bindend anzusehen.

Es gibt somit folgende Detailpunkte, diese sind:

- Innen- und Außenwand auf Bodenplatte
- Außen- und Innenwandecken (auch zu Bodenplatte)
- Innenwandanschlüsse an Außenwand
- Sockeldetail, monolithisch und WDVS
- Kellerdecke/Innenwand bei unbeheiztem Keller
- Fensterlaibung, monolithisch, mit WDVS und in Holzbauweise
- Fenstersturz, mit und ohne Rollladen, monolithisch und als WDVS
- Fenstertür bzw. bodentiefes Fenster (Schwelle)
- einbindende Außenwand (Deckenanschluss), monolithisch, mit WDVS und in Holzbauweise
- Dachtraufe als Sparren- bzw. Pfettendach
- Ortgangdetails
- Anbindung Innenwand in Dach
- Detail auskragende Betonplatte (Balkon), monolithisch bzw. als WDVS
- Flachdachattika

Alle Details enthalten Informationen bezüglich der einzuhaltenden Grenzwerte. So sind nicht automatisch alle Dämmstoffdicken als bindend zu betrachten; in den meisten Fällen sind die R-Werte der Dämmungen nachzuweisen.

Hinweis für die Praxis

Die WBE werden regelmäßig überarbeitet und aktualisiert. Daher sollte immer die neueste Version verwendet werden.

3/2.5 Detaillierter Wärmebrückennachweis

Während der Gleichwertigkeitsnachweis die Regel darstellt, ist der detaillierte Wärmebrückennachweis eher die Ausnahme, obwohl enorme Vorteile damit verbunden sind. Zum einen lässt sich der ΔU_{WB}-Wert eventuell noch deutlich verbessern, zum anderen ergibt sich aus den verwendeten Wärmebrücken eine zusätzliche Planungssicherheit bezüglich der Tauwasserfreiheit und des Schimmelrisikos.

Entgegen der landläufigen Meinung ist der detaillierte Wärmebrückennachweis kein allzu großer Mehraufwand, gerade wenn im Neubau eine saubere Planung und Dokumentation vorliegt. Für Neubauten finden sich Ψ-Werte häufig in Datenbanken von Baustoffherstellern oder Fachverbänden. Eine spezielle Berechnung der Ψ-Werte ist nur notwendig, wenn Konstruktionen von Standardlösungen abweichen.

Hinweis für die Praxis

Der größte Aufwand entsteht in der Regel für Dokumentation und die Kommunikation mit den am Bau Beteiligten. Der tatsächliche Aufwand für den detaillierten Nachweis ist überschaubar. Wichtig ist dabei auch die Überwachung der Ausführung, da die Relevanz von Wärmebrücken in der Baubranche noch nicht in der Breite angekommen ist. Dies gilt in gleichem Maß für Ausführungen nach Beiblatt 2, wenn pauschale Zuschläge verwendet wurden.

Vorgehensweise

- Der wichtigste Punkt ist die Zusammenstellung und Auflistung aller im Gebäude vorkommenden bzw. anzunehmenden Wärmebrücken.
- Dafür sind Pläne in Grundriss und Schnitt notwendig, in denen die konstruktiven Elemente (Ringanker, Sturz, Isokorb, Fundament etc.) eingetragen sind.
- Die Ermittlung der Ψ- und f-Werte erfolgt aus Wärmebrückenkatalogen bzw. nach Herstellerangaben. Nur für Konstruktionen, für die solche Daten nicht verfügbar sind, ist die Berechnung der Ψ-Werte sinnvoll.
- Die Längenmaße aller Wärmebrücken werden anhand der Pläne festgestellt. Als Maßbezüge gelten die gleichen, die für die Energiebilanz verwendet werden (in der Regel nach DIN 18599-1:2018-09; Bestimmung von Bezugsmaßen, Flächen und Volumina).
- Berechnung des Wärmebrückenzuschlags ΔU_{WB}

Hinweis für die Praxis

Die Frage, welche Punkte als Wärmebrücken in den Plänen relevant sind, wird klar, wenn die entsprechenden Pläne durchdacht werden. Gleichzeitig empfiehlt sich eine Auflistung, in der Sie immer noch eine Position ergänzen können. Ich habe für meinen Teil noch nie auf Anhieb alle Wärmebrücken erkannt.

Für einen detaillierten Nachweis fordert z.B. die KfW eine vollständige Dokumentation der Nachweisführung.

Diese sollte nachfolgende Inhalte aufweisen:

- vollständiger Plansatz mit relevanten Maßen der thermischen Gebäudehülle (Maßbezüge nach DIN 18599-1:2018-09) (Bestimmung von Bezugsmaßen, Flächen und Volumina)
- Auflistung und Bezeichnung aller Wärmebrücken und Zusammenfassen der Wärmebrückenverluste (Tabelle 1)
- bildliche Darstellung aller relevanten Details (Modellzeichnung aus der Wärmebrückenberechnung oder dem Wärmebrückenkatalog) mit den Ψ-und f-Werten (Bilder 4 und 5)
- Konstruktionsbeschreibung der Bauteile mit Angabe der U-Werte (Tabelle 2)
- Nachweis, auf welcher Grundlage der Ψ-Wert bzw. f-Wert einer jeden Wärmebrücke nachgewiesen wurde (Einzelberechnung, Wärmebrückenkatalog oder Veröffentlichung, z.B. Herstellerangaben)

Exemplarisch werden Planausschnitte und eine Auflistung von Wärmebrücken gezeigt. Diese sollen das Prinzip verdeutlichen. Es besteht kein Anspruch auf Vollständigkeit.

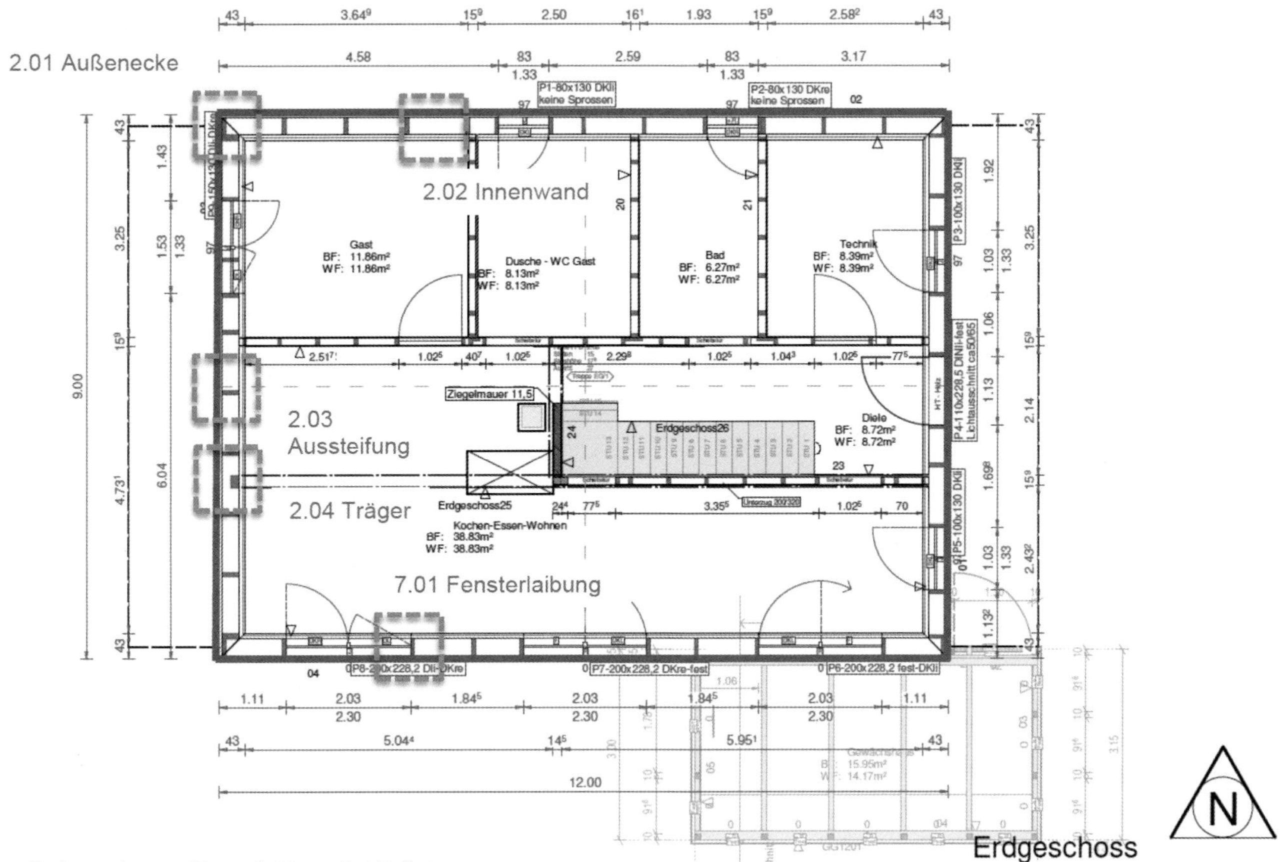

Erdgeschoss, Plan nicht maßstäblich

Bild 1: Darstellung im Grundriss mit thermischer Gebäudehülle, Maßbezügen und Wärmebrückenpunkten

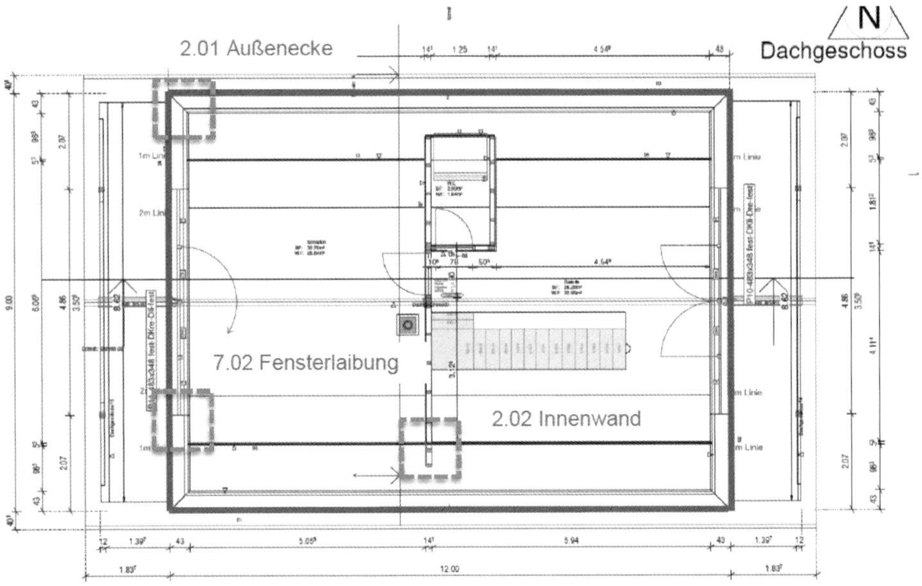

Obergeschoss, Plan nicht maßstäblich

Bild 2: Darstellung im Grundriss mit thermischer Gebäudehülle, Maßbezügen und Wärmebrückenpunkten

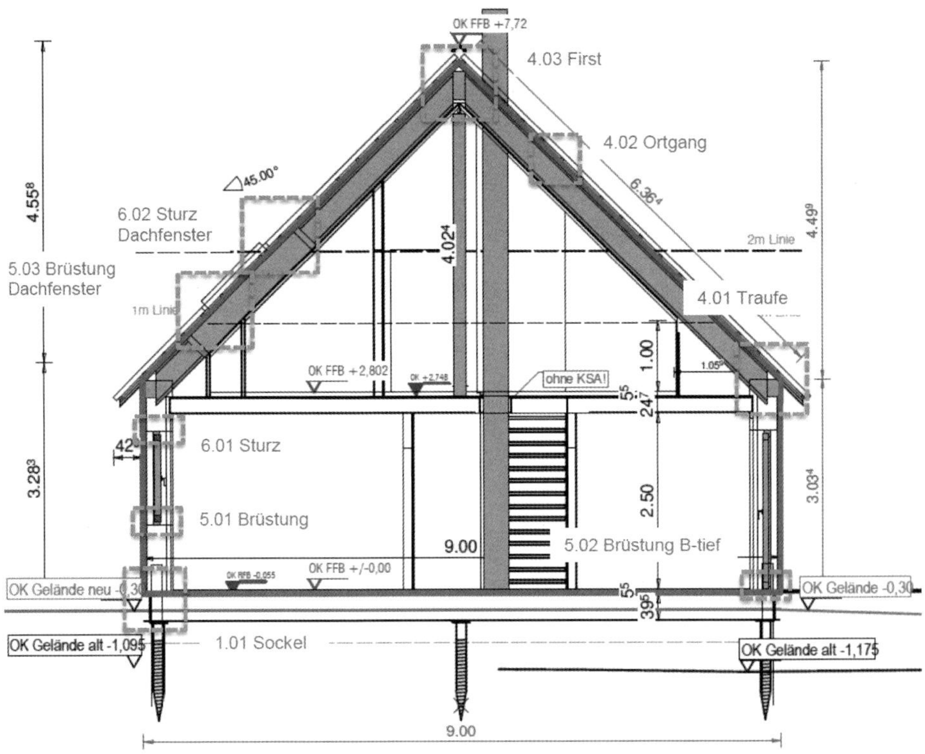

Schnitt B-B, Plan nicht maßstäblich

Bild 3: Darstellung im Schnitt mit thermischer Gebäudehülle, Maßbezügen und Wärmebrückenpunkten

In den Plänen wurden die identifizierten Wärmebrücken markiert und bezeichnet. Dabei sind die angrenzenden Bauteile relevant, um beispielsweise in einem Wärmebrückenkatalog die entsprechenden Konstruktionen heraussuchen zu können. Hier sind für die entsprechenden Gewerke verschiedene Kataloge notwendig. Wärmebrücken, die sich nicht mit den Vorgaben aus einem Katalog decken, müssen eventuell separat berechnet werden.

Ziel ist es, das $H_{T,WB}$ für das Bauprojekt zu ermitteln. Das ist ein Anteil von H_T für das Gebäude. Man kann den Anteil $H_{T,WB}$ als Korrektur für die Ungenauigkeiten, die bei der Hüllflächenberechnung und Bauteilbewertung gemacht werden, bezeichnen. Diese Ungenauigkeiten ergeben sich entweder aus dem Maßbezugssystem oder der tatsächlichen Konstruktion, die mit den U-Werten im Standardaufbau nicht berücksichtigt werden.

$$Q_T = (H_{T,D} + H_{T,WB})\ (\theta_i - \theta_e)\ t$$

Vereinfacht ist $H_{T,D}$ der Anteil aus Bauteilen, Hüllflächen und den U-Werten.

$H_{T,WB}$ kann als Korrektur für die Anschlussstationen der Bauteile bezeichnet werden.

Hinweis für die Praxis

Werden diese Anschlüsse detailliert betrachtet und Wärmebrücken weitgehend vermieden oder optimiert, dann kann auch die Korrektur durch $H_{T,WB}$ sehr klein werden. Ein $H_{T,WB}$ von 0,0007 [W/K] ist im Holzrahmenbau nicht ungewöhnlich. Theoretisch kann der Anteil auch negativ werden. Für meine Berechnungen verwende ich dann null.

Der Wärmetransferkoeffizient für Wärmebrücken kann so ausgedrückt werden:

$H_{T,WB} = \Delta U_{WB}\, \Sigma\, A_j$ oder so $H_{T,WB} = \Sigma\, (\Psi_i\, l_i)$

Der Vorteil der ersten Formel ist die Vergleichbarkeit aller Wärmebrücken im Projekt über ΔU_{WB} mit anderen Projekten oder den pauschalen Wärmebrückenzuschlägen.

Letztendlich steckt im $H_{T,WB}$ die Summe der Ψ-Werte (für jede Wärmebrücke) multipliziert mit der entsprechenden Einflusslänge l.

Für die Praktikabilität im Projekt hat es sich etabliert, den ΔU_{WB}-Wert in einer Tabelle zu ermitteln (siehe Tabelle 1).

Hier liegt die folgende Formel zugrunde:

$$\Delta U_{WB} = \Sigma\,(\Psi_i\, l_i)\ /\ A$$

Der ΔU_{WB}-Wert ist die Summe der Ψ-Werte (für jede Wärmebrücke) multipliziert mit der entsprechenden Einflusslänge l und bezogen auf die gesamte Hüllfläche des Projekts. Für die Ermittlung der Summe bietet sich die tabellarische Form an, vergleichbar mit der Hüllflächentabelle. In der Tabelle gibt es eine Spalte für den F_X-Wert. Dies ist der Temperaturkorrekturfaktor wie bei der Betrachtung der U-Werte (siehe DIN V 18599-2). Im Beispiel der Tabelle 1 ist für die Wärmebrücke 1.02 Stoß Bodenplatte der F_x-Wert 0,9. Das entspricht der Temperaturkorrektur für eine aufgeständerte (unterlüftete) Bodenplatte. Für Bauteile zum unbeheizten Keller gilt F_G = 0,4, alle direkt an Außenluft grenzenden Wärmebrücken werden mit 1,0 angesetzt.

Tabelle 1: Ermittlung des ΔU_{WB} (Beispiel einer Auflistung aller Wärmebrücken mit Längenangabe und Ψ-Werten sowie daraus ermitteltem Wärmebrückenzuschlag)

Nr	Bezeichnung	Quelle	Länge [m]	Ψ [W/(mK)]	F_x-Wert	$H_{T,wB}$ [W/K]
1.0	Bodenplatte					
1.01	Sockel	gerechnet	42,00	**0,002**	1,00	0,084
1.02	Stoß Bodenplatte	Katalog	12,00	**0,013**	0,90	0,140
2.0	Außenwände/Holz					
2.01	Außenecke	gerechnet	12,14	**–0,087**	1,00	–1,056
2.02	Innenwand	Katalog	0,00	**0,000**	1,00	0,000
2.03	Aussteifung	gerechnet	34,70	**0,003**	1,00	0,104
2.04	Träger/Stütze	Katalog	3,03	**0,012**	1,00	0,000
3.0	Geschossdecke					
3.01	einbindende Decke	siehe Traufe	42,00	**Traufe**	1,00	0,000
4.0	Dach					
4.01	Traufe	gerechnet	24,00	**0,009**	1,00	0,216
4.02	Ortgang	Katalog	25,46	**–0,059**	1,00	–1,502
4.03	First	Katalog	12,00	**–0,020**	1,00	–0,240

Tabelle 1: Ermittlung des ΔU_{WB} (Beispiel einer Auflistung aller Wärmebrücken mit Längenangabe und Ψ-Werten sowie daraus ermitteltem Wärmebrückenzuschlag) *(Fortsetzung)*

Nr	Bezeichnung	Quelle	Länge [m]	Ψ [W/(mK)]	F_x-Wert	$H_{T,WB}$ [W/K]
5.0	Fensterbrüstung					
5.01	Fensterbrüstung	Hersteller	5,25	**0,006**	1,00	0,032
5.02	Fenster bodentief Holz	Hersteller	16,94	**−0,021**	1,00	−0,356
6.0	Fensteranschluss oben					
6.01	Fenstersturz	Hersteller	22,19	**0,024**	1,00	0,533
7.0	Fensterlaibung					
7.01	Fensterlaibung	Hersteller	59,06	**0,039**	1,00	2,303
8.0	Dachfenster					
8.01	Dachverglasung Laibung	Katalog	2,40	**0,028**	1,00	0,067
8.02	Dachverglasung unten	Katalog	1,16	**0,018**	1,00	0,021
8.03	Dachverglasung oben	Katalog	1,16	**0,026**	1,00	0,030
			Summe			0,377
	ΔU_{WB} = HT, WB / Hüllfläche		ΔU_{WB} =			0,0007
		Hüllfläche =		**534,6**	m²	

Die Spalte „Quelle" bietet die Möglichkeit, Wärmebrücken aus verschiedenen Bereichen zu verbinden, eventuell die Bauteile und Anschlüsse im Keller nach dem Beton-Fachverband, das Erdgeschoss nach dem Ziegel-Fachverband und die Dachkonstruktion nach einem Hersteller von Holzbauprodukten. Dabei kann der Ψ-Wert für die Dachverglasung von einem speziellen Hersteller kommen.

Es ist notwendig, auch für die Einzelaufstellung der Längenermittlung einen Nachweis beizufügen.

Hinweis für die Praxis

Wenn die Liste der Wärmebrücken in Tabellenkalkulation angelegt wird, lässt sich die Ermittlung der Einflusslängen direkt verknüpfen. Dazu hat es sich bewährt, eine eigene Bemaßung für die Energiebilanz zu erstellen. Das spart schon für die Bauteilberechnung Zeit und zahlt sich für die Ermittlung der Einflusslängen doppelt aus.

Die detaillierte Ermittlung des ΔU_{WB} wird im Projekt erst zum Projektabschluss komplett fertiggestellt. Da sich immer wieder Änderungen ergeben, ist es sinnvoll, die Berechnung von Anfang an flexibel aufzubauen. Dabei ergibt sich der größte Aufwand in der Regel für die Kommunikation und die Dokumentation dessen, was im Bauprozess tatsächlich passiert.

Die größte Schwierigkeit ergibt sich, wenn zum Förderantrag viele Informationen aus der Planung noch nicht verfügbar sind. Wenn auf Wärmebrückenkataloge zurückgegriffen wird, lassen sich die Annahmen auch für die Planung weiterverwenden. Wenn sich in der Werkplanung oder Ausführung Änderungen ergeben, kann auch eine Berechnung der Ψ-Werte erfolgen.

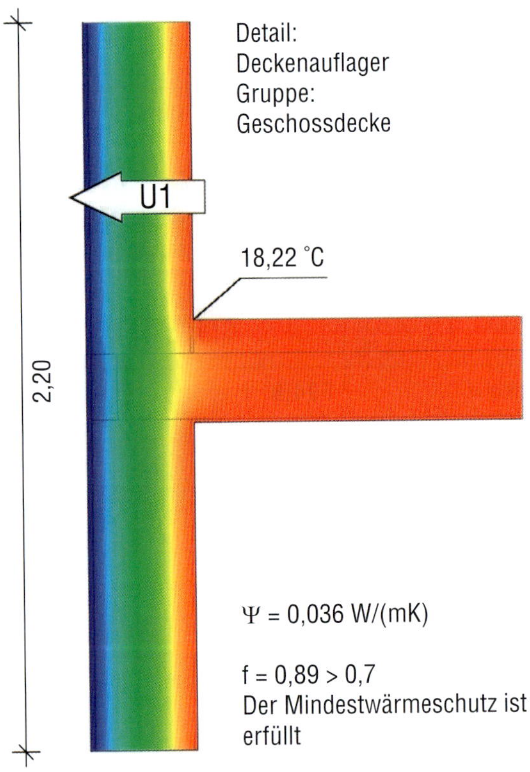

Bild 4: Darstellung einer Wärmebrücke mit Temperaturverlauf

Für jede Wärmebrücke ist das Ergebnis der Berechnung ähnlich dieser Vorlage zu beschreiben.

Ebenso ist das Detail konstruktiv darzustellen.

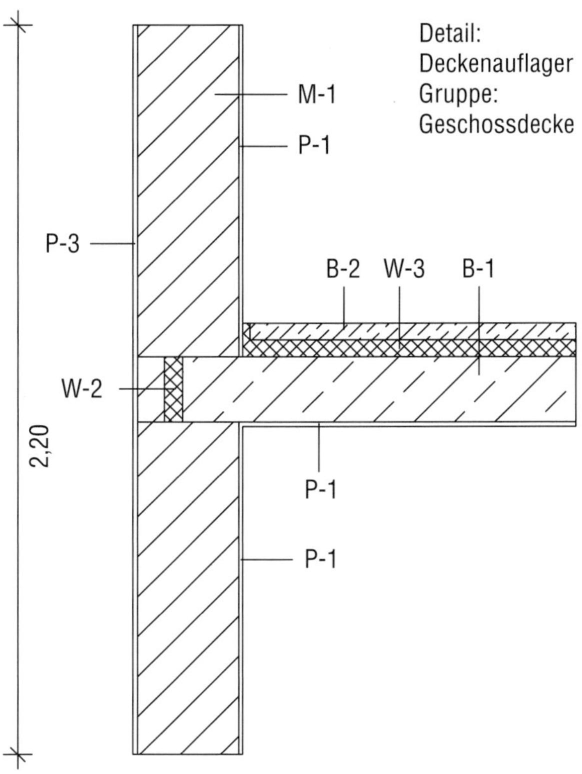

Bild 5: Darstellung des konstruktiven Aufbaus

Die Dokumentation wird vervollständigt durch die Auflistung der Konstruktionsaufbauten.

Tabelle 2: Beispiel einer Materialliste (Auszug)

Materialgruppe	Legende	Material, Beschreibung, Bezeichnung	Wärmeleitfähigkeit [W/(mK)]
Wärmedämmung	w-1	Perimeterdämmung	0,038
	w-2	Mineralfaser	0,035
	w-3	EPS	0,032
	w-4	Extruderschaumplatte	0,024
Mauerwerk	m-1	Ziegel	0,080
	m-2	Ziegel	0,120
Beton	b-1	Stahlbeton	2,100
	b-2	Estrich	1,400

Tabelle 2: Beispiel einer Materialliste (Auszug) *(Fortsetzung)*

Materialgruppe	Legende	Material, Beschreibung, Bezeichnung	Wärmeleitfähigkeit [W/(mK)]
Holz/Holzwerkstoffe	h-1	Fichte, Kiefer	0,130
	h-2	OSB-Platte	0,130
	h-3	Holzfaserplatte	0,041
Putz	p-1	Innenputz, Kalk/Gips	0,700
	p-2	Innenputz, Kalk/Zement	0,870
	p-3	Außenputz	0,250

Alle im Bereich der Wärmebrücken vorkommenden Materialien sind vollständig aufzulisten und in der schematischen Detailabbildung entsprechend zuzuordnen.

3/2.6 Ψ-Wert Grundlagen

Der Ψ-Wert ist lediglich ein Korrekturfaktor in der Energiebilanz. Damit werden entweder Ungenauigkeiten, die durch das Maßbezugssystem entstehen, oder zusätzliche konstruktive Elemente bewertet, die im U-Wert nicht berücksichtigt werden.

Dieser Korrekturfaktor macht nur in dem System Sinn, für den er gerechnet wurde. Ein Ψ-Wert für den Sockel beispielsweise nach den Maßbezügen des GEG ergibt einen anderen Wert als nach dem Passivhaus-Projektierungssystem.

In älteren Wärmebrückenkatalogen werden die Ψ-Werte häufig innen- und außenmaßbezogen angegeben, weil es früher üblich war, für die Heizlastberechnung innenmaßbezogen und für die Energiebilanz außenmaßbezogen zu rechnen.

Aus dem Ψ-Wert können keine Rückschlüsse auf die Tauwasserfreiheit geschlossen werden. Allerdings beruhen die Berechnungen für den Ψ-Wert und den f-Wert (Tauwasserfreiheit) auf dem gleichen grundlegenden Prinzip.

Anhand von einem zweidimensionalen Modell, vergleichbar mit einem Detailausschnitt, wird das Temperaturfeld anhand einer Finite-Element-Rechenmethode ermittelt. Dazu müssen die geometrischen und bauphysikalischen Eigenschaften und die Randbedingungen vorgegeben werden. Dieses Modell wird dann in einer Software vom Computer berechnet. Das Ergebnis ist das Temperaturfeld, das ausgewertet und interpretiert werden muss.

Dabei werden die Auswertungen für die Tauwasserfreiheit und den Ψ-Wert nicht am selben Modell vorgenommen. Es gibt nach DIN 4108 Beiblatt 2:2019-06 verschiedene Randbedingungen und zum Teil auch unterschiedliche Herangehensweisen für das Berechnungsmodell. Die wichtigsten Normen für die Berechnung von Wärmebrücken sind die DIN EN ISO 10211, DIN EN ISO 13370 oder DIN EN ISO 14683.

Mit dem folgenden Beispiel einer Außenwand mit Stahlbetonstütze wird das Ergebnis der Berechnung des zweidimensionalen Temperaturfelds gezeigt.

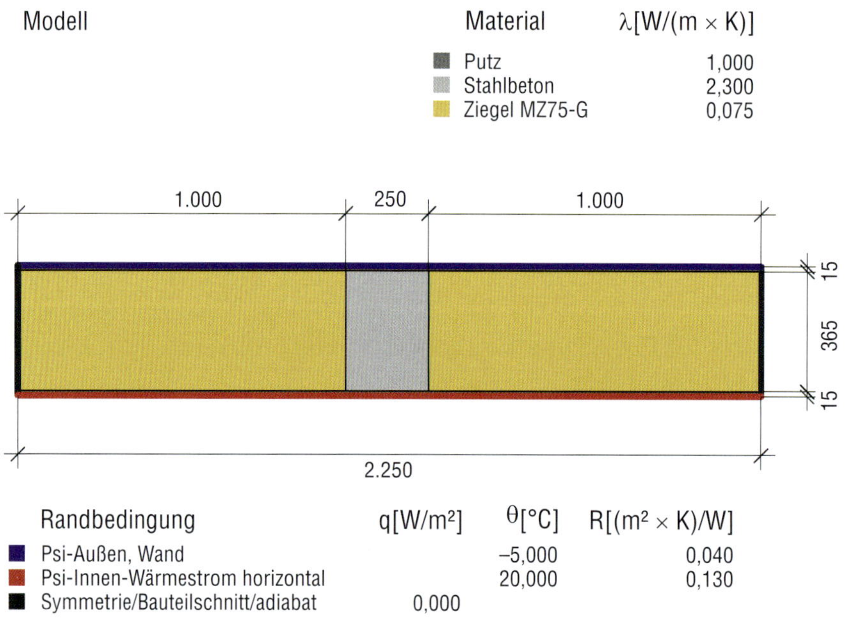

Bild 1: Modell Außenwand 36,5 (Ziegel MZ75-G) mit Stahlbetonstütze, Materialangaben und Randbedingungen

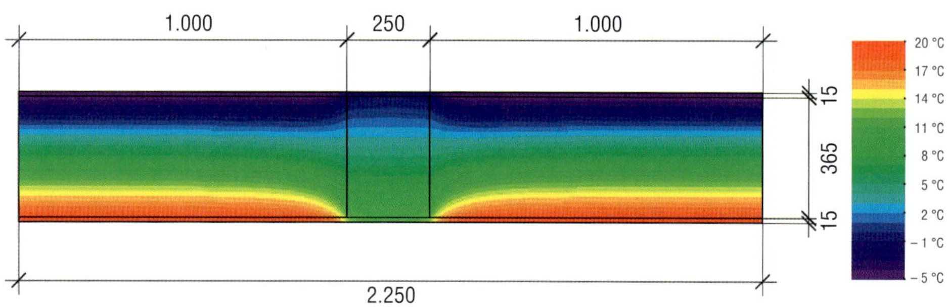

Bild 2: Modell mit farblicher Darstellung des berechneten Temperaturfelds

Formel für den Ψ-Wert

$$\Psi = L_{2D} - L_{1D}$$

L_{2D}: thermischer Leitwert aus zweidimensionaler Berechnung:
Für das Modell wird der Wärmestrom zweidimensional berechnet (Finite-Element-Rechenmethode).

L_{1D}: thermischer Leitwert aus eindimensionaler Berechnung:
Dieser Anteil repräsentiert den Teil, der in der Energiebilanz schon berücksichtigt wurde. Aufgrund des U-Werts, der nur den Wärmestrom in eine Richtung berücksichtigt, wird vom eindimensionalen thermischen Leitwert gesprochen.

Vereinfacht lässt sich das so ausdrücken:
Ψ-Wert = tatsächlicher Verlust der Wärmebrücke – Anteil am Verlust, der über die Bauteilberechnung bereits berücksichtigt wird

Mit

$L_{2D} = \Phi / \Delta T$

$L_{1D} = U_1 \times b_1$

ergibt sich die Formel für die Ψ-Wert-Berechnung.

$\Psi = \Phi / \Delta T - U_1 \times b_1$

Φ: Wärmestrom durch das Modell aufgrund der Randbedingungen (DIN 4108 Beiblatt 2)
Der Wärmestrom kann nur mithilfe eines Computers und mit entsprechender Software sinnvoll berechnet werden.
ΔT: Temperaturdifferenz im Modell aufgrund der Randbedingungen
U_1: U-Wert für das Bauteil im Modell
b_1: Einflusslänge im Modell für das zugehörige Bauteil

Wenn der Wärmestrom berechnet wurde, kann der Ψ-Wert leicht von Hand berechnet werden.

Für das Modell aus Bild 2 hat die Berechnung einen Wärmestrom von $\Phi = 29{,}5$ W/m ergeben.

Die Temperaturdifferenz ergibt sich aus den Randbedingungen $\Delta T = 25$ K.

Der U-Wert beträgt für die Ziegelwand (36,5 Ziegel MZ75-G) 0,20 W/(m^2K).

Berechnung:

$\Psi = 29{,}5\ [W/m] / 25\ [K] - 0{,}20\ [W/(m^2K)] \times 2{,}25\ [m] =$

$\Psi = 1{,}18 - 0{,}45 =$

$\Psi = 0{,}73$ W/(mK)

Was als Ψ-Wert übrig bleibt, ist der Korrekturfaktor für die Energiebilanz. In diesem Beispiel ist das maßgeblich die Stahlbetonstütze. Der U-Wert der Ziegelwand wird ja von dem zweidimensional gerechneten thermischen Leitwert abgezogen.

Die Außenecke bietet als einfaches Beispiel die Besonderheit, dass aufgrund des Außenmaßbezugs in der Energiebilanz der Eckbereich doppelt gerechnet wird. Das wird mit der Skizze in folgendem Bild verdeutlicht.

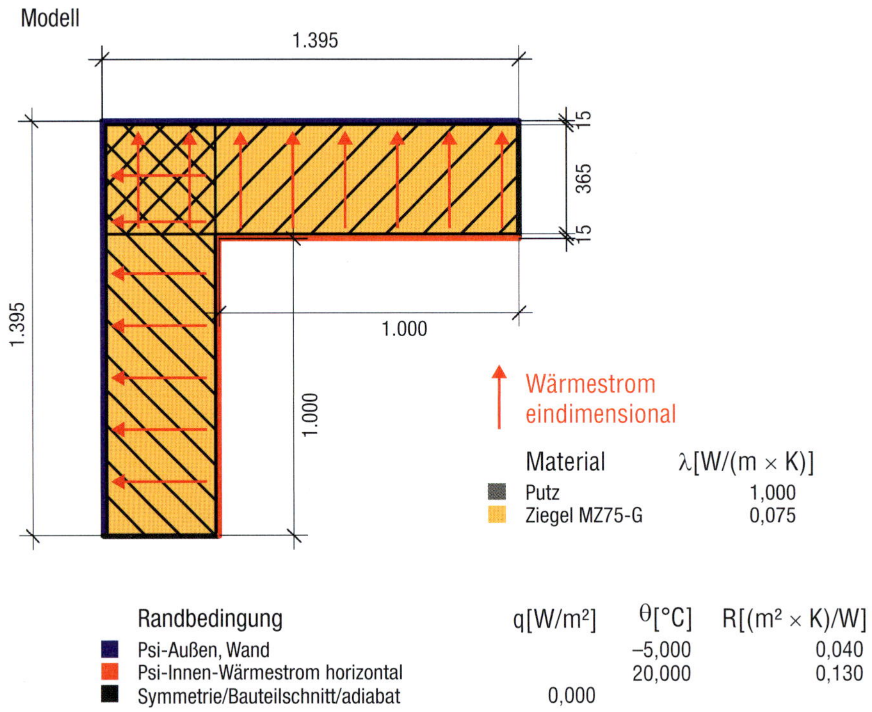

Bild 3: Modell Außenecke 36,5 (Ziegel MZ75-G) mit Materialangaben und Randbedingungen

Die im Bild skizzierte Wärmestromrichtung kann als das verstanden werden, was für die Energiebilanz in der Ecke gerechnet wird. Der geometrische Anteil wird ignoriert, der Wärmestrom wird auf die gesamte Fläche (außenmaßbezogen) gerechnet. Dies wird in der zweidimensionalen Berechnung korrigiert. In Bild 4 lässt sich am Temperaturfeld die tatsächliche Wärmestromrichtung erkennen. Als Skizze wurde das in das Bild eingetragen.

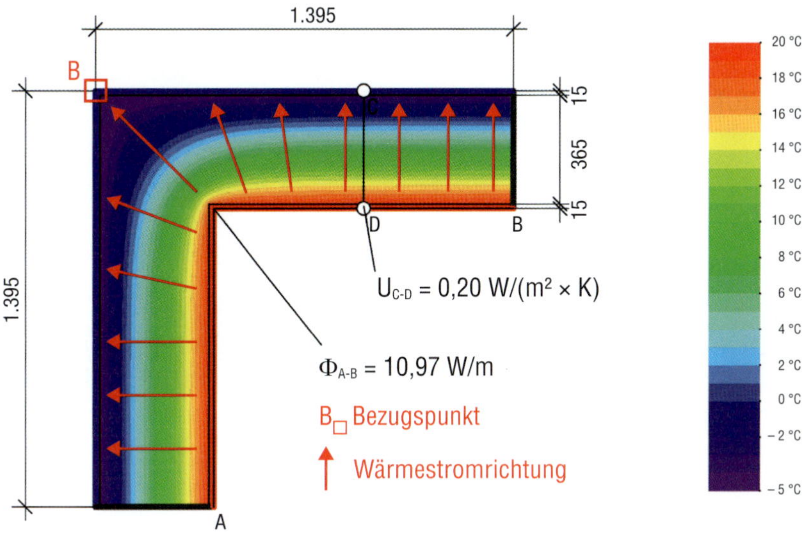

Bild 4: Modell mit farblicher Darstellung des berechneten Temperaturfelds

Die Formel für die Ψ-Wert-Berechnung enthält jetzt zwei Bauteile: die beiden Anteile der Außenwand. Der Maßbezug ist der gleiche wie in der Energiebilanz (DIN 18599-1:2018-09).

Hinweis für die Praxis

Das Eintragen des Bezugspunkts im Modell ist unerlässlich. Hier werden in der Praxis die häufigsten Fehler gemacht. Zwar erscheint dies bei der Außenecke überflüssig, allerdings bei Details wie Sockel, Fensteranschluss und Attika ist der Maßbezug nicht so klar. Hier hilft ein Blick auf die Regeln zum Maßbezugssystem.

$$\Psi = \Phi / \Delta T - U_1 \times b_1 + U_2 \times b_2$$

Für das Modell aus Bild 4 hat die Berechnung einen Wärmestrom von Φ = 10,97 W/m ergeben.

Die Temperaturdifferenz ergibt sich aus den Randbedingungen. ΔT = 25 K

Der U-Wert für die Ziegelwand (36,5 Ziegel MZ75-G) beträgt 0,20 W/(m²K).

Berechnung:

Ψ = 10,97 [W/m] / 25 [K] – (0,20 [W/(m²K)] × 1,395 [m] + 0,20 [W/(m²K)] × 1,395 [m]

Ψ = 0,439 – 0,558 =

Ψ = –0,119 W/(mK)

Der negative Ψ-Wert ist kein Wärmegewinn an der Außenecke, sondern lediglich die Korrektur für den tatsächlichen Wärmestrom im Eckbereich. Das System der Energiebilanz rechnet mit dem Maßbezug in diesem Bereich auf der sicheren Seite und überschätzt den Wärmeverlust. Für den detaillierten Nachweis helfen negative Werte, eventuell andere Wärmebrücken zu kompensieren.

Hinweis für die Praxis

Achtung: Ein negativer Ψ-Wert bedeutet nicht automatisch, dass eine Wärmebrücke besonders gut ist oder gar tauwasserfrei. Die Außenecken bei schlechtem Wärmedämmstandard und historischen Konstruktionen sind trotz ihres negativen Ψ-Werts meist nicht nur tauwassergefährdet, sondern auch anfällig für Schimmelprobleme.

3/2.7 Mindestwärmeschutz im Bereich von Wärmebrücken

Der Mindestwärmeschutz im Bereich der Wärmebrücke gilt als eingehalten, wenn der Temperaturfaktor (f-Wert) $f_{Rsi} = 0{,}7$ bzw. eine Oberflächentemperatur von 12,6 °C nicht unterschritten wird. Das gilt für alle Arten von Wärmebrücken, also generell auch für dreidimensionale und punktförmige.

Folgende Bauteile sind ohne zusätzliche Wärmedämmmaßnahmen unzulässig:

- auskragende Balkonplatten
- Attiken
- Frei stehende Stützen
- ins Freie oder ungedämmte Dachbereiche
- auskragende Wände mit $\lambda > 0{,}5$ W/(mK)

Der f-Wert

Der f-Wert berechnet sich in Abhängigkeit von

- der raumseitigen Oberflächentemperatur Θ_{si},
- der Innenraumtemperatur Θ_i,
- der Außentemperatur Θ_e und
- einer gleichzeitigen relativen Luftfeuchtigkeit von 50 % nach der folgenden Formel:

$$f_{Rsi} = \frac{\theta_{si} - \theta_e}{\theta_i - \theta_e}$$

Mit folgenden in DIN 4108 festgelegten Werten ergibt sich:

raumseitige Oberflächentemperatur	$\theta_{si} = 12{,}6$ °C
Innenraumtemperatur	$\theta_i = 20$ °C
Außentemperatur	$\theta_e = -5$ °C

$$f_{Rsi} = \frac{12{,}6-(-5)}{20-(-5)}$$

$$f_{Rsi} = 0{,}704$$

Der Wert $f \geq 0{,}70$ ist ein Grenzwert, der nicht unterschritten werden darf. Die Einhaltung dieses Werts ist für alle Wärmebrücken, außer für Rahmen und Fenster, nachzuweisen.

Ausnahme: geometrische Wärmebrücken

Kein expliziter Nachweis zur Einhaltung des Mindestwärmeschutzes ist erforderlich für geometrische Wärmebrücken, wenn die Wärmedurchlasswiderstände der angrenzenden Regelquerschnitte die Anforderungen an den Mindestwärmeschutz nach DIN 4108-2, Tabelle 3, erfüllen. Ebenso wenig ist der Mindestwärmeschutz für Kanten oder Gebäudeecken nachzuweisen, wenn eine durchgehende Dämmschicht ohne weitere Störung vorhanden ist.

Auswertung der Wärmebrückenberechnung bezüglich des Feuchteschutzes

Das Berechnungsmodell für die f-Wert-Berechnung ist dem der Ψ-Wert-Berechnung ähnlich. Damit kann diese Leistung häufig direkt mit angeboten und ohne große Mehrkosten mit abgedeckt werden.

Hinweis für die Praxis

Für die f-Wert-Berechnung wird nicht der Standardanschluss untersucht, sondern immer die schlechteste Stelle. Für eine Fensterlaibung kann das bedeuten, dass der Regelanschluss funktioniert, ein Fenster mit geringer Mauervorlage im Eckbereich aber tauwassergefährdet ist.

Für die f-Wert-Berechnung empfiehlt es sich, die Situation so realistisch wie möglich abzubilden. Hier kann auch die Verwendung des tatsächlichen Fensterprofils sinnvoll sein.

Die grundlegenden Berechnungen für den Ψ-Wert und den f-Wert beruhen auf dem gleichen Prinzip. Anhand von einem zweidimensionalen Modell, vergleichbar mit einem Detailausschnitt, wird das Temperaturfeld anhand einer Finite-Element-Rechenmethode ermittelt. Dazu müssen die geometrischen und bauphysikalischen Eigenschaften und die Randbedingungen vorgegeben werden. Dieses Modell wird dann in einer Software vom Computer berechnet. Das Ergebnis ist das Temperaturfeld für das ganze Modell. Für den Feuchteschutz ist die Oberflächentemperatur von besonderer Bedeutung.

Modell

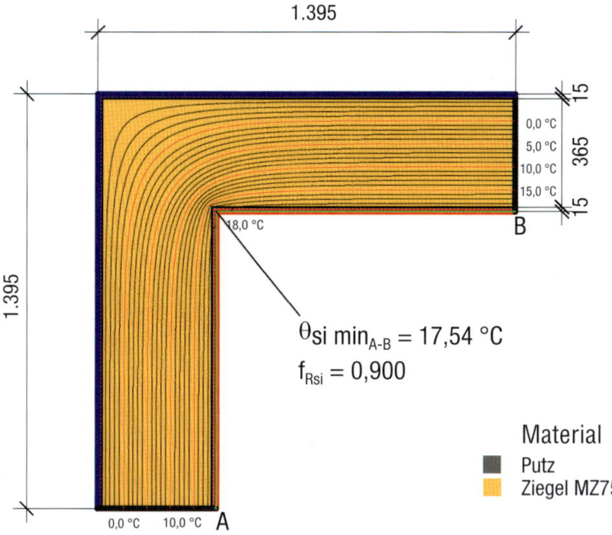

Material	λ[W/(m × K)]
Putz	1,000
Ziegel MZ75-G	0,075

Randbedingung	q[W/m²]	θ[°C]	R[(m² × K)/W]
Symmetrie/Bauteilschnitt/adiabat	0,000		
fRsi-Außen, Wand, Dach, Fenster, Gauben		–5,000	0,040
fRsi-Innen-Wand, Decke, Boden		20,000	0,250

Bild 1: Modell Außenecke 36,5 (Ziegel MZ75-G) mit Materialangaben, Randbedingungen, isothermer Darstellung des Temperaturfelds, innerer Oberflächentemperatur und f-Wert

Der f-Wert von 0,90 ≥ 0,70 erfüllt die Anforderung.

Hinweis für die Praxis

Mit der Wärmebrückenberechnung werden auf diese Weise viele Fragestellungen geklärt. Besonders in der Sanierung, wenn alte Konstruktionen keine optimalen Lösungen zulassen, kann das Tauwasserrisiko gut abgeschätzt werden.

Allerdings kann diese Untersuchung keine Aussagen zur Bauteilfeuchte in der Konstruktion machen.

Grenzen der Wärmebrückenberechnung im Feuchteschutz

Wenn die Bauteilfeuchte in der Konstruktion eine Rolle spielt, sollte eine Simulation durchgeführt werden, die den Wärme- und Feuchtetransport berücksichtigt. Dabei wird die Konstruktion mit realen Klimadaten für mehrere Jahre der Nutzung gerechnet. Daraus lässt sich gut erkennen, ob eine sog. kritische Auffeuchtung stattfindet. Für diese Untersuchung empfiehlt es sich, einen Bauphysiker zu beauftragen.

3/3 Sommerlicher Wärmeschutz

Grundsätzlich ist es in Deutschland möglich Wohngebäude so zu planen, dass sie im Sommer eine gute Behaglichkeit bieten ohne den Einsatz von aktiver Kühlung. Dieses Ziel wird mit dem sommerlichen Wärmeschutz verfolgt.

Das Thema des sommerlichen Wärmeschutzes ist aus mehreren Gründen sehr wichtig:

- Für unsere Bauten werden immer größere Glasflächen vorgesehen (Gestaltung).
- Der energetische Aufwand für eine eventuelle Kühlung ist um ein Vielfaches höher als für die Beheizung (Energieeffizienz).
- Wir haben hohe Erwartungen bezüglich des Komforts (Nutzerzufriedenheit).
- In den vergangenen Jahren traten vermehrt Hitzewellen auf (Klimawandel).

Ziel ist es, eine zu starke Aufheizung von Gebäuden bzw. einzelnen Räumen im Sommer durch geeignete Maßnahmen zu verhindern, d.h. eine uneingeschränkte Nutzbarkeit aller Aufenthaltsräume zu gewährleisten. Eine besondere Bedeutung hat der passive sommerliche Wärmeschutz, bei dem nur durch bauliche Maßnahmen (z.B. Sonnenschutzvorrichtungen), d.h. ohne zusätzlichen Einsatz von Anlagentechnik (Klima- und Kühlanlagen), unzumutbar hohe Innentemperaturen in Gebäuden vermieden werden.

Dazu werden Bewertungssysteme und Grenzwerte eingeführt. Die Einhaltung der Anforderungen zum sommerlichen Wärmeschutz im Zuge des öffentlich-rechtlichen Nachweises ist von einer Vielzahl von Faktoren abhängig wie u.a.:

- Gesamtenergiedurchlassgrad der Verglasung
- Art und Wirksamkeit der Sonnenschutzvorrichtungen
- Anteil und Orientierung der Fensterflächen
- Neigung der Fenster in Dachflächen
- Lüftung der Räume, besonders während der späten Nachtstunden
- Wärmespeicherfähigkeit, insbesondere der innen liegenden Bauteile
- Wärmeleitfähigkeit der nicht transparenten Außenbauteile

Hinweis für die Praxis

Mit dem Nachweis lassen sich die Auswirkungen von Verschattungsmaßnahmen prüfen. Eine Simulation kann die Raumtemperatur abschätzen. Dies lässt sich in der Planung einsetzen und gibt für den Bauherren eine konkrete, für ihn nachvollziehbare Größe an. Zudem ist ein genaueres Ergebnis zu erwarten, das im Hinblick auf den Grenzwert günstiger ausfällt.

Der Nachweis des sommerlichen Wärmeschutzes wird verbindlich im Gebäude Energie Gesetz für neu zu errichtende Gebäude gefordert. Des Weiteren gehört dieser Nachweis dazu, wenn beim Anbau, Ausbau oder bei der Erweiterung mehr als 50 m^2 Nutzfläche hinzukommen. Es ist nachzuweisen, dass der raumbezogene Sonneneintragskennwert einen zulässigen Höchstwert nicht überschreitet, bzw. es sind die Übertemperatur-Gradstunden, die mithilfe der Simulation berechnet werden, zu begrenzen.

Damit sind grundsätzlich zwei Nachweisführungen möglich:

- Begrenzung der Sonneneintragskennwerte (vereinfachtes Verfahren) oder
- Begrenzung der Übertemperatur-Gradstunden (Simulationsrechnung)

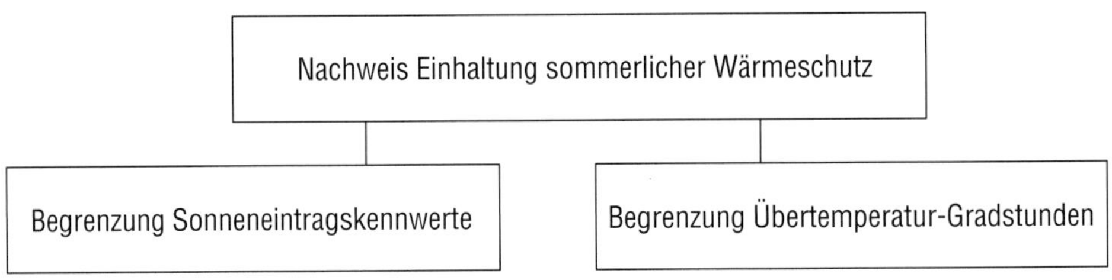

Bild 1: Möglichkeiten der Nachweisführung

Einflussfaktoren

Die u.a. nachfolgend aufgeführten Einflussfaktoren auf den sommerlichen Wärmeschutz können bei der Planung der Gebäude genutzt werden:

- Große Fensterflächen ohne Sonnenschutz und zu wenige innen liegende wärmespeichernde Bauteile erhöhen die Überhitzungswahrscheinlichkeit im Sommer.

- Dunkle, unverschattete Außenbauteile weisen höhere Temperaturschwankungen auf als helle Oberflächen.
- Ein Sonnenschutz für die Fensterflächen kann durch bauliche Maßnahmen, wie z.B. Balkon oder Dachüberstände, oder durch den Einsatz von Sonnenschutzvorrichtungen, wie z.B. Rollläden oder Markisen, erfolgen. Ein Sonnenschutz sollte bei Dachfenstern und ost-, süd- und westorientierten Fensterflächen angebracht werden.
- Die Innenraumbeleuchtung sollte durch den Einsatz des Sonnenschutzes nicht unzulässig reduziert werden.
- Bei Büro-, Verwaltungs- und ähnlich genutzten Gebäuden sollte die künstliche Raumbeleuchtung zum Schutz vor einer sommerlichen Überhitzung geregelt eingesetzt werden.
- Räume mit nach zwei oder mehr Richtungen orientierten Fensterflächen, insbesondere Südost- oder Südwestorientierungen, sind im Allgemeinen ungünstiger als Räume mit einseitig orientierten Fensterflächen.
- Sonneneintragskennwerte von Außenbauteilen mit transparenten Flächen, wie z.B. Fenster, werden durch den Fensterflächenanteil, den Gesamtenergiedurchlassgrad der Verglasung und die verschiedenen Sonnenschutzmaßnahmen bestimmt.
- Bei solarenergiegewinnenden Außenbauteilen, wie z.B. transparenter Wärmedämmung, Glasvorbauten u.Ä., ist durch geeignete Maßnahmen – aber keine Anlagen zur Kühlung – eine sommerliche Überhitzung zu vermeiden.
- Das Raumklima im Sommer kann durch eine intensive Nachtlüftung der Räume erheblich verbessert werden. Einrichtungen zur Nachtlüftung, wie z.B. zu öffnende Fenster, sollten bei der Planung vorgesehen werden.
- Eine gut wirksame Wärmespeicherfähigkeit der Bauteile, welche mit der Raumluft in Verbindung stehen, verringert die Erwärmung der Räume infolge der Sonneneinstrahlung und interner Wärmequellen, wie z.B. Elektrogeräte, Beleuchtung und Menschen. Außen liegende Wärmedämmschichten und innen liegende wärmespeicherfähige Schichten verbessern im Normalfall den sommerlichen Wärmeschutz und somit das Raumklima.

Ein wirksamer Sonnenschutz transparenter Bauteile (Fenster) kann gegeben werden durch:

- bauliche Gestaltung wie z.B. auskragende Balkone,
- außen liegenden Sonnenschutz,
- innen liegenden Sonnenschutz oder auch durch
- den Einsatz von Sonnenschutzgläsern.

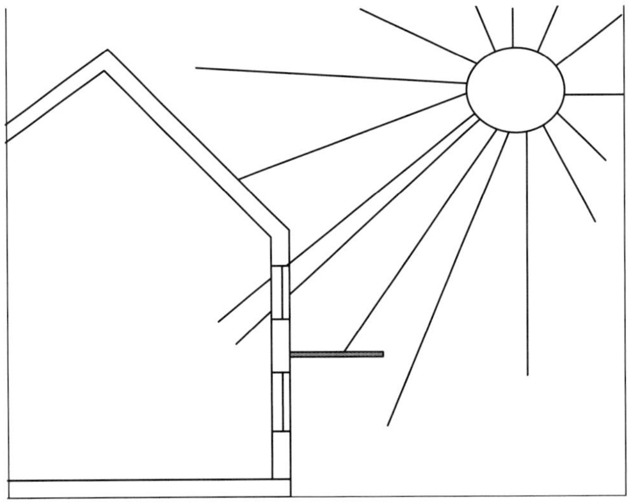

Bild 2: Sommerlicher Wärmeschutz durch bauliche Gestaltung, z.B. auskragender Balkon

Nachweisverfahren Sonneneintragskennwert

Der vereinfachte Nachweis nach DIN 4108-2 für die Begrenzung der solaren Wärmeeinträge ist für die kritischen Räume bzw. Raumbereiche an der Außenfassade, die der Sonneneinstrahlung besonders ausgesetzt sind, durchzuführen. Dabei sind auch Dachflächen, sofern sie zu Wärmeeinträgen beitragen, mit zu berücksichtigen. Damit in den maßgebenden Gebäuden zumutbare Temperaturen nur selten überschritten werden und möglichst keine Anlagentechnik zur Kühlung benötigt wird, darf der raumbezogene Sonneneintragskennwert einen Höchstwert nicht überschreiten.

Kritische Räume sind z.B. Räume mit den nachfolgend aufgeführten Eigenschaften:

- Fassaden mit großen Fensterflächen
- Bauteile, die eine geringe Wärmespeicherfähigkeit aufweisen
- Räume, in denen keine erhöhte Nachtlüftung möglich ist

Der Nachweis kann nicht geführt werden, wenn die nachzuweisenden Räume oder Raumbereiche in Verbindung mit den folgenden baulichen Einrichtungen stehen:

- unbeheizte Glasvorbauten
- Doppelfassaden
- transparente Wärmedämmsysteme (TWD)

Ein Glasvorbau wird nach DIN 4108-2 nicht als kritischer Raum bezeichnet.

Die Anforderungen der DIN 4108-2 gelten nicht für Räume hinter Schaufenstern oder für ähnlich genutzte Räume.

Grundprinzip des vereinfachten Nachweisverfahrens

Vorhandener Sonneneintragskennwert ≤ zulässiger Sonneneintragskennwert.

Erfordernis Nachweis sommerlicher Wärmeschutz

Durch den öffentlich-rechtlichen Nachweis nach dem GEG werden nicht die Anforderungen an den Mindestwärmeschutz der DIN 4108-2 aufgehoben, was natürlich auch für den Mindestwärmeschutz im Sommer gilt. Die DIN 4108-2 bietet den Verzicht auf den Nachweis des sommerlichen Wärmeschutzes lediglich an, wenn

- bei Wohngebäuden die Fenster (außer in Nordorientierung) mit außen liegenden Sonnenschutzvorrichtungen mit einem Abminderungsfaktor F_c ≤ 0,3 ausgestattet sind (z.B. Rollläden und Fensterläden) und bei einem grundflächenbezogenen Fensterflächenanteil von ≤ 35 %;
- der Fensterflächenanteil unter den nachfolgenden angegebenen Grenzen liegt.

Tabelle 1: Zulässige Werte des grundflächenbezogenen Fensterflächenanteils nach DIN 4108-2:2013-02, Tabelle 6

Neigung der Fenster gegenüber der Horizontalen	Orientierung der Fenster[2]	Grundflächenbezogener Fensterflächenanteil[1] f_{WG}
über 60° bis 90°	Nordwesten über Süden bis Nordosten	10 %
über 60° bis 90°	alle anderen Nordorientierungen	15 %
von 0° bis 60°	alle Orientierungen	7 %

[1] Der Fensterflächenanteil f_{WG} ergibt sich aus dem Verhältnis der Fensterfläche zu der Grundfläche des betrachteten Raums oder der Raumgruppe. Sind beim betrachteten Raum bzw. der Raumgruppe mehrere Fassaden oder z.B. Erker vorhanden, ist f_{WG} aus der Summe aller Fensterflächen zur Grundfläche zu berechnen.

[2] Sind beim betrachteten Raum mehrere Orientierungen mit Fenstern vorhanden, ist der kleinere Grenzwert für f_{WG} bestimmend.

Vorhandener Sonneneintragskennwert

Um den vorhandenen Sonneneintragskennwert ($S_{vorh.}$) des betrachteten Raums zu ermitteln, sind folgende Angaben notwendig:

- Gesamtenergiedurchlassgrad der Verglasung g
- Fensterfläche einschließlich eventuell vorhandener Dachflächenfenster A_W [m^2]

Zur Bestimmung der Fensterfläche A_W wird das Maß bis zum Anschlag des Blendrahmens verwendet. Als lichtes Rohbaumaß gilt das Maueröffnungsmaß, bei dem das Fenster angeschlagen wird (siehe Bild 3). Dabei sind Putz oder ggf. vorhandene Verkleidungen (z.B. Gipskartonplatten beim Holzbau) nicht zu berücksichtigen. Von der so ermittelten Fenstergröße kann auch (unter Berücksichtigung der Einbaufuge) auf das zu bestellende Fenster geschlossen werden. Bei Dachflächenfenstern kann analog das Außenmaß des Blendrahmens als lichtes Rohbaumaß angenommen werden. Dies gilt unabhängig vom Glasanteil und von der Rahmenausbildung.

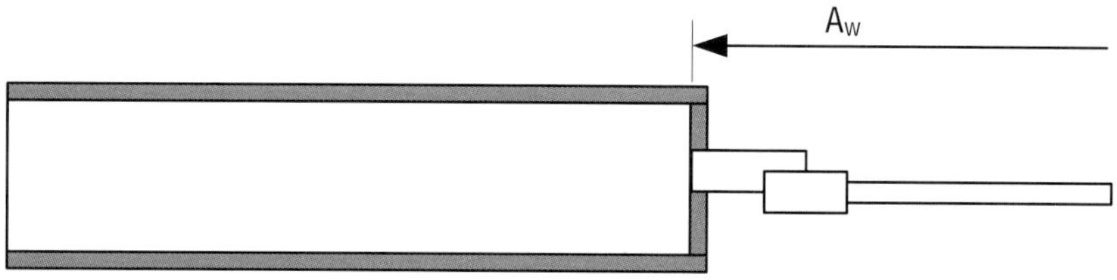

Bild 3: Lichtes Rohbaumaß bei Fensteröffnungen

- Nettogrundfläche des betrachteten Raums A_G [m^2]
  Hier ist das lichte Raummaß zu verwenden. Bei sehr großen Räumen ist jedoch die Raumtiefe zu begrenzen, maximale Raumtiefe ist die dreifache Raumhöhe. Bei einem Raum mit zwei gegenüberliegenden Außenwänden, die eine lichte Raumbreite von mehr als sechsmal die Raumhöhe aufweisen, sind getrennte Nachweise zu führen mit einer Raumtiefe mit der dreifachen Raumhöhe.
- Art der Sonnenschutzvorrichtung, falls vorhanden (es zählen aber nur die Vorrichtungen, die fest installiert sind, keine dekorativen Vorhänge o.Ä.). Außen liegende Sonnenschutzvorrichtungen sind effizienter, da im Wesentlichen die Strahlung außerhalb reflektiert wird.

Für den bezüglich der sommerlichen Überhitzung zu untersuchenden Raum oder die Raumbereiche wird der Sonneneintragskennwert aus der Fensterfläche, dem Gesamtenergiedurchlassgrad der Verglasung einschließlich Sonnenschutz und der Nettogrundfläche des Raums oder des Raumbereichs berechnet. Die Summe erstreckt sich über alle Fenster des Raums oder des Raumbereichs. Der Gesamtenergiedurchlassgrad der Verglasung einschließlich Sonnenschutz wird aus dem Gesamtenergiedurchlassgrad der Verglasung und einem Abminderungsfaktor für Sonnenschutzeinrichtungen nach Tabelle 7 der DIN 4108-2 bestimmt. Der Abminderungsfaktor ergibt sich in Abhängigkeit vom Glaserzeugnis (Sonnenschutzglas, Zweischeiben- oder Dreischeibenverglasung). Durch diesen Faktor wird somit die gegebene Einbausituation dargestellt.

Tabelle 2: Anhaltswerte für Abminderungsfaktoren F_C von fest installierten Sonnenschutzeinrichtungen nach DIN 4108-2:2013-02, Tabelle 7 (auszugsweise für Dreifachverglasung mit g > 0,4)

Sonnenschutzvorrichtung	**F_C**
ohne Sonnenschutzeinrichtungen	1,0
innen liegend oder zwischen den Scheiben	
▪ weiße oder reflektierende Oberfläche mit geringer Transparenz	0,70
▪ helle Farben oder geringe Transparenz	0,80
▪ dunkle Farben oder höhere Transparenz	0,90
außen liegend	
▪ Fenster, Rollläden ¾ geschlossen	0,30
▪ Fenster, Rollläden geschlossen[e]	0,10[e]
▪ Jalousien und Raffstore, drehbare Lamellen, 45° Lamellenstellung	0,25
▪ Jalousien und Raffstore, drehbare Lamellen, 10° Lamellenstellung[e]	0,15[e]
▪ Markise parallel zur Verglasung	0,25
▪ Markisen allgemein, Vordächer, frei stehende Lamellen	0,50

F_C-Werte für geschlossenen Sonnenschutz dienen der Information und sollten für den Nachweis des sommerlichen Wärmeschutzes nicht verwendet werden. Ein geschlossener Sonnenschutz verdunkelt den dahinterliegenden Raum stark und kann zu einem erhöhten Energiebedarf für Kunstlicht führen, da nur ein sehr geringer bis gar kein Einfall des natürlichen Tageslichts vorhanden ist.

Hinweis für die Praxis

Wenn bessere F_C-Werte im Projekt notwendig sind, kann eine genaue Berechnung helfen. Diese erfolgt nach DIN EN 13363-1:2003+A1:2007 und wird in der Regel von den Herstellern der Sonnenschutzeinrichtung angeboten. In diese Berechnung geht neben dem Strahlungstransmissionsgrad und dem Strahlungsreflexionsgrad auch der Ug-Wert und der g-Wert der Verglasung ein, deswegen muss der F_C-Wert projektbezogen ermittelt werden.

Zulässiger Sonneneintragskennwert

Der zulässige Sonneneintragskennwert ($S_{zul.}$) ergibt sich aus der Summe der einzelnen Kennwerte:

- S1: Nachtlüftung und Bauart
- S2: grundflächenbezogener Fensterflächenanteil
- S3: Sonnenschutzglas
- S4: Fensterneigung
- S5: Orientierung
- S6: Einsatz passive Kühlung

Diese werden je nach Erfordernis bzw. Vorhandensein angesetzt. Für die Bestimmung des Höchstwerts für den sommerlichen Wärmeschutz werden daher u.a. folgende Kenntnisse benötigt:

- Gebäudetyp: Wohn- oder Nichtwohngebäude
- Fensterfläche einschließlich eventuell vorhandener Dachflächenfenster A_W [m²]
- Nettogrundfläche des betrachteten Raums A_G [m²]
- geneigte Fensterflächen, wenn vorhanden $A_{W,neig}$, da sich hier die Fläche vergrößert, die von der Sonne direkt beschienen werden kann
- nord-, nordost- und nordwestorientierte Fensterflächen, soweit deren Neigung über der Horizontalen > 60° ist, sowie Fensterflächen, die dauernd von Gebäuden selbst verschattet sind, $A_{W,Nord}$
- Klimaregion (Gebäudelage)
- Einsatz von Sonnenschutzverglasung oder Einsatz von passiver Kühlung
- Bauart
- erhöhter Nachtluftwechsel (bei Ein- und Zweifamilienhäusern kann i.d.R. von einer erhöhten Nachtlüftung ausgegangen werden)

Klimaregionen

Die Bundesrepublik Deutschland ist in drei Klimaregionen (Sommerregionen) eingeteilt, um regionale Unterschiede der sommerlichen Klimaverhältnisse zu berücksichtigen (DIN 4108-2:2013-02, Abschnitt 8.1):

- sommerkühle Gebiete = Region A
- gemäßigte Gebiete = Region B
- sommerheiße Gebiete = Region C

Bild 4: Sommer-Klimaregionen für den sommerlichen Wärmeschutznachweis nach DIN 4108-2

Für den Fall, dass man keine eindeutige Zuordnung des Gebäudestandorts definieren kann, so gelten folgende Regeln:

- liegt das Gebäude irgendwo zwischen A und B – so nimmt man die Region B
- zwischen B und C – nimmt man C
- zwischen A und C – nimmt man C

Bauart

Man unterscheidet leichte, mittlere und schwere Bauarten, welche in Abhängigkeit von der wirksamen Wärmespeicherfähigkeit C_{wirk} bestimmt werden. Die Speicherfähigkeit beeinflusst den sommerlichen

Wärmeschutz. Je schwerer ein Bauteil ist, desto geringer ist die Erwärmung der Räume durch den solaren Wärmeeintrag, d.h., schwere Bauteile nehmen die Wärmeenergie bei im Sommer rasch ansteigenden Lufttemperaturen auf und kühlen so den Raum ab. Die schwere und die leichte Bauweise unterscheiden sich durch die flächenbezogene Gesamtmasse der Bauteile, z.B. zählt, ohne weiteren Nachweis, ein Gebäude mit Mauerwerk aus Kalksandsteinen der Rohdichteklasse ≥ 1,8 und Stahlbetondecken zu der schweren Bauweise.

Die Berechnung der wirksamen Wärmespeicherfähigkeit ist abhängig von den folgenden Größen:

- Fläche des Bauteils (wirksame Bauteilfläche – bei Außenbauteilen Außenmaßbezug)
- wirksame Schichtdicke der einzelnen Schichten
- Rohdichte der Baustoffe der jeweiligen Schichten
- spezifische Wärmekapazität des jeweiligen Baustoffs

Die wirksame Wärmespeicherfähigkeit für den betrachteten Raum oder Raumbereich nach DIN V 4108-6 kann im Zweifelsfall vereinfacht bestimmt werden, um die Bauart einzuordnen. Dabei ist folgende Einstufung vorzunehmen:

- leichte Bauart liegt vor, wenn $C_{wirk}/A_G < 50$ Wh/(Km²) mit:
  - C_{wirk} wirksame Wärmespeicherfähigkeit
  - A_G Nettogrundfläche des betrachteten Raums oder Raumbereichs; A_G wird mit den lichten Raummaßen ermittelt. Bei sehr tiefen Räumen ist die für den Nachweis anzusetzende Raumtiefe auf die dreifache lichte Raumhöhe zu begrenzen.
- mittlere Bauart liegt vor, wenn 50 Wh/(Km²) $\leq C_{wirk}/A_G >$ 130 Wh/(Km²)
- schwere Bauart liegt vor, wenn $C_{wirk}/A_G >$ 130 Wh/(Km²)

Nachweis

Der ermittelte höchste Sonneneintragskennwert S darf den zulässigen Sonneneintragskennwert S_{zul} nicht überschreiten.

Beispiel

Nachfolgend wird der Nachweis des sommerlichen Wärmeschutzes für einen Raum im Obergeschoss des abgebildeten Bürogebäudes geführt.

Bild 5: Ansicht Bürogebäude

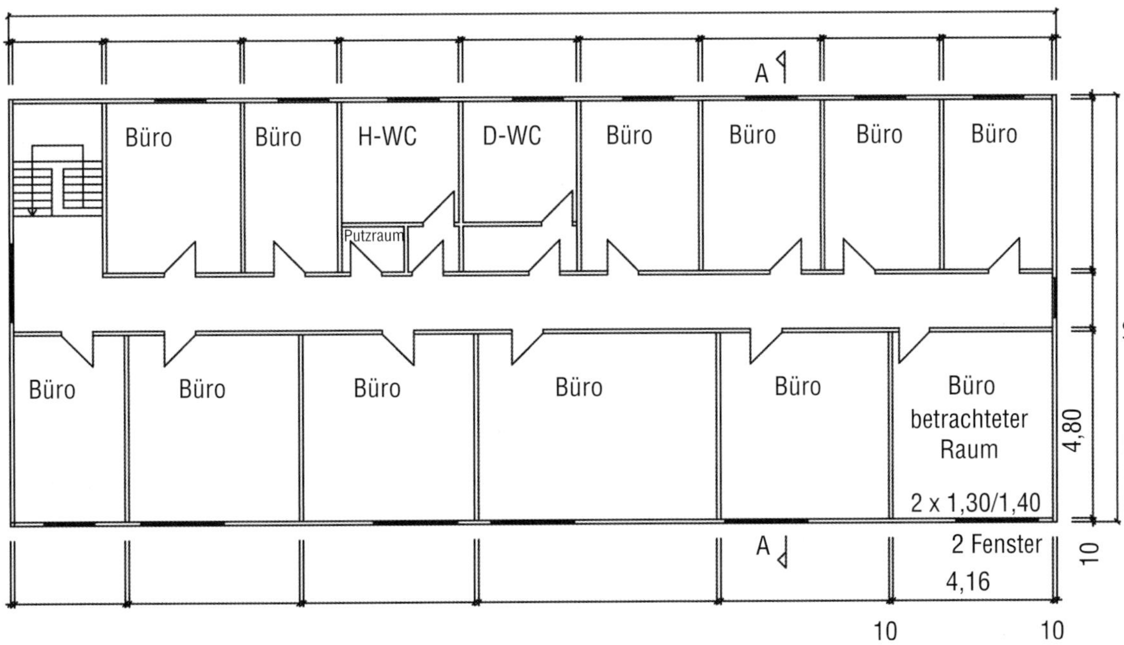

Bild 6: Grundriss Obergeschoss

Randbedingungen

- Das Bürogebäude befindet sich in Siegen (Klimaregion A).
- leichte Bauart
- lichte Abmessungen des betrachteten Raums: 4,16 m × 4,80 m; Nettogrundfläche: A_G = 4,16 × 4,80 = 19,97 m²
- Öffnungsmaße der Fenster: 1,30 × 1,40 m (zwei Fenster sind in dem betrachteten Raum vorhanden); Fensterfläche A_W = 2 × 1,30 × 1,40 = 3,64 m²
- Orientierung der Fenster nach Süden
- Gesamtenergiedurchlassgrad der Verglasung: g = 0,65 (Zweischeiben-Isolierverglasung)
- Außenwandfläche (Eckraum, Geschosshöhe = 3,00 m): A_{AW} = (4,36 + 5,00) × 3,00 = 28,08 m²
- Dachfläche: A_D = 4,36 × 5,00 = 21,80 m^S
- keine Sonnenschutzverglasung
- Sonnenschutzvorrichtung: außen angeordnete drehbare Lamellen, hinterlüftet
- keine erhöhte Nachtlüftung

Die genannten Randbedingungen werden für den Nachweis und somit für die Eingabe bei der computergestützten Rechnung des sommerlichen Wärmeschutzes benötigt. Die weitere Berechnung zeigt die einzelnen Rechenschritte, die das Programm durchführt oder wenn man den Nachweis per Hand durchführen möchte.

Sonneneintragskennwert S

Der Gesamtenergiedurchlassgrad der Verglasung einschließlich Sonnenschutz ergibt sich zu:

$$\begin{aligned} g_{total} &= g \times F_c \\ &= 0{,}65 \times 0{,}25 \\ &= 0{,}163 \end{aligned}$$

mit:

g	=	0,65	Gesamtenergiedurchlassgrad der Verglasung (Herstellerangabe)
F_c	=	0,25	Abminderungsfaktor für Sonnenschutzvorrichtung; hier: außen liegende, drehbare Lamellen

Mit diesen Angaben kann der Sonneneintragskennwert berechnet werden:
S = 3,64 × 0,163 / 19,97 = 0,030

Zulässiger Sonneneintragskennwert

Der zulässige Sonneneintragskennwert S_{zul} ergibt sich aus der Summe der jeweils zu berücksichtigenden anteiligen Sonneneintragskennwerte S_x. Hier ergeben sich folgende anteilige Werte S_x:

- Klimaregion A (Nichtwohngebäude), Bauart leicht, ohne Nachtlüftung:
  $S_{x,1} = 0{,}013$
- $S_{x,2}$: Hierfür wird der grundflächenbezogene Fensterflächenanteil benötigt. Dieser ergibt sich aus dem Verhältnis der Fensterfläche zur Grundfläche (hier 3,64 / 19,97 = 0,18). Hinzu kommen die Faktoren a = 0,030 und b = 0,115 für das Nichtwohngebäude.
  $S_{x,2} = 0{,}030 - (0{,}115 \times 0{,}18) = 0{,}0093$

Weitere Werte S_x werden hier nicht berücksichtigt, da

- keine Sonnenschutzverglasung vorhanden ist,
- die Fenster nicht geneigt sind gegenüber der Horizontalen,
- die Fenster nicht nach Norden, Nordosten oder Nordwesten orientiert sind und
- kein Einsatz von passiver Kühlung vorhanden ist.

Damit ergibt sich der zulässige Sonneneintragskennwert zu:

$$\begin{aligned} S_{zul} &= S_{x,1} + S_{x,2} \\ &= 0{,}013 + 0{,}0093 \\ &= 0{,}0223 \end{aligned}$$

Nachweis

$S = 0{,}030 > S_{zul} = 0{,}0223$

Der Nachweis des sommerlichen Wärmeschutzes für den betrachteten Raum im Obergeschoss des Bürogebäudes ist damit nicht erbracht. Somit müsste z.B. über eine Sonnenschutzverglasung oder ggf. über eine passive Kühlung nachgedacht werden, um den Nachweis nach der Norm zu erbringen.

Hinweis für die Praxis

Ist der Nachweis nicht erbracht, d.h. wenn der vorhandene Sonneneintragskennwert den zulässigen Sonneneintragskennwert überschreitet, dann kann beispielsweise an folgenden Stellschrauben gedreht werden, um den vorhandenen an den zulässigen Sonneneintragskennwert anzupassen:

- Änderung des Gesamtenergiedurchlassgrads der Verglasung
- die Verglasung selber
- Sonnenschutzvorrichtung anbringen bzw. ändern

Begrenzung der Übertemperatur-Gradstunden

Ein ausreichender sommerlicher Wärmeschutz für Wohngebäude und Nichtwohngebäude liegt vor, wenn anhand einer thermischen Simulationsrechnung nachgewiesen wird, dass angegebene Übertemperatur-Gradstunden nicht überschritten werden. Diese Berechnungen beruhen auf einem Berechnungsalgorithmus und können nur mit einer geeigneten Software bestimmt werden.

Prinzip der Simulationsrechnung

Die Simulation wird für den betrachteten Raum über das ganze Jahr geführt. Über diese wird die Anzahl der Übertemperatur-Gradstunden ermittelt. Diese dürfen dann Grenzwerte nicht überschreiten. Diese sind abhängig vom Gebäudetyp (Wohn- oder Nichtwohngebäude).

Eine Übertemperatur-Gradstunde entsteht, wenn die operative Innentemperatur (abhängig von der Klimaregion) für eine Stunde um 1 Kelvin über der höchstzulässigen Innentemperatur liegt (1 Kh). Die Bezugswerte für Wohn- und Nichtwohngebäude beziehen sich jeweils auf ein Jahr, und daher wird die Simulation entsprechend für ein Jahr durchgeführt.

Anwendung

Dieses Verfahren kann u.a. zum Einsatz kommen, wenn die Anwendung des vereinfachten Verfahrens (Sonneneintragskennwert) ausgeschlossen wird bzw. nicht zu einem positiven Ergebnis führt. Beispiele hierfür sind Doppelfassaden und transparente Wärmedämmung. Ein weiteres Beispiel für den Einsatz des Simulationsverfahrens liegt bei Räumen mit sehr großen Fensterflächen.

Ein großer Nachteil der Anwendung des Simulationsverfahrens liegt sicherlich in dem höheren Zeitaufwand, der durch die Modellierung des zu simulierenden Raums des Gebäudes entsteht. Jedoch kann ggf. auch auf aufwendige technische Maßnahmen verzichtet werden.

Simulationsverfahren

Bei diesem Verfahren werden folgende Anforderungswerte für die Übertemperatur-Gradstunden zugrunde gelegt.

Tabelle 3: Anforderungswert Übertemperatur-Gradstunden

Wohngebäude	Nichtwohngebäude
≤ 1.200 Kh/a	≤ 500 Kh/a

Bei dem thermischen Simulationsverfahren stehen standardisierte und vereinheitlichte Randbedingungen (festgelegt in der DIN 4108) wie

- interne Wärmeeinträge,
- Nutzungszeiten,
- Grund-, Nacht- und ggf. erhöhter Tagluftwechsel,
- Zeitraum der Auswertung,
- Soll-Raumtemperaturen

als Grundlage zur Verfügung, um hier eine Vergleichbarkeit herstellen zu können. Somit können die Ergebnisse natürlich von den realen Verhältnissen abweichen.

Durch die festgelegten Klimaregionen, wie auch beim vereinfachten Verfahren, werden Bezugswerte der operativen Innentemperatur (geometrisches Mittel aus Randbedingungen wie Raum und Oberflächentemperatur) wie folgt festgelegt:

- Sommerklimaregion A:
  Bezugswert der operativen Innentemperatur 25 °C
- Sommerklimaregion B:
  Bezugswert der operativen Innentemperatur 26 °C
- Sommerklimaregion C:
  Bezugswert der operativen Innentemperatur 27 °C

Diese operativen Innentemperaturen werden für die Berechnung der Übertemperatur-Gradstunden benötigt.

Der zu bewertende Raum wird sowohl geometrisch (Grundriss einschließlich seiner raumumschließenden Flächen) als auch bauphysikalisch mit weiteren Randbedingungen abgebildet. Bei der Simulationsberechnung werden für jede Stunde des Jahres die sich einstellenden Temperaturen simuliert.

Thematische Simulation „Wohnraum DG“

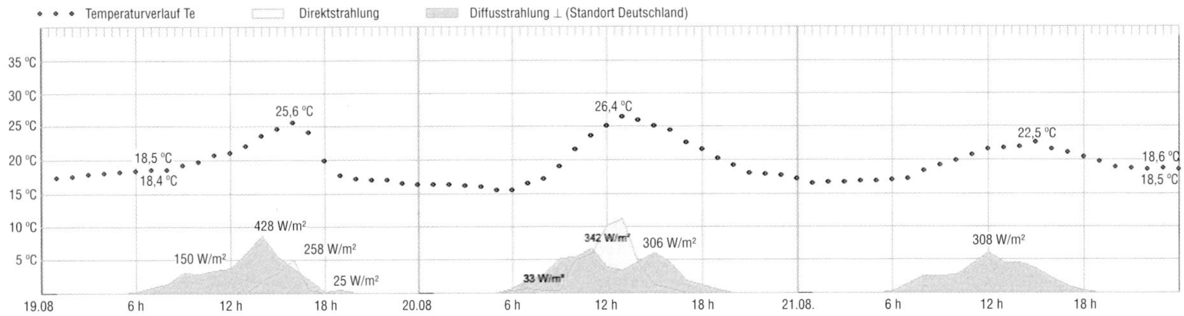

außen

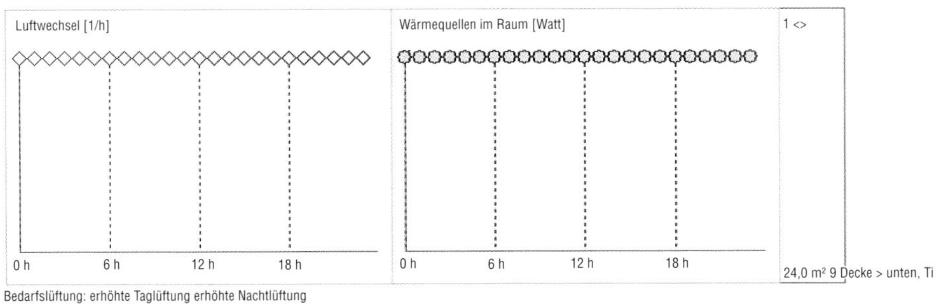

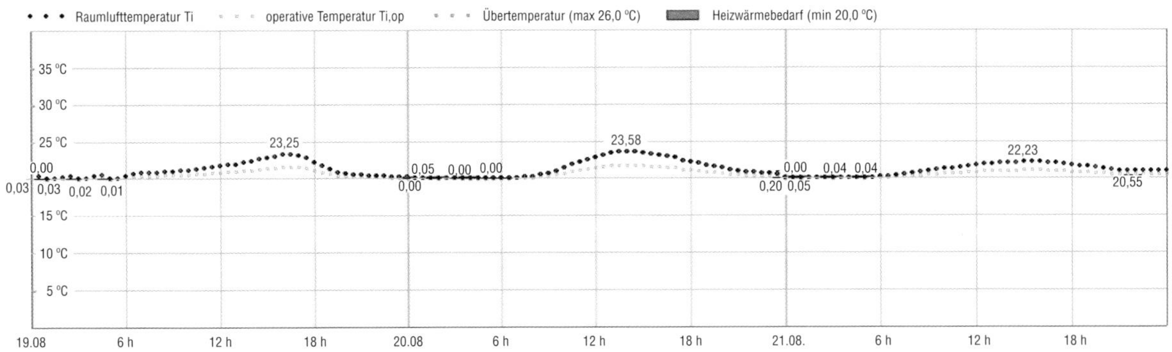

Bild 7: Beispielhafte Darstellung der Ergebnisberechnungen (abhängig von der zum Einsatz kommenden Software)

3/4 Luftdichtheitskonzept

Laut § 13 GEG sind Gebäude so auszuführen, dass die wärmeübertragende Umfassungsfläche einschließlich der Fugen dauerhaft luftundurchlässig und entsprechend den anerkannten Regeln der Technik abgedichtet ist.

Dabei müssen die Anforderungen an Gesundheit (ausreichend Frischluft, Luftfeuchtigkeit im idealen Bereich, Lärmschutz etc.) sowie ausreichende Beheizung gewährleistet werden.

Sinn und Zweck dieser Vorschrift ist es, ungeplante Luftwechsel im Raum sowie das unkontrollierte Eindringen feuchter Luft in die Wärmedämmung zu verhindern. Außerdem ermöglicht eine dichte Ausführung das bessere Funktionieren von Lüftungsanlagen mit Wärmerückgewinnung. Eine gute Luftdichtheit sorgt für einen höheren Komfort, da es weniger unkontrollierte Zugbewegungen im Haus gibt.

Standardmäßig wird in der Energieberatungssoftware ein Luftwechselwert von $0{,}70^{-1}$ verwendet, bei einer GEG-konformen Luftdichtigkeitsprüfung kann dieser Wert reduziert werden und verbessert so den Wert der Lüftungswärmeverluste.

Allerdings werden die Gebäude durch diese Vorschrift und die folgende Ausführung wesentlich dichter sein. Um dann den geforderten Mindestluftwechsel sicherzustellen, ist ein Lüftungskonzept zu erstellen, das eine dauerhafte Schädigung der Bewohner und des Gebäudes verhindern soll.

Lüftungskonzept

Ein Planer hat also bei der Planung zwei Aufgaben gleichzeitig zu bedenken:

- ein Luftdichtheitskonzept
- ein Lüftungskonzept

Diese muss er nach den momentan gültigen technischen Regeln (z.B. DIN 4108-7, DIN 1946-6, DIN EN 16798 u.Ä.) planen, mit den verschiedenen Gewerken absprechen und auf der Baustelle kontrollieren.

Ziel ist es, eine durchgehende luftdichte Schicht zu erstellen. Da dies im Bauprozess selten ohne Übergänge möglich ist, müssen eventuelle Schicht- und Bauteilübergänge dauerhaft abgedichtet und Durchdringungen luftdicht ausgeführt werden. Diese sollen Bewegungen des Bauwerks, den wechselnden Druckverhältnissen innen (Lüftung) und außen (Sturm) sowie dem Alterungsprozess dauerhaft widerstehen. Hier lautet die Maxime, dass Stöße und Überlappungen bei der Planung auf ein Minimum reduziert werden sollten.

„Rote Linie“

In den Schnitten und Details sind die thermische Hülle sowie der durchgehende Verlauf der Abdichtung einzuzeichnen (Luftdichtheitsschicht), am besten mit einem farbigen Stift („rote Linie“). Jeder Schnitt- und Problempunkt ist in den Plänen zu markieren, in einer Liste zu erfassen und dem Gewerk zuzuweisen, das diese Schnittstelle bearbeiten muss. Außerdem empfiehlt es sich, alle betroffenen Handwerker aufzulisten, die an dieser Stelle beteiligt sind (z.B. Elektriker, die nachträglich ein Kabel von innen nach außen legen sollen).

In einem nächsten Schritt ist je nach Bauweise die Abdichtungsart zu definieren und die Übergänge von den Bauteilen (z.B. Dachfolie – Putz) bzw. Gewerken (Trockenbauer – Verputzer) sind nach den Regeln der Technik zu planen.

Durchdringungen

Besonders problematisch sind Durchdringungen (Kabel, Kamine, Rohre) sowie Einbauteile mit ihren Anschlüssen (Fensterrahmen, Rollladenkästen, Katzenklappen). Allerdings gibt es hier inzwischen ausgereifte Lösungen wie dauerhaft dichte Manschetten, elektrisch betriebene Rollläden oder steuerbare Klappen, die sich wieder von selbst verschließen.

Planung von Details

Die verschiedenen Bauweisen und Bauteile weisen unterschiedliche Anforderungen auf und haben ihre ganz eigenen Problemzonen, auf die ein Planer achten muss.

- Massivbau
- Mischbauweisen/Sanierungen
- Holzbau

Der „roten Linie“ aus den Plänen folgend, sollten alle Schnittpunkte und Durchdringungen aufgelistet und konstruktiv gelöst werden.

Hinweise für die Praxis

Ein paar Details, auch zum Herunterladen, bietet der FLiB (Fachverband Luftdichtheit im Bauwesen e.V.) auf der Seite www.luftdicht.info/detaildatenbank.phpan. Andere finden sich in den einschlägigen Herstellerkatalogen.

Luftdichtheitsdetails „Massivbau"

Die innere Abdichtung wird bei diesen Bauvorhaben von der Putzschicht gebildet. Diese sollte durchgehend ausgebildet werden, auch in den außen liegenden Installationsschächten, die oft vor den eigentlichen Putzarbeiten mit Installationsgegenständen und Rohren versehen werden. Die Seiten und Oberflächen der Laibungen, Brüstungen und Fensterstürze sollten verputzt werden, bevor Fenster eingebaut werden (Glattstrich), da moderne Ziegel oft Lufträume haben, die die kalte Außenluft nach innen führen. Der Innenputz muss bis zum Rohfußboden geführt werden. Außenecken werden aus statischen Gründen oft als Stahlbetonkonstruktion ausgeführt. Hier dürfen keine Löcher vorhanden sein, durch die der Innenputz fallen kann.

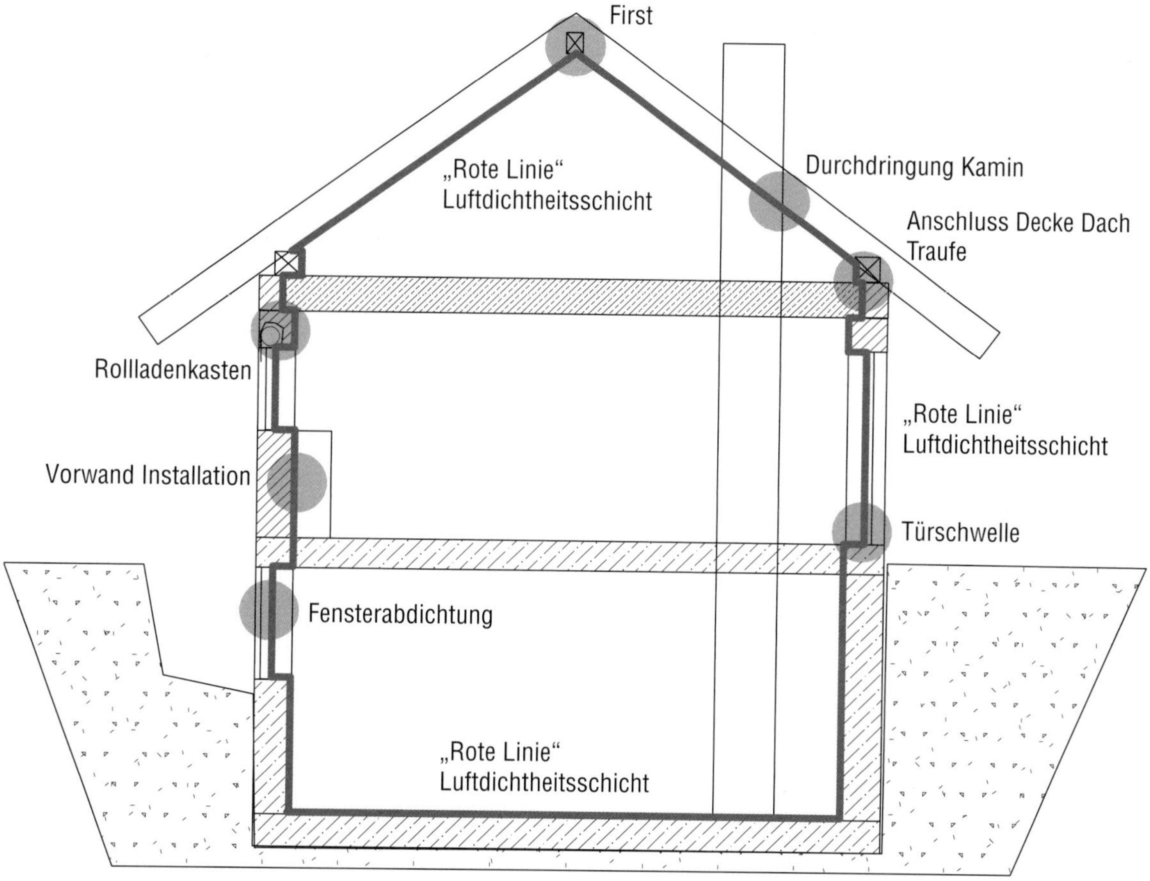

Bild 1: Problemstellen im Massivbau

Durchdringungen

Problematisch sind immer die Durchdringungen – hier besonders Kamine, Lüftungsschächte, Revisionsöffnungen sowie Katzenklappen und. Rollladenkästen, die nicht manuell, sondern elektrisch gesteuert und bewegt werden sollen. Steckdosen in den Außenwänden brauchen spezielle Abdichtungseinsätze. Schächte und Durchbrüche zum Keller oder Dachboden müssen verschlossen werden.

Fensterabdichtung

Fenster sollten dauerhaft dicht ausgeführt werden. Empfohlen wird hier ein komprimiertes Band, das die drei Forderungen erfüllt: winddicht, dampfdiffusionsoffen von innen sowie schlagregendicht von außen. Bei der Fensterabdichtung sollte auf eine RAL-konforme Ausführung geachtet werden. (Keinesfalls sollten die Lücken zwischen Fensterrahmen und Mauerwerk einfach mit PUR-Schaum ausgeschäumt werden.) Es sollten nur geeignete Abdichtungsbänder und dauerhafte Befestigungstechniken verwendet werden.

Zwischen Mauerwerk und Stahlbeton-Flachdach müssen eventuelle elastische Abdichtungen angebracht werden, wenn es hier zu Bewegungen kommt.

Luftdichtheitsdetails „Mischbauweise/Sanierungen"

Hier gibt es besonders häufig aufwendige Konstruktionen und fehlerhafte Ausführungen, da man an viele Stellen nicht einfach herankommt und teilweise improvisieren muss. Außerdem stellen die verschiedenen Baumaterialien und Gewerke eine besondere Herausforderung für den Planer und Koordinator auf der Baustelle dar.

Dachanschluss

Ein Beispiel ist bei einem Altbau die nachträgliche Dämmung des Dachs. Hier gibt es verschiedene Konzepte, ob man von innen oder außen dämmen und abdichten soll. Oft wurden oder werden Abdichtungen mittels Folien und Planen (Dampfbremse) verwendet, die mit Klebebändern abgedichtet werden. Dabei gibt es aber Diskussionen, ob diese Produkte dauerhaft geeignet sind, den unterschiedlichen Einwirkungen im Dachbereich (Hitze, Kälte, Regen, Sturm) standzuhalten.

Bei der Zwischensparrendämmung von oben soll die Folie vor der Dämmung liegen. Daher muss sie über die Sparren und Pfetten schleifenförmig gelegt und mit einem dünnen Streifen fixiert werden. Folien sollen auf dem Dach und zu den Anschlüssen spannungsfrei verlegt werden. Hier müssen Bewegungen des Bauwerks einkalkuliert und Entlastungsschlaufen eingebaut werden.

Altbauanschlüsse

Bei Sanierungen gibt es immer wieder Bauteile, an die man nur schwer herankommt und die bei der Planung Probleme aufwerfen. Alte Balkenköpfe in Decken und Dächern sind oft mit einer Luftschicht verbaut und besonders empfindlich bei unkontrollierten Luftwechseln, da hier die feuchtwarme Raumluft kondensieren kann. Hier empfiehlt sich schon im Vorfeld eine Luftdichtigkeitsprüfung, um Leckagen aufzuspüren.

Alle Übergänge und Durchdringungen müssen dauerhaft dicht abgeklebt werden. Problematisch sind die Anschlüsse an First, Ortgang und Traufe. Die Anschlüsse der Folien an das vorhandene Mauerwerk bzw. den Putz sind dauerhaft schwer zu bewerkstelligen. Hier bieten sich eine Kombination aus Dichtungsmasse und verschraubten Leisten oder spezielle Putzschienen an, die nachträglich überputzt werden.

Ein alternativer Ansatz zu Folien mit einem hohen s_d-Wert ist der Einbau von semipermeablen Dichtungsbahnen, die bei bestimmten Temperaturen die eingedrungene Feuchtigkeit wieder nach außen oder innen abgeben.

Bei Türen und bodentiefen Fenstern muss man den Schwellenbereich luftdicht an den Rohfußboden anschließen. Montagewinkel müssen vollständig von Abdichtungsmaterial umgeben werden.

Luftdichtheitsdetails „Holzbauweise“

Der Holzbau stellt besondere Anforderungen an den Planer, weil das Material Holz an sich feuchteempfindlich ist und bei einer dauerhaften Durchfeuchtung verrottet und seine Standfestigkeit verliert. Hinzu kommt der Wunsch der Bauherren nach ausschließlicher Verwendung von ökologisch unbedenklichen Baustoffen und Bauweisen, die zu besonderen Herausforderungen beim Luftdichtheitskonzept führen.

Bei Holzbauten, besonders beim Holzrahmen- und Holzständerbau, liegt die Dämmung zwischen den statisch tragenden Holzteilen und muss vor der Feuchtigkeit von innen geschützt werden. Zusätzlich gibt es das Problem des Schwindens und Schwellens des Baustoffs Holz bei verschiedenen Feuchtigkeitszuständen sowie Bewegungen in einem Holzhaus, die berücksichtigt werden müssen.

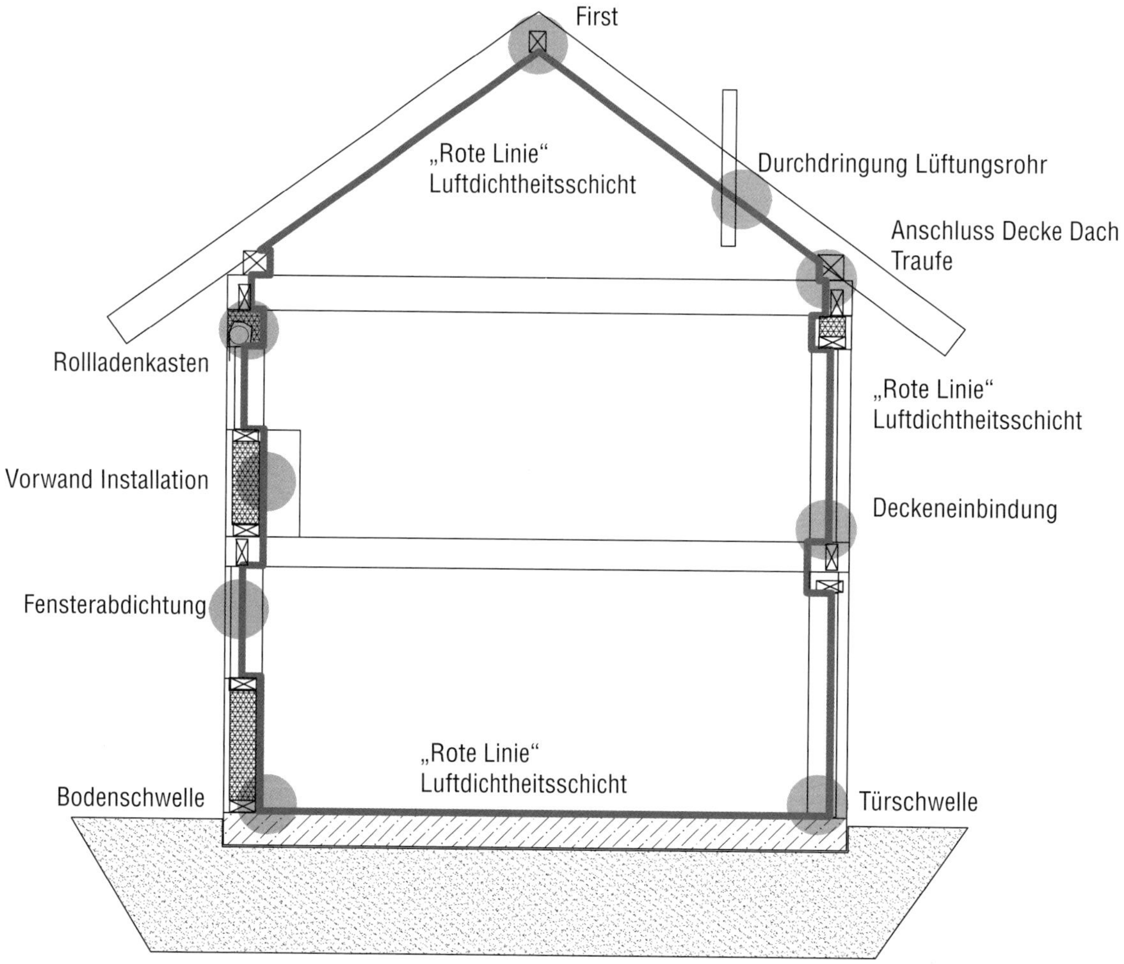

Bild 2: Problemstellen im Holzbau

OSB-Platten

Anlässlich einiger Schadensfälle gibt es eine Diskussion über OSB-Platten, die im Fertighausbau als Luftdichtigkeitsschicht verwendet und mit speziellen Klebebändern an den Stößen abgedichtet werden. Hier werden teilweise die Anforderungen an den Diffusionswiderstand μ bzw. an die diffusionsäquivalente Luftschichtdicke s_d unterschritten, sodass die Innenraumfeuchte in das Bauteil diffundieren kann. OSB-Platten sind nicht per se luftdicht.

Diffusionsoffene Bauweise

Eine weitere Möglichkeit ist die grundsätzlich diffusionsoffene Bauweise, die dafür sorgt, dass wenig Feuchtigkeit in die Konstruktion eindringen kann, dort gespeichert wird und im Sommer oder bei Trockenheit nach innen und außen wieder abgegeben wird (z.B. Lehmsteine mit Stroh). Möglich ist auch die Installation einer Lüftungsanlage, die die überschüssige Raumfeuchtigkeit abführen kann.

Überprüfung von Luftdichtheits- und Abdichtungsdetails

Glaserdiagramm

Viele Hersteller von Baustoffen bieten Anschlussdetails an, wie die Anschlüsse dauerhaft dicht ausgeführt werden können. Eine mögliche Überprüfung der Details stellt das Glaserdiagramm dar, das allerdings nur stationäre Zustände überprüft. Hier wird die Differenz zwischen Tauwasseranfall im Winter sowie Trocknung im Sommer berechnet und ob sich der Taupunkt im Dämmstoff befindet. Wenn die Differenz negativ ist, sollte die Konstruktion geändert werden.

Einige Konstruktionen, wie z.B. Fachwerkkonstruktionen, lassen sich nur über Simulationsprogramme berechnen, also ob, wie viel und wo ein Tauwasserausfall stattfindet.

Ausschreibung und Vergabe

Die Ausschreibung muss die Ergebnisse des Luftfeuchtigkeitskonzepts darstellen und diese als Information an die einzelnen Gewerke übergeben. Die Unterlagen zur Angebotseinholung umfassen:

- den Text, der die Zielsetzung einer hochwertigen, dauerhaft luftdichten Gebäudehülle darstellt
- die Abstimmung der Schnittstellen zwischen angrenzenden Gewerken
- eine baubegleitende Überprüfung der Luftdichtheit nach Fertigstellung der luftdichten Ebene
- die Verantwortlichkeit für die luftdichte Ausführung
- Art und Weise der baubegleitenden Überprüfung der Luftdichtheit nach Fertigstellung
- Abnahmezeitpunkt

Hinweis für die Praxis

Nach der Vergabe sollte unbedingt ein koordinierendes Gespräch zwischen Bauherren, Planern, Sachverständigen und beauftragten Handwerkern angesetzt werden, um alle am Bau Beteiligten über das komplexe Thema „Luftdichtigkeit“ zu informieren. Dabei sollten die jeweiligen Verantwortlichkeiten, Mindestabstände und Abläufe geklärt werden.

Baustellenüberprüfung

Abdichtungen und Folien sind fehlerträchtige Einbauten. Daher sind diese beim Einbau genau daraufhin zu überprüfen, ob die Vorgaben des Planers hinsichtlich Materialien und Verarbeitung eingehalten werden. Hier sollten ausreichend Termine bei der Bauleitung oder energetischen Baubegleitung eingeplant werden.

Hinweis für die Praxis

Oft werden noch nachträgliche Einbauten vorgenommen und die Luftdichtheitsschicht wird verletzt. Diese nachträglichen Störungen sind dauerhaft abzudichten. Erst nach einer letzten Begehung dürfen die Folien mit Bauplatten überdeckt werden.

Luftdichtigkeitsmessung

Mit einem Differenzdruck-Messverfahren (umgangssprachlich „Blower Door"; das ist ein Markenname) werden Luftdichtigkeitsmessungen an Gebäuden durchgeführt, d.h., es wird die Luftdichtheit des Gebäudes überprüft. Im Zuge der Energieeinsparverordnung (EnEV) gilt diese Messung als Nachweis der Dichtheit von Gebäuden oder auch als Dichtheitsprüfung.

Die Durchführung einer Dichtheitsprüfung ist jedoch nicht immer verpflichtend; bei einigen KfW-Standards ist diese vorgeschrieben und bei einem Einbau einer Lüftungsanlage sehr empfehlenswert.

Messnormen

Laut EnEV wurde nach DIN EN 13829 gemessen; laut GEG gilt die Messnorm DIN EN ISO 9972:2018-12 Anhang NA.

Dabei gilt es, gewisse Höchstwerte nicht zu überschreiten. Der gemessene Volumenstrom darf bei einer Druckdifferenz von 50 Pa zwischen innen und außen, bezogen auf das beheizte oder gekühlte Luftvolumen bei Gebäuden, die nachfolgenden Anforderungen nicht überschreiten:

- $n_{50} \leq 3{,}0\ h^{-1}$ bei Gebäuden ohne raumlufttechnische Anlage
- $n_{50} \leq 1{,}5\ h^{-1}$ bei Gebäuden mit raumlufttechnischer Anlage

Mit der Messung der Luftdichtheit von Gebäuden können nahezu zerstörungsfrei Undichtheiten (Leckagen) in der Gebäudehülle lokalisiert werden. Damit lassen sich u.a. die Planungs- und die Ausführungsqualität der Luftdichtigkeitsschicht überprüfen. Dieses Verfahren beruht auf der Erzeugung einer künstlichen Druckdifferenz zwischen der Umgebung und dem Gebäudeinneren mit einem stufenlos regelbaren Ventilator. Die übliche Druckdifferenz für die Überprüfung der Luftdichtheit beträgt 50 Pa, was einem Luftdruck bei Windstärke 5 („frische Brise") entspricht. Mithilfe verschiedener Kenngrößen (z.B. dem n_{50}-Wert) wird die „Dichtheit" eines Gebäudes ausgedrückt.

Messnorm DIN EN ISO 9972

Nach DIN EN ISO 9972:2018-12 Anhang NA gilt bei Gebäuden mit einem Volumen über 1.500 m^3 der Grenzwert q_{E50}.

Messverfahren

Die DIN EN ISO 9972 beschreibt drei Messverfahren:

- **Verfahren 1:** Prüfung des Gebäudes im Nutzungszustand, wobei die Öffnungen für freie Lüftung geschlossen und die Öffnungen für ventilatorgestützte Lüftung oder Klimatisierung des Gesamtgebäudes abgedichtet werden
- **Verfahren 2:** Prüfung der Gebäudehülle, wobei alle absichtlich vorhandenen Öffnungen abgedichtet sowie die Türen, Fenster und Falltüren geschlossen sind
- **Verfahren 3:** Prüfung des Gebäudes zu einem bestimmten Zweck, wobei die absichtlich vorhandenen Öffnungen entsprechend den im jeweiligen Land geltenden Normen oder Richtlinien an diesen Zweck angepasst sind

Das **Verfahren 3** gilt in Deutschland für die Erfüllung einer Anforderung an die Luftdichtheit.

Weiter wird nach dem GEG sowohl eine Über- als auch eine Unterdruckmessung gefordert. Damit reicht nach Norm/Gesetz nicht mehr nur eine Messreihe aus.

Drempel, aufgeständerte Installationsböden und abgehängte Deckenräume dürfen bei der Volumenberechnung nicht angesetzt werden. Es zählt das Nettovolumen nach DIN 277.

Messzeitpunkt

Nach der DIN EN ISO 9972:2018-12 Anhang NA muss die luftdichte Gebäudehülle fertiggestellt sein. Die Messung soll stattfinden, wenn die Gebäudehülle fertiggestellt ist, d.h., wenn die Luftdichtheit der Gebäudehülle inklusive aller Durchdringungen fertiggestellt ist. Dabei müssen die Luftdichtheitsschichten, z.B. Folien, so befestigt bzw. mechanisch gesichert sein, dass sie durch die Messung nicht beschädigt werden können.

Die Norm beschreibt, dass es sinnvoll ist, einen Zeitpunkt für die Messung zu wählen, bei dem man noch an die Luftdichtheitsschichten herankommt, um so ggf. Nachbesserungen vorzunehmen. Die Norm gibt an, dass es ebenfalls möglich ist, die Messung normgerecht durchzuführen, auch wenn bestimmte technische Einrichtungen noch nicht eingebaut sind. Dies betrifft Durchdringungen der luftdichten Ebene für Wäschetrockner, Dunstabzugshauben und Kaminöfen (wenn Geräte noch nicht vorhanden sind).

Hinweis für die Praxis

Durch einen frühen Messzeitpunkt, also z.B. wenn die Folie im Dach nicht sichtbar ist, kann es passieren, dass durch das Anbringen der Beplankung zum Rauminneren die Luftdichtheitsfolie beschädigt wird. Weiterhin muss bei einem frühen Messzeitpunkt beachtet werden, dass manche Materialien und auch Verbindungsmittel eine gewisse Aushärte- und Abbindezeit haben. Dies ist bei dem Zeitpunkt der Messung zu berücksichtigen.

Vorbereitung

Für die verschiedenen Verfahren enthält die DIN EN ISO 9972:2018-12 Anhang NA eine Tabelle, die angibt, wie der Zustand der Öffnungen für die Messung sein muss. Für das Verfahren 3 gilt, dass alle Türen und Fenster und alle absichtlich vorhandenen Öffnungen der Gebäudehülle zu schließen sind. Weitere Maßnahmen (Ausschnitt – für Weiteres wird auf die Norm verwiesen) sind:

- Briefkastenklappen/-schlitze – wenn schließbar – schließen, sonst keine Maßnahmen
- Alle Öffnungen müssen zum Zeitpunkt der Messung in beide Richtungen dicht sein.
- Fahrschachtbelüftung von Aufzügen, Rauch- und Wärmeabzugsanlagen (RWA) – wenn schließbar – schließen, sonst keine Maßnahmen (d.h. kein Abkleben der Aufzugstüren mehr statthaft!)
- Bei offenen/raumluftabhängigen Feuerstellen sollen die Klappen geschlossen sein.
- Außenluftdurchlässe (ALD) für die freie Lüftung – wenn verschließbar – schließen, sonst keine Maßnahmen (Hierzu zählen auch die Fensterfalzlüfter.)

3/4.1 Tipps für den Luftdichtheitstest

Das GEG verlangt im § 13 eine luftdichte Bauweise. Bei bestimmten Gebäuden und Maßnahmen werden daher Luftdichtheitstests gefordert; umgangssprachlich nennt man so ein Nachweisverfahren auch „Blower-Door-Test" (das ist ein verbreiteter Begriff, aber eigentlich ein geschützter Markenname der Herstellerfirma Minneapolis). Dabei sind bestimmte Werte zu erreichen, die vom Förderniveau, von der Bauweise sowie vom Effizienzhaus-Standard abhängen und die in § 26 GEG teilweise festgelegt sind.

Bei einer guten Vorbereitung, Planung, Beratung und Kontrolle dürften dann eigentlich keine Probleme auftreten, diese Werte zu erreichen. Doch leider sieht es in der Praxis nicht so aus und dann kommt es zu den üblichen langen Gesichtern, wenn die geforderte Zahl nicht erreicht wird. Dann kann man aber nur mit größerem Aufwand ein paar minimale Verbesserungen erreichen.

Daher gibt es bei einem Luftdichtheitstest gerade im Vorfeld bestimmte Abläufe, die sich in der Praxis bewährt haben. Diese erfolgen vor allem vor dem eigentlichen Luftdichtheitstest:

- ein Luftdichtheitskonzept möglichst früh in der Planungsphase erstellen und erläutern
- die Auflistung der kritischen Stellen in dem Gebäude
- eine frühzeitige Absprache mit den betreffenden Gewerken und Erläuterung der Problemstellen
- eine aufmerksame Kontrolle der Problemstellen auf der Baustelle
- ein frühzeitiger Leckagetest mit Messreihe (Über- und Unterdruck) vor dem Einbau von aufgeständerten Fußböden, Wand- und Deckenverkleidungen, weil Durchdringungen, Folien und Anschlüsse zum Nachbessern noch zugänglich sind
- den Leckagetest erst ausführen, wenn die Folien fixiert sind und die Kleber ausgehärtet sind
- Hinweise an die nachfolgenden Gewerke, nachträgliche Durchdringungen oder Arbeiten an den Abdichtungsschichten sorgfältig und dauerhaft abzudichten

Luftdichtheitskonzept mit konkreter Auflistung

Dass ein Luftdichtheitskonzept erstellt werden soll oder muss, ist Teil der Baubegleitung, gerade bei ambitionierten Effizienzhäusern. In einem Grobkonzept werden Nettoraumvolumen, Testabschnitte und Bauweisen festgelegt. Die Luftdichtigkeitsschicht („rote Linie") soll im

Schnitt sowie in relevanten Grundrissen durchgängig sein. Dann sollten auch Termine und Abläufe fixiert werden.

Hinweis für die Praxis

Der Fachverband Luftdichtheit im Bauwesen (FLiB) bietet umfangreiches Informationsmaterial zum Download (www.flib.de).

In einem Detailkonzept werden die problematischen Stellen aufgeführt. Alle Übergänge und Durchdringungen sollten in den Plänen markiert und in einer Liste vermerkt werden. Diese sollten frühzeitig besprochen und eindeutig in ihrer Ausführung festgelegt werden.

Tabelle 1: Auflistung von Details mit Verantwortlichen

NUMMER	ETAGE	BAUTEIL	DETAIL	VERANTW.	GEPR
1.2.3	EG	Kellertür	Abdichtung, Gummi	Schreiner X.	01.01.2021
1.2.4	EG	Steigschacht	verputzt	Rohbauer Y.	offen

Solche Details sind insbesondere folgende Stellen von unten (Keller) nach oben (Dach):

- Steigschächte und Rohrleitungen zu kalten Räumen und nach außen müssen abgedichtet werden.
- Vorwandschächte müssen vor dem Einbau der Leitungen verputzt werden.
- Die Abdichtungsschicht (Putz, Folien etc.) muss mit der Bodenplatte dauerhaft und luftdicht verbunden werden.
- Gerade im Mauerwerksbau bei der Verwendung von Thermoziegeln müssen Leitungen, Schalter und Steckdosen mit besonderen Einsätzen verwendet und eventuell eingegipst werden.
- Bei Holzfertigbauten wird oft keine Installationsschicht verbaut, sodass alle Leitungen die Luftdichtheitsschicht durchdringen und aufwendig abgedichtet werden müssen.
- im Fertigbau: die Verbindungen der Bauteile
- Anschlüsse der Fenster und Türen
- Kamine, Leitungen, Schächte, Steckdosen, Schalter
- Gaubenanschlüsse
- Materialübergänge im Dachbereich: Folienanschlüsse, Stoßfugen, Durchdringungen

Erster Messtest mit Leckagesuche

Dieser Test ist sehr wichtig und gibt schon zu einem frühen Zeitpunkt Hinweise, ob gut geplant und ausgeführt wurde. Da er nicht verpflichtend ist, muss er extra vereinbart werden.

In der Praxis ist der Messzeitpunkt schwer festzulegen. Er sollte nach dem Verputzen, dem Einbau der Fenster, aber vor dem Verschließen der Folien erfolgen, damit man noch nachträglich schadhafte Übergänge nachbessern kann. Die Folien sollten schon durch Latten fixiert sein, da der Unterdruck von mindestens 50 Pa eine deutliche Belastung hervorruft. Verklebungen sollten ausgehärtet sein. Der Bauherr oder Auftraggeber muss darauf hingewiesen werden, dass durch die Druckbelastung nicht ordnungsgemäß befestigte Bauteile abgelöst werden können und der Messdienstleister von solchen Schäden freigestellt werden muss.

Bevor die Messung beginnt, sollte das gesamte Bauwerk begangen werden, weil in der Baupraxis oft noch Öffnungen vorhanden sind, die später geschlossen werden (Lüftungslöcher, Löcher im Fenster für die Beschläge, Baustellentüren, Brandklappen, Siphons etc.). Auch empfiehlt es sich, die Fenster und Türen zu überprüfen, ob sie wirklich verschlossen sind. Es gibt eine umfangreiche Liste, welche Bauteile bei diesem Test abgeklebt oder mit einer Ballblase vorübergehend verschlossen werden dürfen.

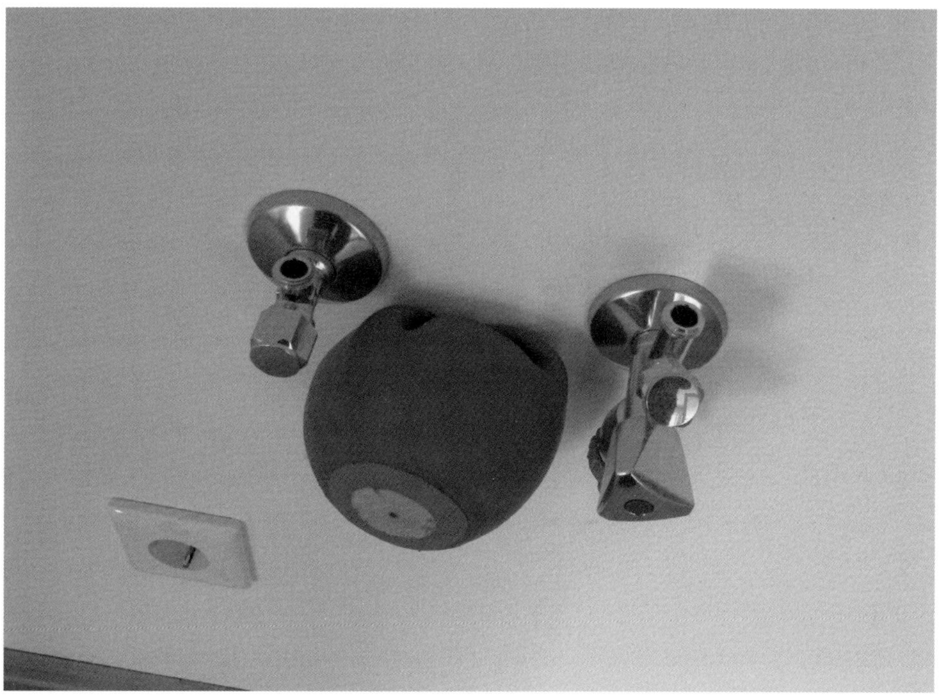

Bild 1: Abdichtung mit einer Ballblase

Am besten sollten nur Bauherr, relevante Handwerker, verantwortliche Planer sowie der Messdienstleister auf der Baustelle sein. Während der Messung müssen alle Fenster und Türen verschlossen sein. Warnschilder sollten gerade bei größeren Bauvorhaben angebracht werden, da jede Öffnung von Türen zu einem Abbruch der Messreihe führt und es eine Weile dauert, bis der notwendige Druck wieder aufgebaut wird.

Je nach Gebäudegröße und Messanlage muss die Anzahl der Lüfter festgelegt und sicher eingebaut werden. Dafür gibt es spezielle Einbausätze, die oft noch verkantet werden müssen, damit sich die Geräteplane bei hohen Luftdrücken nicht lösen kann. Dann wird ein Mindestunterdruck von 50 Pa aufgebaut und nach Leckagen gesucht. Dafür gibt es verschiedene Hilfsmittel:

- bei Unterdruck die Hand anfeuchten und nach Undichtigkeiten suchen
- mit einer Rauchkerze nach ungewollten Öffnungen fahnden
- mit einem Flügelrad-Anemometer größere Luftströme messen
- Bei höheren Temperaturunterschieden zwischen innen und außen kann auch eine Thermografieaufnahme solche undichten Stellen hervorheben.
- Bei Überdruck könnte auch eine Nebelmaschine zum Einsatz kommen; hier sollten aber Nachbarn und die Feuerwehr vorgewarnt werden, damit niemand einen falschen Alarm auslöst.

Bild 2: Einsatz von Rauchstäben

Manche Stellen sind nur schwer zu erreichen und zu überprüfen. Hier sollte man sich auf das Kriechen unter Dachschrägen, das Besteigen von Leitern für den First- und Kaminanschluss oder die Benutzung von Hubwagen in Hallen einstellen.

Alle Undichtigkeiten sollten mit Bildern oder farblichen Markern dokumentiert werden, damit sie später von den verantwortlichen Handwerkern fachgerecht nachbearbeitet und abgedichtet werden können. Leider summieren sich die Leckagen und es kann vorkommen, dass sich der Unterdruck wieder neue Öffnungen sucht, sodass der Test wiederholt werden muss. Diese zusätzlichen Messungen sollten im Vorfeld besprochen und in einem Angebot aufgeführt werden.

Nach der Leckagesuche empfiehlt sich ein Testlauf mit Über- und Unterdruck, um ein vorläufiges Testergebnis zu bekommen. Dazu muss vorher die natürliche Druckdifferenz ermittelt werden. Liegt diese über einem Wert von 4 Pa, ist die Messung unzulässig. Dies passiert bei starkem Wind, also bei schwierigen äußeren Druckverhältnissen, großen Temperaturunterschieden zwischen innen und außen sowie bei Messungen in großer Höhe durch die Thermik in dem Gebäude.

Abschlusstest nach DIN EN ISO 9972:2018-12 Anhang NA

Sind alle Arbeiten abgeschlossen und das Gebäude bezugsfertig, kann der Abschlusstest erfolgen. Hier dürfen nur sehr wenige Bauteile und Öffnungen abgeklebt werden. Nach der neuen DIN-Norm muss die Testreihe mit Unter- und Überdruck ablaufen und der Mittelwert als Testergebnis genommen werden.

Hier sollte noch einmal vor dem Test eine Begehung des Gebäudes stattfinden und eventuelle Öffnungen sollten überprüft werden. Folgende Bauteile sind kritisch und sollten gesichtet werden:

- Lüftungsanlage: Sind die Deckel verschließbar? Kann man die Anlage abstellen und abdichten?
- offene Feuerstellen: Sind sie ohne Asche?
- Wurden die Absenksperren bei Türen zu Kalträumen gelöst?
- Sind Brandschutzklappen geschlossen?

Sind alle Punkte abgehakt, kann mit dem Test begonnen werden und die verschiedenen Druckstufen können bis zum Maximaldruck von 50 Pa angefahren werden. Schon relativ schnell sieht man das Verhältnis von Volumenstrom zu Nettorauminhalt und kann so das Ergebnis hochrechnen. Meistens steigen die Undichtigkeiten mit der Höhe des aufgebauten Drucks an, sodass hier keine Verbesserungen mehr zu erwarten sind.

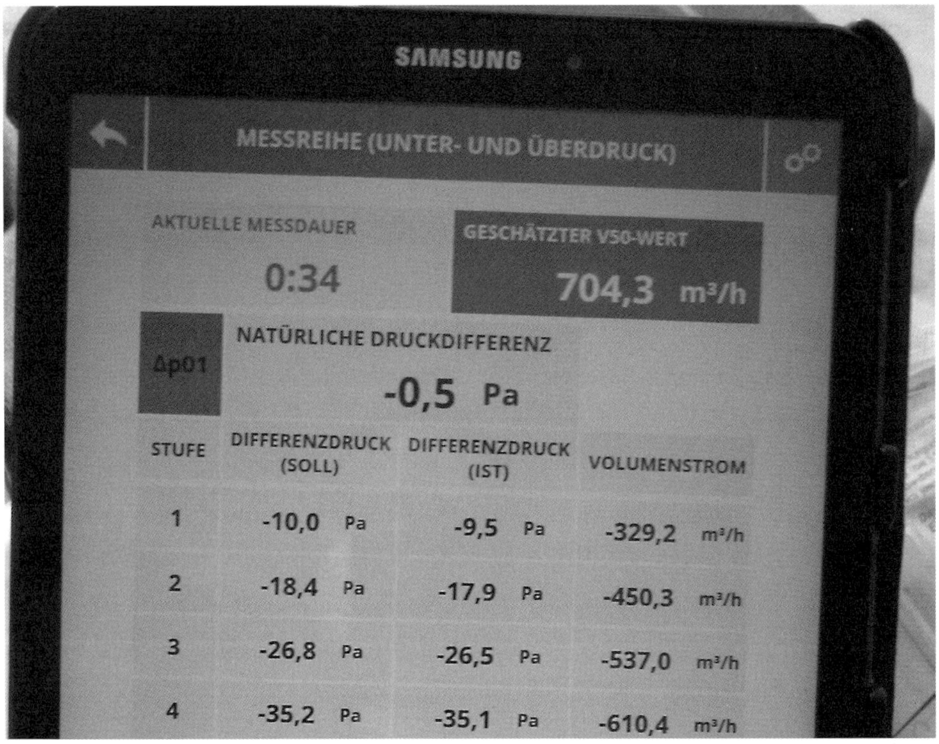

Bild 3: Messreihe mit Unter- und Überdruck

Wenn im Vorfeld sauber und korrekt gearbeitet wurde, sollte das gewünschte Ergebnis erzielt werden. Ganz klar muss auch kommuniziert werden, dass es kaum noch Verbesserungspotenzial nach dem Abschluss der Bauarbeiten gibt. Kann das gewünschte Ergebnis nicht erreicht werden, können Fördergelder widerrufen werden, da bestimmte Standards nicht erreicht werden.

Daher ist es ganz wichtig, schon in einer frühen Planungsphase alle Beteiligten für das Thema „Luftdichtigkeit und deren Messung“ zu sensibilisieren.

Kapitel 4
Berechnungsverfahren
und allgemeine
Nachweise

4/1 Verschiedene Nachweis- und Berechnungsverfahren

Je nach Gebäudetyp wie

- Wohngebäude,
- Nichtwohngebäude,
- kleine Gebäude,

sowie Art und Umfang der baulichen Maßnahme wie

- Neubau,
- Umbau,
- Erweiterung,

werden verschiedene Nachweis- bzw. Berechnungsverfahren angewendet.

Berechnungsverfahren für zu errichtende Gebäude (Neubau)

Neubau Wohngebäude

Als Bestandteil der Bauantragsverfahren sind regelmäßig sog. bautechnische Nachweise über die Einhaltung des Wärmeschutzes zu führen. Die Berechnung gemäß den Vorgaben des GEG erfüllt diese Anforderung.

Bei Wohngebäuden ist die Einhaltung von Grenzwerten nachzuweisen für

- den Jahres-Primärenergiebedarf für Heizung, Warmwasserbereitung, Lüftung und ggf. Kühlung,
- die Transmissionswärmeverluste der umfassenden Hüllflächen,
- den sommerlichen Wärmeschutz,
- den zumindest teilweisen Einsatz erneuerbarer Energien bzw. ggf. notwendiger Ersatzmaßnahmen.

Neubau Nichtwohngebäude

Entsprechend ist bei Nichtwohngebäuden die Einhaltung von Grenzwerten nachzuweisen für

- den Jahres-Primärenergiebedarf für Heizung, Warmwasserbereitung, Lüftung, Kühlung und Beleuchtung,
- die wärmeübertragende Umfassungshülle
- den sommerlichen Wärmeschutz,
- den zumindest teilweisen Einsatz erneuerbarer Energien bzw. ggf. notwendiger Ersatzmaßnahmen.

Grundsätzliche Berechnungsmodelle

Zur Berechnung des Jahres-Primärenergiebedarfs sind gemäß GEG folgende Verfahren möglich:

- Berechnung gemäß DIN V 18599:2018für Wohn- und Nichtwohngebäude
- Für nicht gekühlte Wohngebäude kann bis 31.12.2023 alternativ das Monatsbilanzverfahren angewendet werden. Dieses Berechnungsverfahren basiert auf der DIN V 4108-6:2003-06, geändert durch DIN V 4108-6 Berichtigung 1:2004-03, in Verbindung mit DIN V 4701-10:2003-08.

Vereinfachte Berechnungsmodelle

Wohngebäude

Das GEG beschreibt für geplante Wohngebäude ein alternatives Nachweismodell. In Anlage 5 Nr. 1 bis 3 sind Anforderungen, Voraussetzungen und Ausführungsvarianten hinsichtlich des Wärmeschutzes an die Bauteile (Hüllflächen, siehe Tabelle 1) und der zulässigen technischen Anlagen beschrieben. Eine Berechnung ist bei Einhaltung der in Anlage 5 beschriebenen Möglichkeiten und Anforderungen nicht notwendig. Die Bauteilwerte entsprechen dem aktuellen Neubaustandard.

Tabelle 1: Wärmeschutz bei Modellgebäudeverfahren

Dachflächen, oberste Geschossdecke, Dachgauben	$U \leq 0{,}14\ W/(m^2K)$
Fenster und sonstige transparente Bauteile	$U \leq 0{,}90\ W/(m^2K)$
Dachflächenfenster	$U \leq 1{,}0\ W/(m^2K)$
Außenwände, Geschossdecken nach unten gegen Außenluft	$U \leq 0{,}20\ W/(m^2K)$
Sonstige opake Bauteile (Kellerdecken, Wände und Decken zu unbeheizten Räumen, Wand- und Bodenflächen gegen Erdreich etc.)	$U \leq 0{,}25\ W/(m^2K)$
Türen (Keller- und Außentüren)	$U \leq 1{,}2\ W/(m^2K)$
Lichtkuppeln und ähnliche Bauteile	$U \leq 1{,}5\ W/(m^2K)$
spezielle Fenstertüren (mit Klapp-, Falt-, Schiebe- oder Hebemechanismus)	$U \leq 1{,}4\ W/(m^2K)$
Wärmebrückenzuschlag	$\Delta U_{WB} \leq 0{,}035\ W/(m^2K)$

Es gibt fünf zulässige Anlagenvarianten:

- Sole-Wasser-Wärmepumpe mit Flächenheizsystem zur Wärmeübergabe, zentrale Abluftanlage
- Wasser-Wasser-Wärmepumpe mit Flächenheizsystem zur Wärmeübergabe, zentrale Abluftanlage
- Luft-Wasser-Wärmepumpe mit Flächenheizsystem zur Wärmeübergabe, zentrale Lüftungsanlage mit Wärmerückgewinnung (Wärmebereitstellungsgrad ≥ 80 %)
- Fernwärme mit zertifiziertem Primärenergiefaktor $f_p \leq 0{,}7$, zentrale Lüftungsanlage mit Wärmerückgewinnung (Wärmebereitstellungsgrad ≥ 80 %)
- zentrale Biomasse-Heizungsanlage auf Basis von Holzpellets, Hackschnitzeln oder Scheitholz, zentrale Abluftanlage, solarthermische Anlage zur Trinkwarmwasserbereitung

Nichtwohngebäude

Üblicherweise werden Bereiche und Räume in Nichtwohngebäuden je nach technischer Ausstattung und Nutzung in Zonen aufgeteilt und dann berechnet. Für bestimmte Gebäude ist eine vereinfachte Einzonenmodellberechnung möglich. Details dazu werden in § 32 GEG geregelt. Vor allem Schulen, Kindergärten, Turnhallen, Bürogebäude oder Gewerbebetriebe bis 1.000 m² Nettogrundfläche, Hotels ohne Wellnessbereiche oder Bibliotheken können so bilanziert werden.

Referenzgebäude

Alle Berechnungsmodelle mit Ausnahme des Modellgebäudeverfahrens betrachten nicht nur das einzelne Gebäude, sondern parallel dazu ein sog. „Referenzgebäude". Dieses gleicht in Geometrie, Nutzfläche und Ausrichtung dem zu untersuchenden Gebäude und wird in der Berechnungssoftware „im Hintergrund" berechnet. Die Anforderungen an das Referenzgebäude für Wohngebäude sind in Anlage 1, für Nichtwohngebäude in Anlage 2 und 3 GEG festgeschrieben.

Der bei dieser Berechnung ermittelte Jahres-Primärenergiebedarf sowie die Transmissionswärmeverluste der Hüllflächen des „Parallelgebäudes" dienen als Anforderungswerte für das reale Gebäude, die es einzuhalten gilt.

Hinweis für die Praxis

Bei Neubauten muss der ermittelte Primärenergiebedarf von Wohn- und Nichtwohngebäuden den Primärenergiebedarf des jeweiligen Referenzgebäudes um 45 % unterschreiten, d.h., der Primärenergiebedarf des Referenzgebäudes ist mit 0,55 zu multiplizieren und gilt als einzuhaltender Grenzwert. Bei Wohngebäuden darf der ermittelte Transmissionswärmeverlust den des Referenzgebäudes nicht überschreiten; für Nichtwohngebäude sind zusätzlich Höchstwerte für die mittleren Wärmedurchgangskoeffizienten der Umfassungsflächen festgeschrieben.

Neubau kleiner Gebäude und Gebäude aus Raumzellen (Container)

Werden Gebäude mit einer Nutzfläche bis 50 m^2 errichtet bzw. Containergebäude mit einer begrenzten Nutzungsdauer von höchstens fünf Jahren und einer einzelnen Zellengröße < 50 m^2, so sind nur Anforderungen an die Außenbauteile, also die wärmeübertragenden Hüllflächen zu beachten und einzuhalten. Eine Gesamtbilanzierung, also die Berechnung, ist nicht erforderlich.

Die zulässigen Höchstwerte sind in Anlage 7 GEG geregelt und bindend einzuhalten.

Mischnutzungen

Befinden sich in einem Gebäude sowohl Bereiche mit Wohnnutzung als auch solche mit wesentlich anderer Nutzung, so sind für die jeweiligen

Teile dieser Gebäude die gemäß der stattfindenden Nutzung zulässigen Nachweise separat und für jedes Gebäudeteil einzeln zu führen.

Aspekte zur getrennten Berechnung sind auch gebäudetechnische Ausstattungen wie z.B. erhebliche Unterschiede in

- Belüftung und
- Klimatisierung.

Nimmt die jeweils andere Nutzung nur einen unwesentlichen Teil der Gesamt- bzw. Nettonutzfläche ein, kann das gesamte Gebäude gemäß der Hauptnutzung betrachtet und berechnet werden. Als „unwesentlich" gelten dabei anteilige Flächen bis ca. 10 % (Quelle: Begründung der EnEV 2007). Ausnahme

Typische Beispiele dafür sind:

- die Hausmeisterwohnung in einer Schule
- eine Bäckereifiliale in einem Wohngebäude

Hinweis für die Praxis

Der flächenmäßig größere Teil des Gebäudes bestimmt dabei grundsätzlich die Einstufung in Wohn- oder Nichtwohngebäude.

Ein Gebäude wird auch dann als Wohngebäude betrachtet, wenn innerhalb von Wohnungen sog. „wohnähnliche Nutzungen" stattfinden. Typische Beispiele sind: Ausnahme

- freiberufliche Nutzungen:
  - Kanzleien von Juristen, Steuerberatern, Architekten o.Ä.
- freiberuflich gewerbliche Nutzungen, z.B.:
  - Massagepraxen, Schneidereien, kleine Spielgruppen o.Ä.

Nachweisverfahren bei Maßnahmen an bestehenden Gebäuden

Bilanzierungen bestehender Gebäude

Die grundsätzlichen Anforderungen des GEG an neue Gebäude dürfen Bestandswohn- und Nichtwohngebäude die Höchstgrenzen für den Jahres-Primärenergiebedarf der Referenzgebäude um maximal 40 % überschreiten.

Beim zulässigen Transmissionswärmeverlust ist Folgendes zu beachten:

- Wohngebäude
  - In Abhängigkeit von der Gebäudegröße sind in § 50 Abs. 2 Höchstgrenzen festgesetzt. Auch diese dürfen um 40 % überschritten werden.
- Nichtwohngebäude
  - Hier darf das 1,25-fache der in Anlage 3 genannten Höchstwerte der mittleren Wärmedurchgangskoeffizienten der Hüllflächen ebenfalls um 40 % überschritten werden.

Änderungen an wärmeübertragenden Bauteilen

Werden Außenbauteile von Bestandsgebäuden energetisch saniert, erneuert oder verändert, sind grundsätzlich für diese Bauteile die entsprechenden Höchstwerte der Wärmedurchgangskoeffizienten gemäß Anlage 7 GEG einzuhalten. Es werden dabei nur die betroffenen Bauteile betrachtet, eine Gesamtbilanzierung ist nicht automatisch erforderlich. Wird diese jedoch durchgeführt, muss auch ein neuer Energieausweis erstellt werden!

Sonderfall Wohngebäude mit maximal zwei Wohneinheiten

Wird für ein solches Gebäudes im Zusammenhang mit einer Sanierung und/oder Erweiterung eine Gesamtbilanzierung durchgeführt, muss der Eigentümer vor Beauftragung der Planungsleistungen ein Beratungsgespräch mit einem Energieberater der Verbraucherzentrale durchführen!

Bauteilgruppe Außenwände gegen Außenluft

Im Fall der

- Erneuerung von Fassadenverkleidungen (z.B. Platten, Vorsatzschalen, Verschalungen o.Ä.),
- Putzerneuerung

gelten folgende Anforderungen des GEG:

Wohngebäude und Nichtwohngebäude mit Innentemperaturen > 19 °C	**Nichtwohngebäude mit Innentemperaturen < 19 °C**
0,24 W/(m²K)	0,35 W/(m²K)

Hinweis für die Praxis

Von „Putzerneuerung“ wird gesprochen, wenn ein Putz abgeschlagen wird. Ein auf der Fassade verbleibender Putz, welcher repariert wird, ggf. eine neue, zusätzliche Putzbeschichtung erhält, gilt nur als „Instandsetzungsmaßnahme“ für den bestehenden Putz, nicht jedoch als „Putzerneuerung“. In diesem Fall greifen die Forderungen nicht.

Bauteilgruppe: Fenster, Fenster- bzw. Glastüren, Schaufenster, Glasdächer, Außentüren und Pfosten-Riegel-Konstruktionen

Bei

- Fensteraustausch (Ersatz des kompletten Elements) oder
- Einbau zusätzlicher Vor- oder Innenfenster

gelten folgende Anforderungen des GEG:

Wohngebäude und Nichtwohngebäude mit Innentemperaturen > 19 °C	Nichtwohngebäude mit Innentemperaturen < 19 °C
1,30 W/(m²K)	1,90 W/(m²K)

Sonderfall Austausch der Verglasung bzw. Austausch des Flügelrahmens

Es gelten abweichend folgende Anforderungen:

Wohngebäude und Nichtwohngebäude mit Innentemperaturen > 19 °C	Nichtwohngebäude mit Innentemperaturen < 19 °C
1,10 W/(m²K)	keine Anforderungen

Ist aus konstruktiven Gründen der geforderte Wert der Verglasung nicht einzuhalten, muss das Glas mindestens einen U-Wert von 1,30 W/(m²K) aufweisen.

Sonderfall Fenstertüren mit Klapp-, Falt-, Schiebe- oder Hebemechanismus

Folgende Grenzwerte sind bindend:

Wohngebäude und Nichtwohngebäude mit Innentemperaturen > 19 °C	Nichtwohngebäude mit Innentemperaturen < 19 °C
1,60 W/(m²K)	1,90 W/(m²K)

Sonderfall: Dachflächenfenster

Folgende Grenzwerte sind einzuhalten:

Wohngebäude und Nichtwohngebäude mit Innentemperaturen > 19 °C	Nichtwohngebäude mit Innentemperaturen < 19 °C
1,40 W/(m²K)	1,90 W/(m²K)

Sonderfall Elemente mit Sonderverglasungen

Für Fenster, Fenstertüren und Dachflächenfenster mit

- Schallschutzverglasungen,
- speziellen Sicherheitsgläsern (z.B. mit Durchschusshemmung),
- Brandschutzverglasungen,

welche komplett erneuert werden, sind nachfolgende Grenzwerte bindend:

Wohngebäude und Nichtwohngebäude mit Innentemperaturen > 19 °C	Nichtwohngebäude mit Innentemperaturen < 19 °C
2,00 W/(m²K)	2,80 W/(m²K)

Sonderfall Austausch von Sonderverglasungen

Hier treffen diese Anforderungen zu:

Wohngebäude und Nichtwohngebäude mit Innentemperaturen > 19 °C	Nichtwohngebäude mit Innentemperaturen < 19 °C
1,60 W/(m²K)	keine Anforderungen

Außentüren

Außentüren, die ersetzt werden, dürfen einen U-Wert von 1,80 W/(m²K) nicht überschreiten. Das gilt nichtfür Drehtüren (Karusselltüren), rahmenlose Glastüren und motorisch betriebene Türen.

Pfosten-Riegel-Konstruktionen (Vorhangfassaden)

Werden Vorhangfassaden ersetzt, sind folgende Werte einzuhalten:

Wohngebäude und Nichtwohngebäude mit Innentemperaturen > 19 °C	Nichtwohngebäude mit Innentemperaturen < 19 °C
1,50 W/(m²K)	1,90 W/(m²K)

Sofern Sonderverglasungen in Vorhangfassaden eingebaut werden, gilt:

Wohngebäude und Nichtwohngebäude mit Innentemperaturen > 19 °C	Nichtwohngebäude mit Innentemperaturen < 19 °C
2,30 W/(m²K)	3,00 W/(m²K)

Dächer und Dachschrägen sowie Decken und Wände gegen unbeheizte Dachräume

Steildächer

Wird die Dachhaut (einschließlich der Schalung und Lattung) erneuert, werden an Decken (auch Kehlbalkenlagen) und Wänden (auch Abseiten) zu ungeheizten Dachräumen sowie im Bereich der Steildachflächen (Dachschrägen) innen-, außenseitige bzw. dazwischenliegende Dämmschichten eingebaut oder Verschalungen an Wänden aufgebracht, gelten folgende Richtwerte:

Wohngebäude und Nichtwohngebäude mit Innentemperaturen > 19 °C	Nichtwohngebäude mit Innentemperaturen < 19 °C
0,24 W/(m²K)	0,35 W/(m²K)

Flachdächer

Werden bei Flachdächern die (vollflächig verklebten) Abdichtungen ersetzt bzw. wird der Aufbau erneuert, gelten die nachfolgenden Grenzwerte:

Wohngebäude und Nichtwohngebäude mit Innentemperaturen > 19 °C	Nichtwohngebäude mit Innentemperaturen < 19 °C
0,20 W/(m²K)	0,35 W/(m²K)

Sonderfall Gefälledämmung

Der Wärmedurchgangskoeffizient ist gemäß DIN EN ISO 6946:1996-11, Anhang C zu berechnen. Im Bereich der geringsten Dämmstärke muss der Mindestwärmeschutz gewährleistet sein.

Bauteilgruppe Wände gegen Erdreich oder unbeheizte Räume und Decken nach unten gegen unbeheizte Räume, Außenluft oder Erdreich

Werden im Bereich dieser Bauteile außenseitige Verkleidungen, Feuchtigkeitssperren, Drainagen oder Dämmschichten angebracht bzw. erneuert, gelten die nachfolgenden Anforderungen:

Wohngebäude und Nichtwohngebäude mit Innentemperaturen > 19 °C	Nichtwohngebäude mit Innentemperaturen < 19 °C
0,30 W/(m²K)	keine Anforderungen

Das gilt auch für Kellerdecken, welche von der Unterseite (Kaltseite) gedämmt werden.

Decken mit Außenluft von unten

In diesem Fall liegt der einzuhaltende Grenzwert bei 0,24 W/(m²K) bei Wohn- und Nichtwohngebäuden mit Temperaturen > 19 °C. Bei Nichtwohngebäuden mit Temperaturen zwischen 12 und 19 °C beträgt er 0,35 W/(m²K).

Sonderfall Fußbodenerneuerung

Sofern Fußböden erneuert werden, darf der neue Aufbau den U-Wert von 0,50 W/(m^{2}K) nicht überschreiten. Das betrifft alle Decken, welche als Systemgrenze ausgebildet sind, die von der Warmseite (Oberseite) her erneuert werden, also auch für Decken mit Außenluft von unten.

Weitere Hinweise

Werden Dämmmaßnahmen durchgeführt und können die Anforderungen aus konstruktiven Gründen nicht erfüllt werden, so muss mindestens die höchstmögliche Dämmstärke mit der WLG 035 eingebaut werden.

Werden Dämmstoffe in Hohlräume eingeblasen oder Dämmstoffe aus nachwachsenden Rohstoffen verwendet, gilt die einzuhaltende Wärmeleitfähigkeit λ = 0,045 W/(mK).

Hinweis für die Praxis

Alle genannten Anforderungen bei der Durchführung von Ertüchtigungen (Dämmmaßnahmen) an bestehenden Bauteilen gelten nicht für Gebäude, welche nach dem 31.12.1983 unter Einhaltung damaliger Vorgaben zum ennergiesparrechtlichen Bauen fertiggestellt wurden!

Die Bagatellregel

Einen elementaren Sonderfall bildet die sog. Bagatellregel gemäß § 48 GEG. Werden von einem Bauteil nur maximal 10 % der jeweiligen Bauteilfläche erneuert oder saniert (zumeist im Schadensfall), gelten keine Anforderungen an die zu erreichenden U-Werte dieser Bauteile. Als Bauteilfläche gelten alle zu einem Typ gehörenden Flächen eines Gebäudes, also z.B. alle Fassaden-, Fenster- oder Dachflächen, auch wenn diese nicht baulich miteinander verbunden sind.

Sofern jedoch eine zu erneuernde Fläche mehr als 10 % der gesamten Bauteilfläche umfasst, muss diese insgesamt gemäß den Vorgaben von Anlage 7 GEG ausgeführt werden. Die anderen Bauteilflächen bleiben unberührt. Erweiterung oder Ausbau von Bestandsgebäuden

Bei der Erweiterung bzw. beim Ausbau eines Gebäudes werden ausschließlich die Anforderungen an die Außenbauteile bewertet. Dabei sind folgende Grenzwerte einzuhalten:

- Wohngebäude:
  - Ein maximal 20 % höherer Wert als der in Anlage 1 GEG genannte Höchstwert für Außenbauteile ist zulässig.

- Nichtwohngebäude
  - Hier gilt ein maximal 25 % höherer Wert als der in Anlage 2 GEG genannte Höchstwert für Außenbauteile als zulässig

Sonderfall Erweiterung um mehr als 50 m²

Hier ist der sommerliche Wärmeschutz nach § 14 GEG nachzuweisen.

Bei einer Erweiterung ist ein Energieausweis nur dann zu erstellen, wenn für das gesamte Gebäude eine Bilanzierung durchgeführt wurde.

Hinweis für die Praxis

Jede Umbaumaßnahme sollte als Chance gesehen werden, das gesamte Gebäude zu ertüchtigen. Daher sollte auch der Gebäudedichtheit, den Wärmebrücken sowie der Qualität der bestehenden Hüllflächen eine entsprechende Bedeutung beigemessen und diese durch sorgfältige Planung bestätigt werden.

Das gilt insbesondere im Hinblick auf bauphysikalische Fragen. Das Hinzuziehen eines Sachverständigen ist empfehlenswert.

Umbau und Umnutzung von Gebäuden

Nutzungsänderungen

Ohne bauliche Maßnahmen sind diese für das GEG ohne Bedeutung. Das gilt auch, wenn bisher niedrig beheizte Gebäude auf ein höheres Temperaturniveau gebracht werden.
(Quelle: Auslegungsfragen)

4/1.1 Monatsbilanzverfahren

Im Monatsbilanzverfahren wird der Jahres-Heizwärmebedarf eines Gebäudes aus der Wärmebilanz der einzelnen Monate ermittelt. Die Wärmebilanz setzt sich aus den monatlichen Wärmeverlusten und den monatlichen Wärmegewinnen unter Berücksichtigung des Ausnutzungsgrads zusammen. Der Ausnutzungsgrad wird angesetzt, da üblicherweise nicht alle Gewinne zu 100 % genutzt werden können. Der Grund liegt darin, dass diese nicht immer zu allen Zeiten so anfallen, wie diese auch benötigt werden.

Mit dem Monatsbilanzverfahren wird sowohl die Gebäudehülle als auch die Anlagentechnik erfasst und bilanziert.

Die Berechnungen nach dem Monatsbilanzverfahren sind wegen des sehr hohen Rechenaufwands nur mithilfe von Computerprogrammen möglich.

Anwendung

Das Monatsbilanzverfahren nach DIN V 4108-6 in Verbindung mit DIN V 4701-10 darf für Wohngebäude alternativ zum Berechnungsverfahren nach DIN V 18599 zur Berechnung des erforderlichen Jahres-Primärenergiebedarfs eingesetzt werden.

Eine Vermischung der beiden genannten Berechnungsverfahren ist jedoch nicht zulässig. Es ist sowohl für das Wohngebäude wie auch für das Referenzgebäude ein und dasselbe Berechnungsverfahren anzuwenden, entweder nach DIN V 4108-6 in Verbindung mit DIN V 4701-10 oder alternativ nach DIN V 18599.

Mit dem Monatsbilanzverfahren werden folgende Größen bestimmt:

- spezifischer Transmissionswärmeverlust
- spezifischer Lüftungswärmeverlust
- solare Wärmegewinne
- interne Wärmegewinne
- Jahres-Heizwärmebedarf
- Jahres-Primärenergiebedarf

Vorgehensweise

Nachfolgend wird eine kurze Übersicht über den Ablauf des Monatsbilanzverfahrens nach DIN V 4108 in Verbindung mit DIN V 4701-10 gegeben.

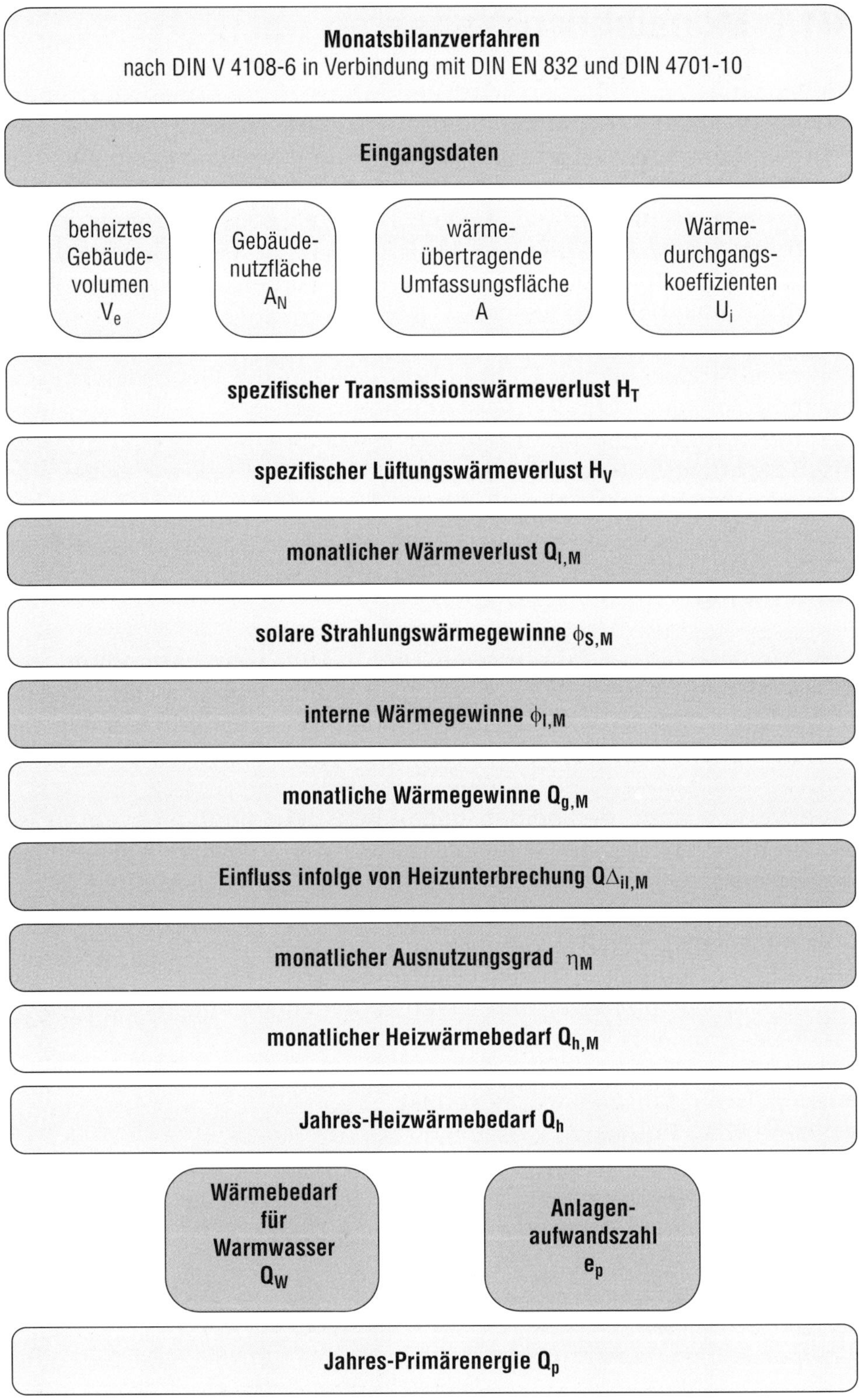

Bild 1: Ablaufdiagramm Monatsbilanzverfahren

4/1.2 Bilanzierungsverfahren nach DIN V 18599

Für den öffentlich-rechtlichen Nachweis von Nichtwohngebäuden ist das Bilanzierungsverfahren nach der DIN V 18599 verpflichtend. Für Wohngebäude darf dieses wahlweise zur DIN 4108-6 in Verbindung mit der DIN 4701-10 angewandt werden. Dies gilt bis zum 31.12.2023. Ab da gilt auch für Wohngebäude nur noch das Verfahren nach DIN V 18599. Es werden die Anforderungsgrößen zur energetischen Qualität der Gebäudehülle und der Jahres-Primärenergiebedarf berechnet. Weiter findet die Vornormenreihe Anwendung in der Energieberatung.

Die DIN V 18599 dient zur energetischen Bewertung der Gesamtenergieeffizienz von Gebäuden. Die ganzheitliche Betrachtung der Gebäude umfasst die Gebäudehülle, die Nutzung und die Anlagentechnik im Bestand als auch im Neubau. Nach der EU-Richtlinie gibt die Gesamtbilanz die Energiemenge wieder, die unter Standardnutzung des Gebäudes verbraucht oder veranschlagt wird.

Hinweis für die Praxis

Das Gebäudeenergiegesetz bezieht sich auf die Ausgabe DIN V 18599:2018.

Die Vornormenreihe DIN V 18599 besteht aus zwölf Teilen und zwei Beiblättern:

- Teil 1 enthält Allgemeines zum Bilanzierungsverfahren, wichtige Begriffe werden erläutert, die Vorgehensweise bei der Zonierung des Gebäudes wird beschrieben und enthält die Bewertung verschiedener Energieträger.
- Teil 2 ist einer der wichtigsten Teile der Vornormenreihe und bildet das Kernstück. In diesem wird der Nutzenergiebedarf für Heizen und Kühlen bestimmt. Dieser bildet die Grundlage für weitere Berechnungen.
- Teil 3 dient dazu, den Nutzenergiebedarf für die energetische Luftaufbereitung für Heizen, Kühlen, Befeuchten, Entfeuchten zu berechnen.
- Teil 4 berücksichtigt beleuchtungstechnische Einflüsse.
- Mit Teil 5 erfolgt die energetische Bewertung des eingesetzten Heizsystems für die verschiedenen Prozessschritte Erzeugung, Speicherung, Verteilung und Übergabe. Der Endenergiebedarf der Heizsysteme wird berechnet.
- Teil 6 gilt nur für Wohngebäude mit Lüftungsanlagen.

- Teil 7 der Norm wird benötigt, wenn Raumlufttechnik oder Klimakältetechnik im Gebäude zum Einsatz kommt und somit der entsprechende Endenergiebedarf für dieses berechnet werden muss. Die energetische Bewertung von Warmwassersystemen erfolgt nach Teil 8 der DIN V 18599. Hier werden alle typischen Systeme zur Trinkwassererwärmung im Neubau und im Gebäudebestand bewertet.
- Teil 9 gilt, wenn stromproduzierende Anlagen Einsatz finden, wie z.B. Photovoltaikanlagen.
- In Teil 10 der Norm werden Nutzungsrandbedingungen sowie Klimadaten festgelegt. Die dort aufgeführten Nutzungsrandbedingungen werden als Grundlage für den öffentlich-rechtlichen Nachweis herangezogen und dienen zudem als Informationen für die Energieberatung.
- Der Teil 11 beschäftigt sich mit der Gebäudeautomation.
- Der Teil 12 umfasst ein Tabellenverfahren für Wohngebäude
  - Das Beiblatt 1 kann für einen Bedarfs-/Verbrauchsabgleich herangezogen werden. Ein typischer Anwendungsfall hierfür ist die Energieberatung bei bestehenden Gebäuden, die mit den Berechnungsansätzen der DIN V 18599 durchgeführt wurde.
  - Beiblatt 2: Beschreibung der Anwendung von Kennwerten aus der DIN V 18599 bei Nachweisen des Gesetzes zur Förderung erneuerbarer Energien im Wärmebereich (EEWärmeG).

Hinweis für die Praxis

Es finden immer nur die Teile Anwendung, die auch tatsächlich für das Gebäude benötigt werden, das bedeutet, wenn ein Gebäude z.B. keine RLT hat, dann wird auch der Teil 7 der Norm nicht benötigt.

Die in der DIN V 18599 dargestellte Bilanzierung gilt für

- eine Energiebedarfsbilanzierung von Gebäuden mit teilweise festgelegten Randbedingungen im Rahmen des öffentlich-rechtlichen Nachweises;
- eine allgemeine, ingenieurmäßige Energiebedarfsbilanzierung von Gebäuden mit frei wählbaren Randbedingungen;
- eine allgemeine, ingenieurmäßige Energiebilanzierung von Gebäuden mit dem Ziel des Abgleichs zwischen Energiebedarf und Energieverbrauch mit frei wählbaren Randbedingungen.

4/1.3 Referenzgebäudeverfahren

Um die Ergebnisse der Bilanzierung eines geplanten Gebäudes beurteilen zu können, werden diese an den Anforderungen eines sog. „Referenzgebäudes" gemessen.

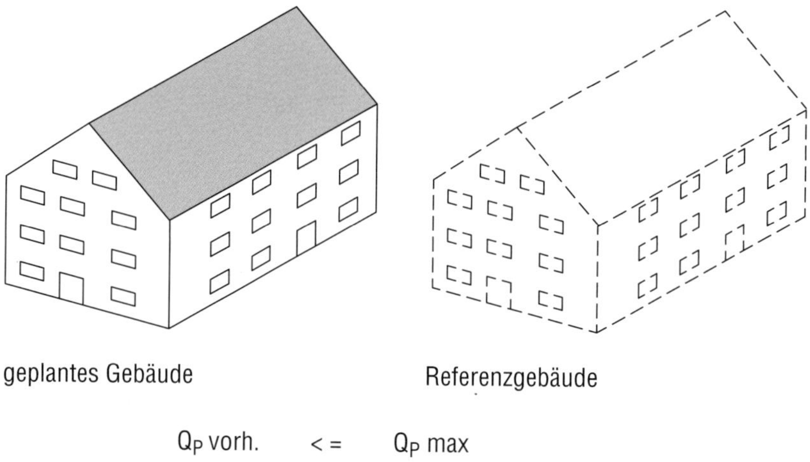

Bild 1: Referenzgebäude

Dieses gleicht in Geometrie, Nutzfläche und Ausrichtung dem zu untersuchenden Gebäude und wird in der Berechnungssoftware „im Hintergrund" berechnet. Die Ergebnisse der Bilanzierung des Referenzgebäudes stellen die einzuhaltenden Anforderungen an das geplante Gebäude dar. In erster Linie betrachtet werden dabei der Jahres-Primärenergiebedarf sowie die Transmissionswärmeverluste.

Hinweis für die Praxis

Die Verwendung einer aktuellen und zuverlässigen Wärmeschutzsoftware ist unabdingbare Voraussetzung, damit die Berechnungen auch die geltenden Anforderungen berücksichtigen und somit korrekte Ergebnisse erzielt werden.

Jahres-Primärenergiebedarf

Für alle Gebäudetypen werden in der Anlage 1 (für Wohngebäude) bzw. Anlage 2 (für Nichtwohngebäude) des GEG jeweils bestimmte Anforderungen aufgeführt. Diese umfassen Festlegungen wie

- maximale Wärmedurchgangskoeffizienten von Bauteilen,

- für Fenster zusätzlich den Gesamtenergiedurchlassgrad der Verglasungen (g-Wert)
- Wärmebrückenzuschlag,
- Luftdichtheit,
- Sonnenschutzvorrichtung,
- Heizungsanlage, Warmwasserbereitung,
- Kühlung und Lüftung.

Für Nichtwohngebäude gelten zusätzlich folgende Festsetzungen:

- Tageslichtversorgung
- Beleuchtung und Regelung der Beleuchtung
- Kühlung bzw. Kälteerzeugung
- Luftkonditionierung/Raumlufttechnik
- Gebäudeautomation

Die Referenzgebäude müssen gemäß dieser Vorgaben angenommen und berechnet werden. Es dürfen keine anderen als die dort aufgeführten Elemente verwendet werden.

Hinweis für die Praxis

Sofern jedoch ein Element nicht beschrieben ist, sind die Eigenschaften (also z.B. der U-Wert) des geplanten Bauteils im zu berechnenden Gebäude auch für das Referenzgebäude anzunehmen. Das gilt z.B. für Türen zu unbeheizten Räumen oder hinsichtlich der Qualität unbeheizter Glasvorbauten. Normalerweise geschieht das automatisch in der Berechnungssoftware; dies sollte aber überprüft werden.

Grundsätzlich sind die Berechnungen gemäß den Anforderungen der DIN 18599 durchzuführen.

Ausnahme

Lediglich nicht gekühlte Wohngebäude dürfen alternativ auch nach dem Monatsbilanzverfahren (DIN 4108 bzw. DIN V 4701) bilanziert werden. Das Referenzgebäude muss im jeweils gleichen Nachweisverfahren berechnet werden. Das ist von Bedeutung, weil sich einzelne Anforderungen innerhalb dieser Verfahren unterscheiden.

Das gilt insbesondere für

- Randbedingungen des Primärenergiebedarfs,
- den Nutzenergiebedarf des Warmwassers,
- die Ermittlung des beheizten Luftvolumens.

Hinweis für die Praxis

Im Falle ungekühlter Wohngebäude kann sich der Planer bis zum 31.12.2023 für eine der beiden Berechnungsarten entscheiden. Die verwendete Software berechnet dann das Referenzgebäude entsprechend automatisch.

Der mit diesen Vorgaben ermittelte Jahres-Primärenergiebedarf des Referenzgebäudes wird abschließend mit 0,55 multipliziert. Das Ergebnis stellt die Bezugsgröße für das zu errichtende Gebäude dar und darf nicht überschritten werden.

4/1.4 Vereinfachte Datenaufnahme

Für die Erhebung der energierelevanten Größen, die für die Berechnungen nach dem Bilanzierungsverfahren notwendig sind, kann es oftmals sehr hilfreich sein, auf eine vereinfachte Datenaufnahme zurückgreifen zu können. Gerade im Gebäudebestand, bei dem oftmals keine genauen Daten vorliegen, bilden solche Grundlagen eine große Hilfe, eine enorme Zeit- und somit auch eine Kostenersparnis.

Das Gebäudeenergiegesetzt (GEG) und die entsprechenden Berechnungsnormen geben vereinzelt Vereinfachungen, die Anwendung finden dürfen, vor. Weiterhin verweist das GEG auf die Regelungen zur Datenaufnahme in den Bekanntmachungen, die vom Bundesministerium für Wirtschaft und Energie und vom Bundesministerium des Innern, für Bau und Heimat herausgegeben wurden. Zu den Vereinfachungen zählen die, die

- beim geometrischen Aufmaß,
- bei der energetischen Qualität bestehender Bauteile und
- bei der Ermittlung der energetischen Qualität der Anlagentechnik

angewandt werden dürfen.

Hinweis für die Praxis

Die Anwendung von Vereinfachungen hat zum Vorteil, dass durch diese eine einfachere und schnellere Arbeit stattfinden kann, wodurch eine enorme Zeit eingespart wird. Der Nachteil liegt jedoch in einem ungenaueren Ergebnis. Somit ist die Anwendung nicht immer empfehlenswert. Gerade wenn es ins Detail geht, sollte das Gebäude möglichst genau erfasst werden.

Im Folgenden werden Ausschnitte aus den Bekanntmachungen dargestellt.

Heizkörpernischen

Als Heizkörpernischen bezeichnet man reduzierte Stellen in der Außenwand, in denen der Heizkörper eingesetzt ist (Bild 1).

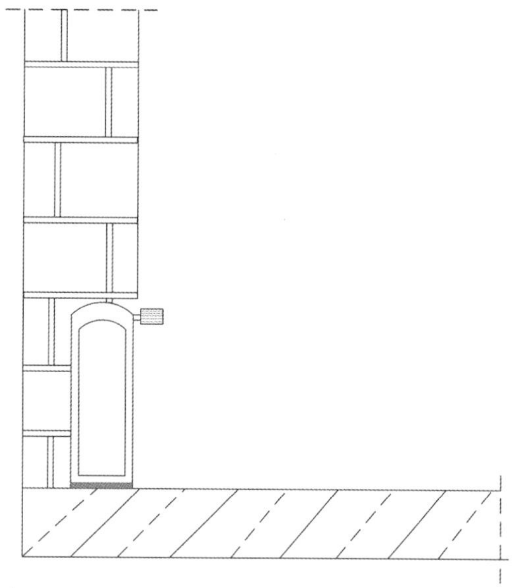

Bild 1: Schemenhafte Darstellung einer Heizkörpernische in einer Außenwand

Schwachstellen in der Gebäudehülle

In den meisten Fällen befinden sich die Heizkörper in einer Nische, die unter dem Fenster angebracht ist. Diese Konstruktion wurde früher schon so gewählt, um Platz im Raum zu sparen. Es handelt sich bei der Reduzierung der Außenwand um eine konstruktive Wärmebrücke. Heizkörpernischen bilden somit Schwachstellen in der Gebäudehülle. Durch solche Schwachstellen kann es zu nicht unterschätzbaren Energieverlusten kommen. Gerade dort, wo die meiste Wärme abgegeben wird, ist die Außenwanddicke reduziert und es kommt zu einem Wärmeabfluss an dieser Stelle.

Im Wohn- und im Nichtwohngebäudebereich lassen sich die folgenden Vereinfachungen bezüglich der Ermittlung der Fläche sowie der energetischen Qualität der Heizkörpernischen aufzeigen.

Vereinfachte Aufnahme der Heizkörperfläche

Die Fläche der Heizkörpernischen darf mit der Hälfte der Fläche des darüber liegenden Fensters angenommen werden.

Rollladenkästen

Rollladenkästen können auf die Außenwand aufgesetzt, aber auch in die Außenwand mit integriert werden. Durch den Rollladenkasten in der Außenwand kommt es an dieser Stelle zu einem erhöhten Wärmeabfluss. Dies bildet somit eine Wärmebrücke, der Beachtung geschenkt werden muss. Bei einem Gebäude kann, je nach Anzahl der Fenster, eine gewisse Anzahl an Rollladenkästen vorhanden sein (Bild 2).

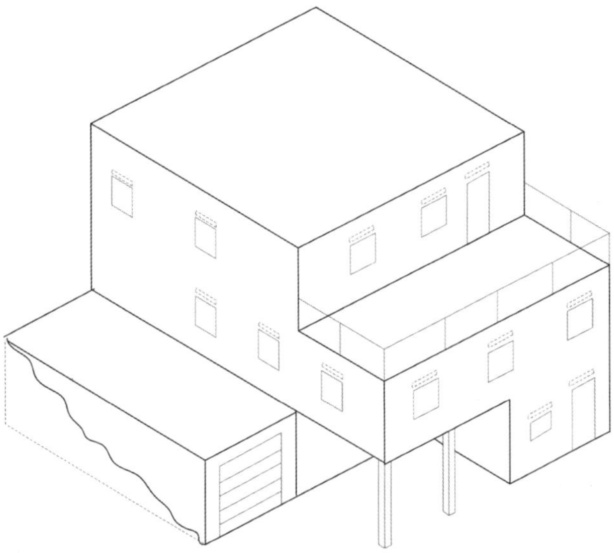

Bild 2: Schematische Darstellung eines Gebäudes mit integrierten Rollladenkästen

Vereinfachte Flächenermittlung

Rollladenkästen können, damit nicht jeder einzelne Rollladenkasten aufgemessen werden muss, mit 10 % der Fensterfläche angenommen werden. Das gilt sowohl für den Wohn- als auch für den Nichtwohngebäudebereich.

Vereinfachte Erfassung der energetischen Qualität

Weiterhin darf, bei fehlenden Angaben über die energetische Qualität der Rollladenkästen, ein Wärmedurchgangskoeffizient (U-Wert) angenommen werden. Handelt es sich um einen ungedämmten Rollladenkasten, so beträgt der Wärmedurchgangskoeffizient 3,0 W/(m^{2}K). Bei einem gedämmten Rollladenkasten kann dieser zu 1,8 W/(m^{2}K) angenommen werden.

Beheiztes Luftvolumen (Nettovolumen)

Das beheizte Luftvolumen kann nach Energieeinsparverordnung, für den Fall, dass man dieses nicht genau aus der Gebäudegeometrie ermitteln kann, wie folgt angenommen werden:

Für Wohngebäude mit bis zu drei Vollgeschossen gilt:

$V = 0{,}76 \times V_e$

In allen übrigen Fällen (Wohn- und Nichtwohngebäude) gilt:

$V = 0{,}80 \times V_e$

Darin bedeutet V_e das beheizte Gebäudevolumen, welches von der wärmeübertragenden Umfassungsfläche umschlossen wird. Die Systemgrenze wird durch Außenmaße gebildet, d.h., das beheizte Gebäudevolumen V_e wird mit Außenmaßen bestimmt.

4/1.5 Bezugsgrößen

Ermittlung der wärmeübertragenden Umfassungsfläche A

Bestimmung der Systemgrenze, Bauteilabgrenzung

Die Bezugsmaße zur Ermittlung der wärmeübertragenden Umfassungsfläche (Hüllfläche) sind im GEG für Wohngebäude und Nichtwohngebäude in Abschnitt 3 definiert. In beiden Fällen wird u.a. auf DIN 18599-1:2018-12, Abschnitt 8 verwiesen (hier wiederum auf DIN EN ISO 13789:2018-04).

Systemgrenze

In Abschnitt 3 der DIN 4108-6 wird die Systemgrenze definiert als die „gesamte Außenoberfläche des Gebäudes bzw. der beheizten Zone eines Gebäudes, über die der Heizwärmebedarf mit einer bestimmten Innentemperatur ermittelt wird. Darin sind inbegriffen alle Räume, die direkt oder indirekt durch Raumverbund (wie z.B. Hausflure oder Dielen) beheizt werden. Räume, die bestimmungsgemäß nicht zur Beheizung vorgesehen sind, liegen außerhalb der Systemgrenze."

Im Heizperioden- und Monatsbilanzverfahren (Abschnitt 5, DIN 4108-6) wird nicht zwischen horizontalen und vertikalen Bezugsmaßen unterschieden. Hier sind pauschal „Hüllfläche und Bruttovolumen aufgrund der Systemgrenzen des Gebäudes mit Hilfe von Außenmaßen" zu ermitteln.

Grundsätzlich gelten für Wohn- und Nichtwohngebäude gleichermaßen die in DIN 18599-1, Abschnitt 8 beschriebenen Regeln für die Bestimmung der Systemgrenze im Grundriss und im Schnitt. Für Nichtwohngebäude muss zusätzlich zur Hüllfläche die Bilanzgrenze zwischen unterschiedlich konditionierten Zonen bestimmt werden:

Bezugsmaße für die Hüllflächenermittlung im Grundriss

Horizontale Bezugsmaße

- Für Bauteile gegen Außenluft (Außenwände, Fassadenelemente, Dach, Bodenplatte) ist das Bezugsmaß die Bauteilaußenkante, einschließlich evtl. vorhandener Außendämmung und Putz, bei hinterlüfteten Konstruktionen die Außenkante der letzten wärmetechnisch wirksamen Schicht.
  Bei Fenster-/Türöffnungen wird der Rücksprung zwischen Wand- und Fensterebene in der Laibung übermessen.
- für Innenbauteile gegen unbeheizten Bereich (unbeheizte Zone bei Nichtwohngebäuden): die „kalte Seite" der Wand (einschließlich evtl. vorhandener Außendämmung)

- für Innenbauteile zwischen zwei unterschiedlich konditionierten Zonen: die Mittelachse des Bauteils (unabhängig von der Lage evtl. vorhandener Innendämmschichten)
- horizontale Bezugsmaße für an Erdreich grenzende Bodenplatten: Es kommt nur der Teil der Bodenplatte in Betracht, der den beheizten Bereich des Kellers gegen Erdreich abschließt. Bezugsgröße ist das „charakteristische Bodenplattenmaß" B' = A / 0,5 × P, mit A als Grundfläche der Bodenplatte im beheizten Bereich (bis Außenkante Außenwand); P ist der Umfang der Bodenplatte – (zu ermitteln nach DIN EN ISO 13370).
  Nach dem GEG „[...] dürfen die Flächen unberücksichtigt bleiben, die mehr als 5 m vom äußeren Rand des Gebäudes entfernt sind".

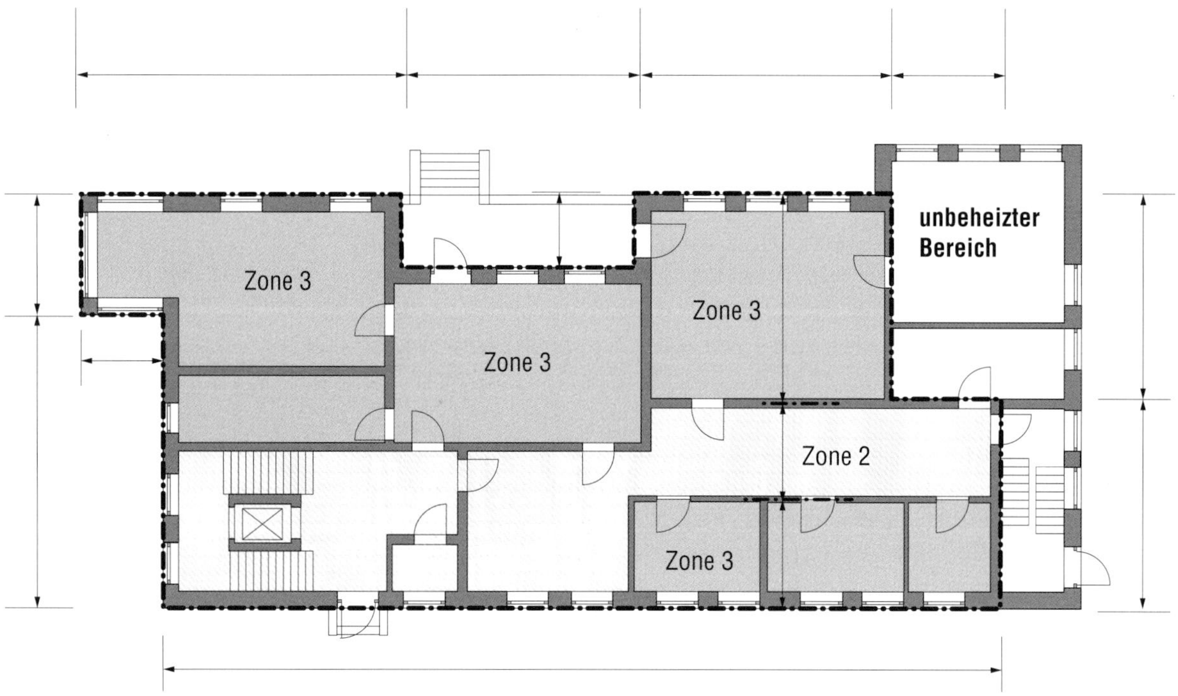

Bild 1: Systemgrenze im Grundriss

Bezugsmaße für die Hüllflächenermittlung im Schnitt

„Bezugsmaß ist die Oberkante der Rohdeckein allen Ebenen eines Gebäudes (unterer Gebäudeabschluss, alle Geschosse), unabhängig von der Lage der eventuell vorhandenen Dämmschicht" (DIN 18599-1, Abschnitt 8.1.2 – Bild 7) – einzige Ausnahme ist der obere Gebäudeabschluss.

Die Geschosshöhe h_G bemisst sich von OK Rohdecke bis OK Rohdecke. Bei unterschiedlichen Geschosshöhen in einer Zone (einem Gebäude, einem Versorgungsbereich) kann zur Vereinfachung eine „charakteristische Geschosshöhe" bestimmt werden, die für die überwiegende Zahl der Geschosse in der Zone zutrifft (Abschnitt 8.2.3, DIN 18599-1).

Vertikale Bezugsmaße

Lage der Systemgrenze im Schnitt/in der Vertikalen:

- beim oberen Gebäudeabschluss
  (Dach, oberste Geschossdecke, Flachdach, Dachterrasse u.Ä.) außen, auf der Oberkante der „obersten wärmetechnisch wirksamen Schicht" (DIN 18599-1, 8.1.2)
- zwischen zwei Geschossen mit unterschiedlich konditionierten Zonen auf Oberkante Rohdecke
- zwischen beheiztem (Erd-)Geschoss und darunterliegendem unbeheiztem (Keller-)Geschoss oder Kriechboden raumseitig auf Oberkante Rohdecke
- bei einem nicht unterkellerten Gebäude, dessen Bodenplatte auf Erdreich gegründet ist (DIN EN ISO 13370), ist die Systemgrenze ebenfalls raumseitig auf OK Bodenplatte
- Für „erdberührte" Bodenplatten bei beheizten Kellergeschossen ist die Systemgrenze in der Vertikalen ebenfalls auf Oberkante Rohdecke nach DIN 18599-1, 8.1.2 – abweichend von DIN EN ISO 13370, nach der das „äußere Erdbodenniveau", also die Trennebene zwischen der Außenseite der Bodenplatte und Erdreich, die Berechnungsgrenze ist.
- Die hier in Bild 2 dargestellte „Decke nach unten an Außenluft" (z.B. Loggia oder Durchfahrt) ist in Bild 7 DIN 18599-1, 8.1.2 nicht dargestellt. Es bleibt daher der Auslegung überlassen, ob hier analog Fall 3 (Decke über unbeheiztem Keller) die Systemgrenze ebenfalls auf OK Rohdecke angenommen wird oder an der UK Decke (Bauteilaußenkante) entsprechend DIN EN ISO 13789. (Für das Berechnungsergebnis spielt das letztendlich keine Rolle).

Hinweis für die Praxis

Unabhängig von der Lage der Systemgrenze wird der Wärmedurchlasswiderstand über alle Schichten des Bauteils berechnet.

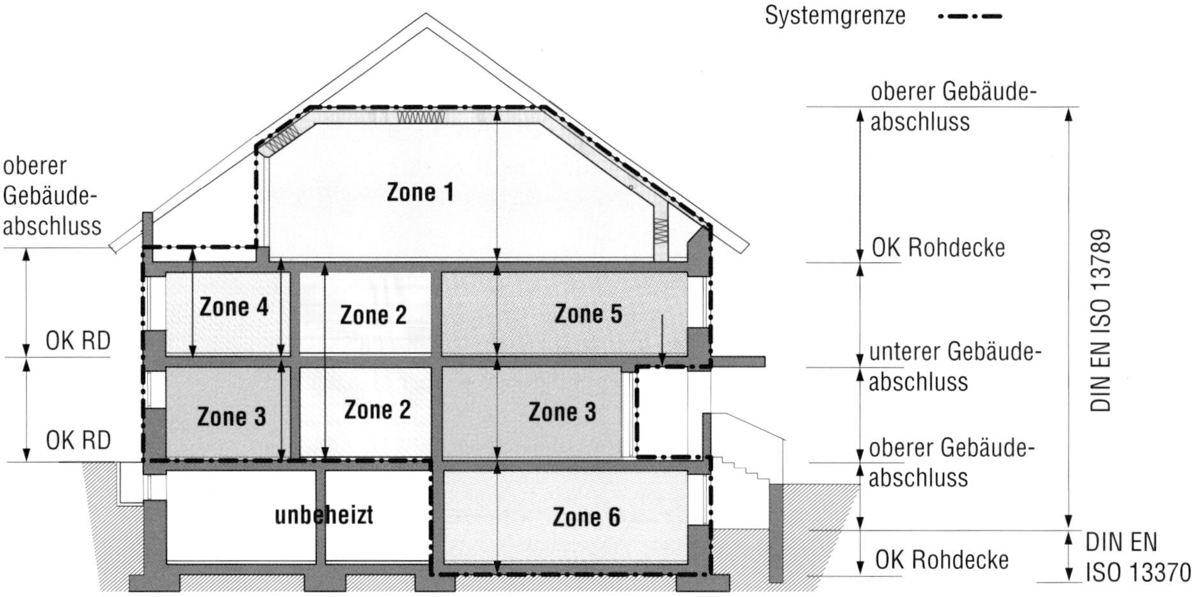

Bild 2: Systemgrenzen im Schnitt

Interpretationsspielräume Indirekt (im Raumverbund) beheizte Räume/unbeheizte Räume (Gebäudeteile)

Unbeheizte Treppenhäuser

Je nach Betrachtung können z.B. innen liegende oder teils innen liegende unbeheizte Treppenhäuser im Grundriss entweder als „indirekt beheizte Räume" innerhalb der Systemgrenze liegen oder als unbeheizte Räume außerhalb dieser.

Analog den innen liegenden Treppenhäusern kann der Luftraum zwischen Dachschräge und Drempel im (indirekt) beheizten Bereich innerhalb der Systemgrenze oder außerhalb liegen.

Außen liegende unbeheizte Treppenhäuser liegen außerhalb der Systemgrenze. Die an diese Treppenhäuser grenzenden Außenwände werden mit dem Abminderungsfaktor für AW gegen unbeheizten Bereich berechnet. Ebenso wird bei unbeheizten Glasvorbauten verfahren (Glasvorbau außerhalb der Systemgrenze, Abminderungsfaktor für AW gegen unbeheizten Glasvorbau).

Abgrenzung der Bauteile untereinander bei der Hüllflächenermittlung

Die Einteilung der Hüllfläche in Bauteile folgt den Bauteilkategorien des GEG für das Referenzgebäude bzw. dem Anforderungskatalog an die Bauteile bei Einzelmaßnahmen in Anlage 7 des GEG.

Bauteile

Die EnEV unterscheidet hinsichtlich der Anforderungen an den Wärmedurchgangskoeffizienten (U-Wert): Außenwände, Fenster, Türen (Dachflächenfenster, Verglasungen, Vorhangfassaden, Glasdächer), mit/ohne Sonnenschutzverglasung, Decken/Dächer/Dachschrägen, Flachdächer, Decken und Wände gegen unbeheizte Räume oder Erdreich, Fußbodenaufbauten, Decken nach unten an Außenluft.

Zusätzliche Abgrenzungen zwischen den Bauteilen können durch konstruktive Unterschiede im Schichtaufbau notwendig sein.

Für die Flächenermittlung der Bauteile gilt grundsätzlich der Außenmaßbezug wie bei der Hüllflächenermittlung erläutert. Eine differenzierte Betrachtung der Außen- und Innenecken ist dabei nicht notwendig, sofern mit pauschaler Berücksichtigung der Wärmebrückenverluste gerechnet wird.

Weitere Bezugsmaße zur Ermittlung von Bauteilflächen sind in DIN 4108-2 – Mindestanforderungen an den Wärmeschutz – festgelegt:

Fenster

Für die Ermittlung der Fensterfläche gilt das lichte Rohbaumaß der Maueröffnung, bei der das Fenster angeschlagen wird (stumpfer Anschlag, Anschlag bei zweischaligem Mauerwerk, Innenanschlag) – DIN 4108-2, Abschnitt 8.2.4 (Randbedingungen, Mindestanforderungen Sommerlicher Wärmeschutz).

Rollladenkästen

Rollladenkästen gehören entweder zur Außenwand (Einbaukästen, Aufsatzkästen) oder zum Fensterrahmen (Vorsatzkasten); sie können entweder übermessen werden (pauschale Berücksichtigung mit Wärmebrückenzuschlag) oder in die Hüllflächenberechnung mit eigenem U-Wert und Bauteilfläche eingehen (DIN 4108-2, Anhang A).

Für den detaillierten Nachweis von Wärmebrücken sind Bauteilgrenzen und Maßbezüge in DIN 4108, Beiblatt 2 festgelegt. Hier werden Gebäudekanten, Außen- und Innenecken berücksichtigt.

Weitere Energiebezugsgrößen

Volumen V_e des beheizten Gebäudes (externes Volumen, Bruttovolumen)

Das Gebäudevolumen V_e des beheizten Gebäudes (der Gebäudezonen) wird gleichermaßen für Wohn- und Nichtwohngebäude anhand der für die Hüllfläche beschriebenen Außenmaßbezüge ermittelt. – Aus dem beheizten Bruttovolumen werden bei dem Berechnungsverfahren für Wohngebäude pauschaliert das „beheizte Luftvolumen" abgeleitet und die „Gebäudenutzfläche".

Beheiztes Luftvolumen V (Nettovolumen)

Für Wohngebäude kann das Luftvolumen vereinfacht nach DIN 4108-6 ermittelt werden:

$V = 0{,}76 \times V_e$ bei Gebäuden bis zu drei Vollgeschossen

$V = 0{,}80 \times V_e$ für sonstige Wohngebäude

Oder wie für Nichtwohngebäude: Nach Abschnitt 8.2.2 der DIN 18599-1 wird das Nettovolumen einer konditionierten Zone bzw. eines gesamten Gebäudes, das dem Luftaustausch unterliegt, ermittelt aus der Nettogrundfläche und der lichten Raumhöhe. Die lichte Raumhöhe hat als Bezugsmaß die OK FB und die UK Rohdecke bzw. UK der abgehängten Decke.

Bei unterschiedlichen Raumhöhen in einer Zone (einem Gebäude, einem Versorgungsbereich) kann zur Vereinfachung eine charakteristische Raumhöhe bestimmt werden. Sie ergibt sich aus dem Quotienten von Luftvolumen V zu A_{NGF} (Abschnitt 8.2.2 der DIN 18599-1).

Gebäudenutzfläche als Bezugsfläche für den Energiebedarfsnachweis

Die Gebäudenutzfläche A_N ist für Wohngebäude im Berechnungsverfahren nach DIN 4108- vereinfacht zu ermitteln mit $A_N = 0{,}32 \times V_e$ bei normalen Geschosshöhen (DIN 4108-6 Anhang D).

Geschosshöhen $h_G < 2{,}50$ m oder $> 3{,}00$ m (von OK FB bis OK FB)

mit $A_N = (1/h_G - 0{,}04\ m^{-1}) \times V_e$

Bei dem Berechnungsverfahren nach DIN V 18599 für Nichtwohngebäude und Wohngebäude ist die Energiebezugsfläche die Nettogrundfläche A_{NGF} des Gebäudes/der Zone, die bilanziert wird.

Die Nettogrundfläche A_{NGF} wird nach DIN 277 ermittelt. Danach ist die Nettogrundfläche die Summe aus Nutzfläche, Verkehrsfläche und technischer Funktionsfläche. Bezugsmaße sind die lichten Maße zwischen den Raum begrenzenden Bauteilen, in der Vertikalen die Boden- und Deckenbelagsoberkanten. Unberücksichtigt bleiben: konstruktive und gestalterische Vor- und Rücksprünge, Sockelleisten oder Schrammborde, Unterschneidungen, vorstehende Teile von Fenster- und Türbekleidungen.

Charakteristische Geschosshöhe

Die Geschosshöhe h_G bemisst sich von OK Rohdecke bis OK Rohdecke. Bei unterschiedlichen Geschosshöhen in einer Zone (einem Gebäude, einem Versorgungsbereich) kann zur Vereinfachung eine charakteristische Geschosshöhe bestimmt werden, die für die überwiegende Zahl der Geschosse in der Zone zutrifft (Abschnitt 8.2.3 der DIN 18599-1).

4/1.6 Zonierung

Zur energetischen Bilanzierung von Nichtwohngebäuden werden aus Räumen/Bereichen gleicher Nutzung und gleicher Konditionierung jeweils Zonen gebildet. Die Kennwerte für Nutzenergie-, Endenergie- und Primärenergiebedarf werden dann (unterschieden nach den technischen Gewerken) für jede Zone einzeln bestimmt. Die Summe des Energiebedarfs aller Gebäudezonen ergibt schließlich den Energiebedarf des Gebäudes.

„Das Ziel der Zonierung ist, jeweils jene Bereiche eines Gebäudes (zu einer Zone) zusammenzufassen, für die sich ähnliche Nutzenergiemengen ergeben, bzw. im Falle der Heizung/Kühlung ähnliche Wärmequellen und Wärmesenken." (DIN 18599-1:2018-12)

Die Einteilung des Gebäudes in Zonen erfolgt in zwei oder mehr Schritten nach dem Ausschlussprinzip.

1. Schritt:
Zuordnung der Räume/Flächen zu Zonen nach Art ihrer Nutzung

Dabei werden Räume/Grundflächenanteile mit gleicher Nutzung zusammengefasst und einem der 41 Nutzungsprofile nach DIN 18599-10:2018-12 zugeordnet.

Ausnahmen

- Wenn zwischen ihnen ein hoher Luftwechsel besteht, sind Räume oder Raumgruppen mit unterschiedlicher Nutzung dennoch und grundsätzlich zu einer Zone zusammenzufassen.

In den Nutzungsprofilen sind die Nutzungsrandbedingungen (-parameter) festgelegt – wie Nutzungszeiten und Betriebszeiten (für Heizung, RLT und Kühlung, sofern jeweils vorhanden), Beleuchtungsparameter ([...] Beleuchtungsstärke, Höhe der Nutzebene usw.), Raumklima (Feuchteanforderung, Mindestaußenluftvolumenstrom) und Wärmequellen (Personen, Geräte), sowie für alle Profile einheitlich, die Anforderungen an die Raumtemperatur bei Heizung bzw. Kühlung. Die Nutzungsparameter erhalten nur Gültigkeit/Anwendung für den Fall, dass entsprechende Technik/Konditionierung vorhanden ist/eingesetzt wird (Heizung, Kühlung, Feuchteregulierung).

2. Schritt: Zuordnung von Bereichen gleicher Nutzung zu Zonen nach der Art ihrer thermischen und beleuchtungstechnischen Konditionierung (Heizung, Kühlung, Befeuchtung, Beleuchtung, Trinkwarmwasserversorgung) sowie nach ihrem Be- und Entlüftungssystem

Räume, die zu einer Zone zusammengefasst werden, müssen in beiden Merkmalen übereinstimmen (sowohl als auch und nicht und/oder).

- Räume/Grundflächenanteile gleicher Nutzung werden in unterschiedliche Zonen untergliedert:
  - bei jeweils unterschiedlichen Anforderungen an die thermische und beleuchtungstechnische Konditionierung, z.B.:
    Gruppenbüro nur beheizt ↔ Gruppenbüro beheizt und gekühlt, sowie
    Gruppenbüro natürlich belichtet ↔ Gruppenbüro künstlich beleuchtet
  - bei ausschließlicher Anforderung an die beleuchtungstechnische Konditionierung, z.B. eine offene Parkgarage (ohne thermische Konditionierung mit Tageslicht oder künstlicher Beleuchtung)
  - bei ausschließlicher Anforderung an die thermische Konditionierung – z.B. Kühlraum, Serverraum – also Räume, deren Nutzung vorrangig ohne Tageslicht/Beleuchtung auskommt
- Räume gleicher Nutzung werden unterschiedlichen Zonen zugeordnet bei wesentlichen Unterschieden im System zur Be- und Entlüftung:
  - System mit ausschließlich freier Lüftung
  - mit RLT-/Lüftungsanlagen mit Konstantvolumenstrom
  - mit RLT-/Lüftungsanlagen mit variablem Volumenstrom
  - mit RLT-Lüftungsanlagen mit Luft/Wasser-System
  - mit Raumklimageräten (Split-, Multisplitgerät)

Grundsätzlich gilt:

„Ein Bereich gleicher Nutzung ist dann weiter zu untergliedern, wenn die baulichen oder anlagentechnischen Merkmale innerhalb des Bereichs derart variieren, dass eine getrennte Verrechnung der Bilanzteile für Heizung, Raumklima und Beleuchtung usw. erforderlich ist." (DIN V 18599-1, Abschnitt 6.3.3)

3. Schritt: Kriterien für eine weiter differenzierte Zonierung bei gekühlten Räumen/Flächenanteilen

Bei gekühlten Räumen oder Flächeneinteilungen muss die Zoneneinteilung weiter differenziert werden. In DIN V 18599-1 sind als Kriterien angeführt:

- die Ausstattung der RLT-Anlagen mit unterschiedlichen Funktionen:
  - Heizen
  - Kühlen
  - Be- und Entfeuchten

  Zu einer Zone zusammengefasst werden Räume mit gleicher Ausstattung der RLT-Anlage hinsichtlich der Funktionen Heizen, Kühlen, Be- und Entfeuchten.
- Unterschiedliche Zonen sind anzuordnen, wenn Räume mit RLT-Anlagen unterschiedliche betriebsbedingte Außenluftvolumenströme aufweisen,
  - wenn mit Außenluftvolumenstrom von ≥ 5 % des Luftvolumenstroms betrieben wird,
  - bei einer Kälteleistung von ≥ 12 kW
  - ab einem Luftvolumenstrom von 3.000 m^3/h.
- bei Unterschieden in der installierten Leistung für Kunstlicht:
  - wenn auf mehr als 10 % Flächenanteil eines Bereichs eine spezifische Leistung installiert ist, die um mehr als 20 W/m^2 höher ist als die sonst installierte Leistung bzw. wenn diese höher installierte spezifische Leistung mehr als 5 kW beträgt
- einer Gebäude- und Raumtiefe > 16 m:
  „Gebäude mit einer Tiefe über 16 m (Außenmaß) sind entlang mit Fenstern ausgestatteten Fassaden in eine Außenzone sowie eine Innenzone zu unterteilen", da diese Grundflächenanteile hinsichtlich Tageslichtversorgung und Raumluftkonditionierung zu unterscheiden sind. „Dieses Kriterium gilt nicht für Hallen und Ä. und Grundrisse, bei denen zwischen Innen- und Außenzone keine materielle Trennung vorhanden ist." (DIN V 18599-1)
- Fassadenausführung und Glasflächenanteile
  Nach folgenden Abstufungen des Glasflächenanteils in der Fassade sind gekühlte Räume unterschiedlichen Zonen zuzuordnen:
  - Glasflächenanteil
    < 0,3
    ≥ 0,31 und < 0,5
    ≥ 0,51 und < 0,7
    ≥ 0,71

    Räume bzw. Grundflächenanteile unterschiedlichen Glasflächenanteils können dennoch zu einer Zone zusammengefasst werden, wenn sich die Glasflächenanteile innerhalb der gekühlten Zone um nicht mehr als 20 % unterscheiden.

- Unterschiede im Sonnenschutz und Gebäudeorientierung sind Zonenteilungskriterien:
  1. ohne Differenzierung nach Orientierung
     - permanent verschattete Fassaden
       - außen liegender Sonnenschutz mit $g_{total} < 0{,}12$
  2. mit Differenzierung nach Orientierung (Süd, Ost, West, Nord):
     - außen liegender Sonnenschutz mit $g_{total} > 0{,}12$
       - innen liegender Sonnenschutz mit $g_{total} < 0{,}35$
       - innen liegender Sonnenschutz mit $g_{total} \geq 0{,}35$
       - ohne Sonnenschutz

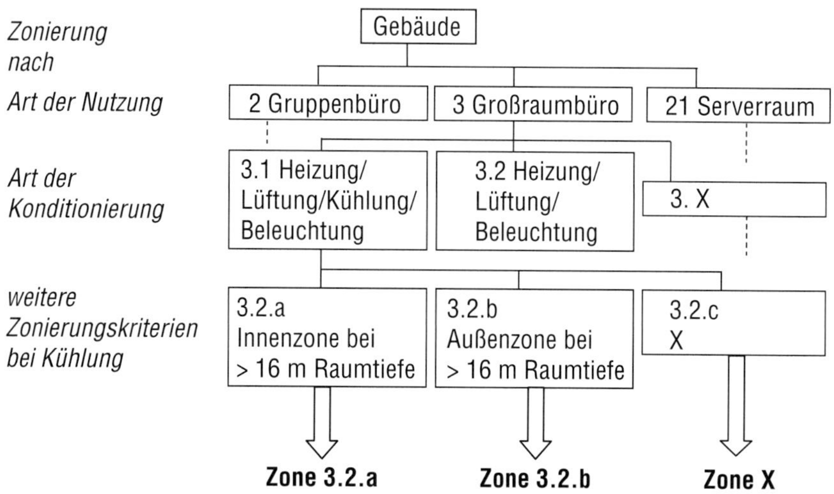

Bild 1: Ablaufschema für eine Zonierung

Hinweis für die Praxis

Um unnötigen Berechnungsaufwand zu vermeiden, sollten nur so viele Zonen angelegt werden, wie nötig sind, um die markanten energetischen Unterschiede der Bereiche abzubilden.

Ausnahmen und Vereinfachung der Zonierung nach DIN 18599-1: „Zusammenfassung auf Grund von Geringfügigkeit“

- Flächen bis zu 5 % der gesamten Gebäudenutzfläche mit abweichender Nutzung, jedoch „gleichartiger technischer Konditionierung“ können jeweils vorhandenen Zonen zugeordnet werden, wenn sich die inneren Lasten der Zonen nicht erheblich unterscheiden. Es dürfen sich „heizungs-, kühlungs- und raumlufttechnische Versorgungssysteme" unterscheiden – es sollte eine Zone mit möglichst ähnlicher Nutzung und Art des Versorgungssystems ausgewählt werden (Beispiel: „beheizter, gekühlter, belüftetet und beleuchteter Besprechungsraum mit Konstantvolumenstromanlage" zur Zone „beheizte, gekühlte, belüftete und beleuchtete Büros mit RLT-Anlage mit variablem Volumenstrom").

- Bei einem Anteil bis zu 1 % der Gesamtgebäudenutzfläche kann zusätzlich zur Nutzung auch die Art der technischen Konditionierung abweichen. Beim Zusammenfassen der Zonen ist Übereinstimmung in möglichst vielen Konditionierungsarten zu suchen und ähnliche Nutzung (Beispiel: „beheizter, gekühlter, belüfteter und beleuchteter Besprechungsraum" zu „beheizten, belüfteten und beleuchteten Büros" – die jedoch nicht gekühlt sind).

Diese Ausnahmen gelten nicht für „[...] Bereiche mit sehr hohen inneren Lasten und Luftwechselzahlen; z.B. Standardnutzungsprofil,15: Küchen in Nichtwohngebäuden [...]" (DIN 18599-1, Abschnitt 6.3.4).

Ausnahmen und Vereinfachung der Zonierung

Nutzungsprofil

Für Nutzungen, für die es kein passendes Profil gibt in der DIN 18599-10, kann nach GEG die Nutzung 17 „sonstige Aufenthaltsräume" verwendet werden. Im Ausnahmefall kann ein eigenes Nutzungsprofil angelegt werden mit individuell bestimmten Nutzungsparametern. Die Nutzungsparameter sind „[...] unter Anwendung gesicherten allgemeinen Wissensstandes" zu bestimmen und entsprechend zu dokumentieren.

Hinweis für die Praxis

Generell gilt: Für den öffentlich-rechtlichen Nachweis nach GEG dürfen die Nutzungsrandbedingungen der in Tabelle 5 DIN 18599-10 zu wählenden Nutzungsprofile nicht verändert werden. Der oben erwähnte Ausnahmefall gilt für die Entwicklung eines eigenen Nutzungsprofils, der mit erheblichem Aufwand verbunden ist und daher gut begründet sein muss.

1-Zonen-Modell: Vereinfachtes Berechnungsverfahren für Nichtwohngebäude nach Abschnitt 3 GEG

Bei bestimmten (Haupt-)Nutzungstypen kann unter bestimmten Voraussetzungen zur Vereinfachung der Bilanzierung mit einem 1-Zonen-Modell gerechnet werden.

Hauptnutzungen 1-Zonen-Modell

Dies gilt für:

1. Bürogebäude ggf.
   - mit Verkaufseinrichtung, Gewerbebetrieb oder
   - mit Gasstätte
2. Gebäude des Groß- und Einzelhandels mit höchstens 1000 m^2 Nettogrundfläche, wenn neben der Hauptnutzung nur Büro-, Lager-, Sanitär- oder Verkehrsflächen vorhanden sind
3. Gewerbebetriebe mit höchstens 1000 m^2 Nutzfläche, wenn neben der Hauptnutzung nur Büro-, Lager-, Sanitär- oder Verkehrsflächen vorhanden sind
4. Schulen, Turnhallen, Kindergärten und -tagesstätten und ähnliche Einrichtungen
5. Beherbergungsstätten oder Schwimmhalle, Sauna oder Wellnessbereich
6. Bibliotheken

Voraussetzung ist jeweils,

Voraussetzungen und Maßgaben bei 1-Zonen-Modell

a) dass die Nettogrundfläche der Hauptnutzung und die Nettogrundfläche der Verkehrsflächen des Gebäudes zusammen mehr als 2/3 der gesamten Nettogrundfläche des Gebäudes betragen,
b) in dem Gebäude die Beheizung und die Warmwasserversorgung für alle Räume auf dieselbe Weise erfolgt,
c) dass das Gebäude nicht gekühlt wird[1]
d) das nur maximal 10 % der Nettogrundfläche des Gebäudes durch Glühlampen, Halogenlampen oder durch die Beleuchtungsart „indirekt" mit Licht versorgt werden

[1] Das Ausschlusskriterium c) entfällt bei Kühlung von Verkaufseinrichtung, Gewerbebetrieb oder Gaststätte in einem Bürogebäude, wenn die Nettogrundfläche der gekühlten Räume jeweils 450 m^2 nicht übersteigt. Der Höchstwert und der Referenzwert des Jahres-Primärenergiebedarfs sind in diesem Fall pauschal um 50 kWh/m^2a zu erhöhen, bezogen auf die gekühlte Nettogrundfläche der Verkaufseinrichtung, des Gewerbebetriebs oder der Gaststätte (Anlage 2, Nr. 3.2.2b EnEV). Die Kühlung eines Serverraums bleibt generell „ [...] als Energieeinsatz für Produktionsprozesse im Sinne § 2 Absatz 1 [...] außer Betracht" (GEG).

e) eine RLT-Anlage nur in Räumen/Flächen der Hauptnutzung eingesetzt wird und deren Ventilatoren die Werte für die spezifische Leistungsaufnahme im Referenzgebäudes nicht überschreiten

Unter welchem Nutzungsprofil nach DIN 18599-10, welchen besonderen Randbedingungen für die verschiedenen Gebäudetypen 1-6 bei Anwendung des 1-Zonen-Modells jeweils zu rechnen ist, ist in Abschnitt 3 GEG festgelegt.

Für Bürogebäude z.B. ist pauschal das Nutzungsprofil 1 – Einzelbüro – anzuwenden (anstelle von 1 Einzelbüro, 2 Gruppenbüro, 3 Großraumbüro, 4 Sitzung, [...]) bei einem Nutzenergiebedarf von 0 kWh für WW.

Bei Anwendung des 1-Zonen-Modells gilt generell

- „Der Jahresprimärenergiebedarf für Beleuchtung darf vereinfacht für den Bereich der Hauptnutzung berechnet werden, die geringste Tageslichtversorgung aufweist."
- „Der zulässige Höchstwert des Jahresprimärenergiebedarfs für das zu errichtende Gebäude aus dem ermittelten Wert des Referenzgebäudes ist um 10 % zu reduzieren."

Versorgungsbereiche im Unterschied zu Zonen

Der anlagentechnische oder beleuchtungstechnische Versorgungsbereich eines Gebäudes wird unabhängig von der Zonierung gebildet, d.h., es werden nach erfolgter Zonierung die Bereiche/Grundflächenanteile des Gebäudes bestimmt, die von einer bestimmten Anlagentechnik/einem bestimmten Beleuchtungssystem versorgt werden. – Diese Bereiche können mit den Zonen identisch sein, es können aber auch mehrere Zonen einen Versorgungsbereich bilden (z.B. mehrere Zonen werden vom gleichen Wärmeerzeuger beheizt) oder 1 Zone mehrere Versorgungsbereiche haben (z.B. ein Wohnhaus mit mehreren dezentralen Wärmerzeugern).

Die Energiekennwerte der Anlagentechnik (Anlagenverluste, Hilfsenergiebedarf, Verteil- und Übergabeverluste) werden bezogen auf den Versorgungsbereich ermittelt und anschließend mit den betroffenen Zonen „verrechnet" (entsprechend den Verrechnungsregeln in DIN V 18599-1, Abschnitt 7).

Tabelle 1: Beispiel der Zuordnung/Überlagerung von Zonen/Versorgungsbereichen

Gebäude	Versorgungsbereiche					
Zonen	Heizung	Lüftung	TWW-Versorgung		Beleuchtung	
Z 1 – Wohnen	Wärmeerzeuger 1	Whg.-Lüftung 1	TWW 1 – zentral		Bel.-System 1	
		Whg.-Lüftung 2				
Z 2 – Büros		Fensterlüftung	TWW 2 – dez.	TWW 1	Bel.-System 2	
Z 3 – Werkstatt		RLT-Anlage	TWW 1 – zentral		System 2	System 3
	1 VB für Z 1–3	2 VB für Z 1; je 1 VB für Z 2–3	1 VB für Z 1–3; zusätzl. 2. VB in Z 2		1 VB für Z 1; 1 VB für Z 2–3; zusätzl. 2. VB in Z 3	

Für die Berechnung des Nutz- und Endenergiebedarfs für Beleuchtung z.B. werden beleuchtungstechnische Versorgungsbereiche gebildet:

- Zum einen werden raumweise Bereiche bestimmt mit bzw. ohne Tageslichtversorgung (Tageslichtquotient, Sonnen- und/oder Blendschutz, Himmelsrichtung; Lichttransmissionsgrad der Verglasung sind bestimmende Faktoren).
- Zum anderen werden die Versorgungsbereiche mit Kunstlicht bestimmt (Kriterien sind hier die Art der Leuchtmittel, Vorschaltgerätetyp, Beleuchtungsart direkt/indirekt, Raumindex) sowie
- Beleuchtungskontrollsysteme (Präsenzerfassung, Konstantlichtregelung, tageslichtabhängige Kontrolle).

Anhang D der DIN 18599-1:2018-12 „Vereinfachung bei der (Hüll-)Flächenermittlung“ im Zusammenhang mit der Zonierung von Nichtwohngebäuden

Die Überlagerung der Bilanzgrenzen von Versorgungsbereichen und Zonen erfordert Regeln für die Verrechnung von Bilanzanteilen (siehe DIN 18599-1,) für die Ermittlung der Energiebedarfskennwerte – zonenweise und für das gesamte Gebäude.

Ähnlich kompliziert und aufwendig kann sich auch die Zurechnung von Hüllflächenelementen/Bauteilen zu unterschiedlichen Zonen gestalten. Im – neuen – Anhang D der DIN 18599-1 wird daher ein Verfahren vorgestellt zur „pauschalierten Zuweisung der Hüllfläche“ zu „thermisch gleichartig konditionierten Zonen“ nach jeweiligem Flächenanteil der Zone an der Gesamtgrundfläche aller thermisch gleichartig konditionierten Zonen.

Die pauschalierte Hüllflächenzuweisung erfolgt in drei Arbeitsschritten.

Arbeitsschritt 1

Über einfache Ja/Nein-Abfrage bei der Zonierung und der Bildung von Beleuchtungsbereichen wird festgestellt,

- hat die Zone wärmeübertragende opake Hüllflächen? (angrenzend an Außenluft/ an Erdreich/ zu unbeheizt/ungekühlt)
- hat die Zone transparente Hüllflächen? (vertikal, horizontal, Sheddächer)

Die Arbeitsschritte 2 (Hüllflächenzuweisung) und 3 (vereinfachte Ermittlung tageslichtversorgter Bereiche) werden jeweils getrennt für Zonen gleicher Temperierung (Bereiche) durchgeführt. Unterschieden werden die Bereiche:

- weder beheizt noch gekühlt
- nur beheizt
- nur gekühlt
- beheizt und gekühlt

Arbeitsschritt 2

Für alle Bereiche werden die opaken und die transparenten Bauteile erfasst.

Die opaken Bauteile zunächst getrennt nach Bauteilart, thermischen Eigenschaften, Temperatur-Korrekturfaktor des angrenzenden Bereichs; eine Unterscheidung der Himmelsrichtung ist nicht notwendig. Anschließend wird für die opaken Bauteile des Bereichs der mittlere U-Wert bestimmt. Für „Innenbauteile zu unbeheizt" wird der mittlere U-Wert gesondert ermittelt.

Die so ermittelten Gesamtflächen der Außenbauteile (oder Innenbauteile) eines Bereichs werden nun pauschal anteilig den einzelnen Zonen zugeordnet – entsprechend dem Grundflächenanteil der Zone an der gesamten Nettogrundfläche aller beteiligten Zonen.

Ähnlich wird nun für die Zuweisung der transparenten Bauteilflächen zu Zonen verfahren. Die Flächenzuweisung erfolgt auf Ebene der Beleuchtungsbereiche, die nicht mit den Zonen identisch sein müssen über Ja/Nein-Abfrage in Arbeitsschritt 1.

In Arbeitsschritt 2 werden für die vertikalen transparenten Bauteile je Orientierung die Flächen und die relevanten Kennwerte bestimmt – wie U-Wert, g-Wert, g_{tot} und τ, außerdem die Sturzhöhe h_s und Brüstungshöhe h_B.

Der Flächenanteil einer Zone an dem jeweiligen transparenten Bauteil einer Orientierung bestimmt sich wieder über den Nettogrundflächenanteil der Zone an der Gesamtnettogrundfläche des Bereichs.

Horizontale transparente Flächen und Sheddächer werden separat behandelt.

Arbeitsschritt 3

Anhand der pauschaliert zugewiesenen transparenten Flächen einer Zone werden die tageslichtversorgten Bereiche ermittelt. Hierbei gehen „[...] die Maße der transparenten Flächen [...]" (wie Sturzhöhe, Brüstungshöhe) „[...] in die Berechnung der Tageslichtbereiche ein, Fassadeneigenschaften und Raumgeometrien werden nicht berücksichtigt." (Der so ermittelte tageslichtversorgte Bereich kann also z.B. evtl. tiefer sein als die tatsächliche Raumtiefe.)

Hinweis für die Praxis

In DIN 18599-1, Anhang D: Gegenüber der detaillierten Berechnung der tageslichtversorgten Bereiche ergibt sich bei der vereinfachten Ermittlung in der Regel eine Unterschätzung der Bereiche (also eine Überschätzung des ermittelten Beleuchtungsenergiebedarfs).

4/2 Der Energieausweis

Der Energieausweis gibt Informationen über die energetischen Eigenschaften eines Gebäudes zum überschlägigen Vergleich wieder. Im Teil 5 (§ 79 bis § 88) des Gebäudeenergiegesetzes (GEG) wird alles zum Energieausweis beschrieben.

Die Energieausweisarten

Das GEG unterscheidet zwei Ausweisarten, den Energieverbrauchsausweis und den Energiebedarfsausweis. Ausweise werden grundsätzlich für das gesamte Objekt erstellt, nicht jedoch für einzelne Nutzungseinheiten innerhalb der Gebäude. Wie der Energieausweis aussieht, gibt das Bundesministerium für Wirtschaft und Energie gemeinsam mit dem Bundesministerium des Innern, für Bau und Heimat in der Bekanntmachung der Muster von Energieausweisen nach dem Gebäudeenergiegesetz vom 8. Oktober 2020 vor.

Was ist neu?

Die Muster der Energieausweise sind nicht mehr direkt im Gesetz/in der Verordnung verankert, sondern sind ausgelagert.

Hinweis für die Praxis

Für das vereinfachte Nachweisverfahren für zu errichtende Wohngebäude nach Anlage 5 GEG liegen noch keine Muster für den Energieausweis vor. Das Bundesministerium für Wirtschaft und Energie gemeinsam mit dem Bundesministerium des Inneren für Bau und Heimat geben in einer Bekanntmachung im Bundesanzeiger vor, welche Angaben in Energiebedarfsausweisen zu verwenden sind.

Energiebedarfsausweis-Berechnungsverfahren

Neu: Die Berechnungsbasis bildet grundsätzlich die Bilanzierung gemäß DIN 18599 (Wohnbau/Nichtwohnbau), ungekühlte Wohngebäude können alternativ bis Ende 2023 gemäß DIN 4701/4108 (Wohnbau) bilanziert werden. Damit verfällt die Anwendung des Berechnungsverfahren für Wohngebäude ab Anfang 2024.

Änderungen im Energieausweis – Was ist neu?

1 Es entfällt, dass man das Datum der Antragstellung eintragen kann und die Registriernummer nachträglich einsetzt bei nicht rechtzeitiger Zuteilung der Registriernummer. Das gilt sowohl für die Wohngebäude als auch für die Nichtwohngebäude.

2 Die Art der Kühlung wurde erweitert in
   - Passive Kühlung
   - Gelieferte Kälte
   - Kühlung aus Strom
   - Kühlung aus Wärme

   Weiter neu hinzugekommen ist der Punkt: Inspektionspflicht Klimaanlage mit den Punkten
   - Anzahl und
   - Nächstes Fälligkeitsdatum der Inspektion

3 Neu ist das der Aussteller mit Anschrift und Berufsbezeichnung aufgeführt wird. Dies ist auch explizit im GEG so beschrieben und muss im Energieausweis enthalten sein.

ENERGIEAUSWEIS für Wohngebäude

gemäß den §§ 79 ff. Gebäudeenergiegesetz (GEG) vom [1]

Gültig bis: | Registriernummer: ❶ | 1

Gebäude

Gebäudetyp		Gebäudefoto (freiwillig)
Adresse		
Gebäudeteil [2]		
Baujahr Gebäude [3]		
Baujahr Wärmeerzeuger [3, 4]		
Anzahl der Wohnungen		
Gebäudenutzfläche (A_N)	☐ nach § 82 GEG aus der Wohnfläche ermittelt	
Wesentliche Energieträger für Heizung [3]		
Wesentliche Energieträger für Warmwasser [3]		
Erneuerbare Energien	Art:	Verwendung:
Art der Lüftung [3]	☐ Fensterlüftung ☐ Schachtlüftung	☐ Lüftungsanlage mit Wärmerückgewinnung ☐ Lüftungsanlage ohne Wärmerückgewinnung
Art der Kühlung [3]	☐ Passive Kühlung ☐ Gelieferte Kälte	☐ Kühlung aus Strom ☐ Kühlung aus Wärme ❷
Inspektionspflichtige Klimaanlagen [5]	Anzahl:	Nächstes Fälligkeitsdatum der Inspektion:
Anlass der Ausstellung des Energieausweises	☐ Neubau ☐ Vermietung/Verkauf	☐ Modernisierung (Änderung/Erweiterung) ☐ Sonstiges (freiwillig)

Hinweise zu den Angaben über die energetische Qualität des Gebäudes

Die energetische Qualität eines Gebäudes kann durch die Berechnung des **Energiebedarfs** unter Annahme von standardisierten Randbedingungen oder durch die Auswertung des **Energieverbrauchs** ermittelt werden. Als Bezugsfläche dient die energetische Gebäudenutzfläche nach dem GEG, die sich in der Regel von den allgemeinen Wohnflächenangaben unterscheidet. Die angegebenen Vergleichswerte sollen überschlägige Vergleiche ermöglichen **(Erläuterungen – siehe Seite 5)**. Teil des Energieausweises sind die Modernisierungsempfehlungen (Seite 4).

☐ Der Energieausweis wurde auf der Grundlage von Berechnungen des **Energiebedarfs** erstellt (Energiebedarfsausweis). Die Ergebnisse sind auf **Seite 2** dargestellt. Zusätzliche Informationen zum Verbrauch sind freiwillig.

☐ Der Energieausweis wurde auf der Grundlage von Auswertungen des **Energieverbrauchs** erstellt (Energieverbrauchsausweis). Die Ergebnisse sind auf **Seite 3** dargestellt.

Datenerhebung Bedarf/Verbrauch durch ☐ Eigentümer ☐ Aussteller

☐ Dem Energieausweis sind zusätzliche Informationen zur energetischen Qualität beigefügt (freiwillige Angabe).

Hinweise zur Verwendung des Energieausweises

Energieausweise dienen ausschließlich der Information. Die Angaben im Energieausweis beziehen sich auf das gesamte Gebäude oder den oben bezeichneten Gebäudeteil. Der Energieausweis ist lediglich dafür gedacht, einen überschlägigen Vergleich von Gebäuden zu ermöglichen.

Aussteller (mit Anschrift und Berufsbezeichnung) ❸

Unterschrift des Ausstellers

Ausstellungsdatum

[1] Datum des angewendeten GEG, gegebenenfalls des angewendeten Änderungsgesetzes zum GEG
[2] nur im Fall des § 79 Absatz 2 Satz 2 GEG einzutragen
[3] Mehrfachangaben möglich
[4] bei Wärmenetzen Baujahr der Übergabestation
[5] Klimaanlagen oder kombinierte Lüftungs- und Klimaanlagen im Sinne des § 74 GEG

Bild 1: Änderungen Seite 1 Wohngebäude

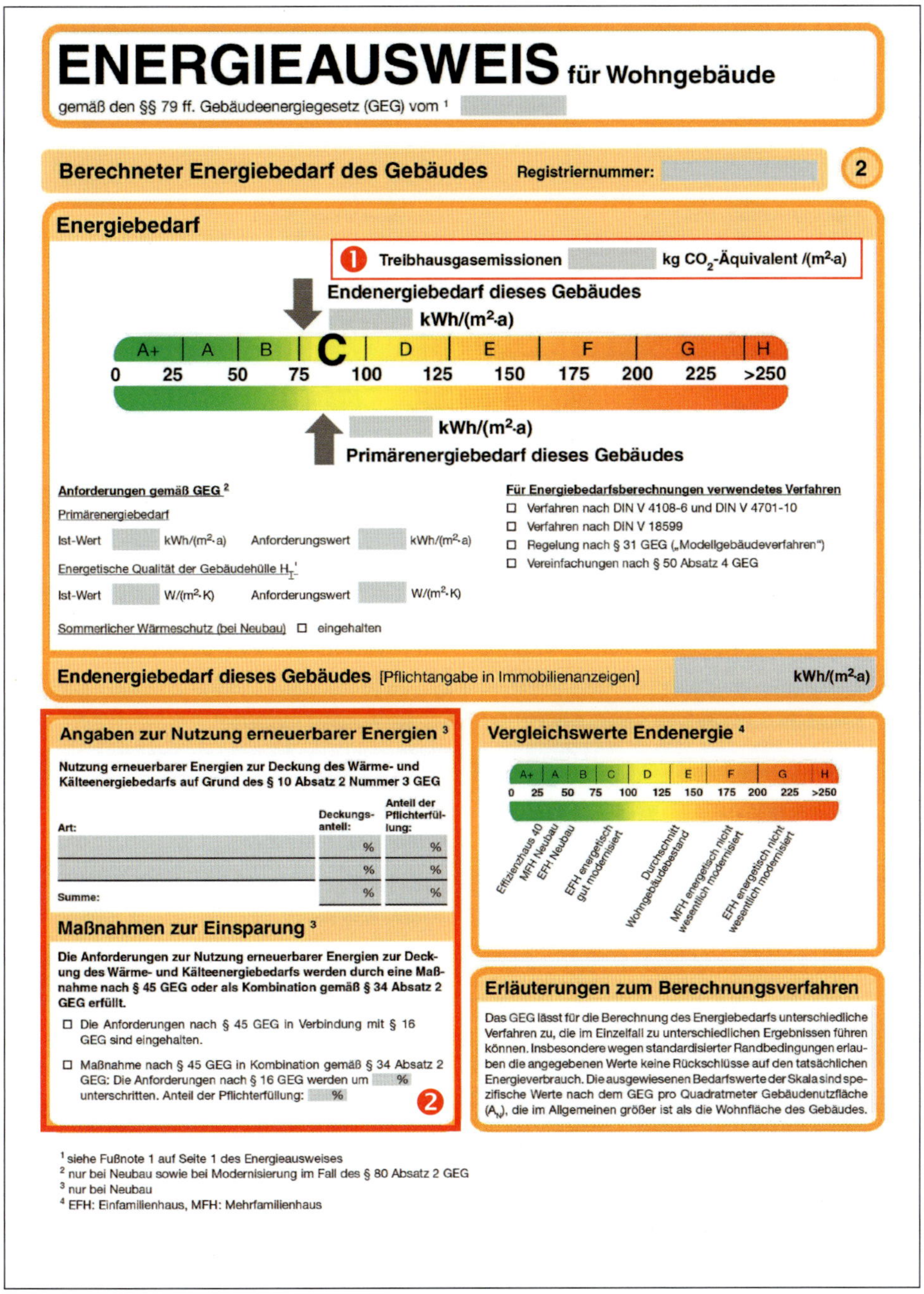

ENERGIEAUSWEIS für Wohngebäude

gemäß den §§ 79 ff. Gebäudeenergiegesetz (GEG) vom [1]

Berechneter Energiebedarf des Gebäudes Registriernummer: ②

Energiebedarf

❶ Treibhausgasemissionen kg CO_2-Äquivalent /(m²·a)

Endenergiebedarf dieses Gebäudes

kWh/(m²·a)

A+ | A | B | C | D | E | F | G | H

0 25 50 75 100 125 150 175 200 225 >250

kWh/(m²·a)

Primärenergiebedarf dieses Gebäudes

Anforderungen gemäß GEG [2]

Primärenergiebedarf

Ist-Wert kWh/(m²·a) Anforderungswert kWh/(m²·a)

Energetische Qualität der Gebäudehülle H_T'

Ist-Wert W/(m²·K) Anforderungswert W/(m²·K)

Sommerlicher Wärmeschutz (bei Neubau) ☐ eingehalten

Für Energiebedarfsberechnungen verwendetes Verfahren

- ☐ Verfahren nach DIN V 4108-6 und DIN V 4701-10
- ☐ Verfahren nach DIN V 18599
- ☐ Regelung nach § 31 GEG („Modellgebäudeverfahren")
- ☐ Vereinfachungen nach § 50 Absatz 4 GEG

Endenergiebedarf dieses Gebäudes [Pflichtangabe in Immobilienanzeigen] kWh/(m²·a)

Angaben zur Nutzung erneuerbarer Energien [3]

Nutzung erneuerbarer Energien zur Deckung des Wärme- und Kälteenergiebedarfs auf Grund des § 10 Absatz 2 Nummer 3 GEG

Art:	Deckungs-anteil:	Anteil der Pflichterfüllung:
	%	%
	%	%
Summe:	%	%

Maßnahmen zur Einsparung [3]

Die Anforderungen zur Nutzung erneuerbarer Energien zur Deckung des Wärme- und Kälteenergiebedarfs werden durch eine Maßnahme nach § 45 GEG oder als Kombination gemäß § 34 Absatz 2 GEG erfüllt.

- ☐ Die Anforderungen nach § 45 GEG in Verbindung mit § 16 GEG sind eingehalten.
- ☐ Maßnahme nach § 45 GEG in Kombination gemäß § 34 Absatz 2 GEG: Die Anforderungen nach § 16 GEG werden um % unterschritten. Anteil der Pflichterfüllung: % ❷

Vergleichswerte Endenergie [4]

A+ | A | B | C | D | E | F | G | H

0 25 50 75 100 125 150 175 200 225 >250

Effizienzhaus 40
MFH Neubau
EFH Neubau
EFH energetisch gut modernisiert
Durchschnitt Wohngebäudebestand
MFH energetisch nicht wesentlich modernisiert
EFH energetisch nicht wesentlich modernisiert

Erläuterungen zum Berechnungsverfahren

Das GEG lässt für die Berechnung des Energiebedarfs unterschiedliche Verfahren zu, die im Einzelfall zu unterschiedlichen Ergebnissen führen können. Insbesondere wegen standardisierter Randbedingungen erlauben die angegebenen Werte keine Rückschlüsse auf den tatsächlichen Energieverbrauch. Die ausgewiesenen Bedarfswerte der Skala sind spezifische Werte nach dem GEG pro Quadratmeter Gebäudenutzfläche (A_N), die im Allgemeinen größer ist als die Wohnfläche des Gebäudes.

[1] siehe Fußnote 1 auf Seite 1 des Energieausweises
[2] nur bei Neubau sowie bei Modernisierung im Fall des § 80 Absatz 2 GEG
[3] nur bei Neubau
[4] EFH: Einfamilienhaus, MFH: Mehrfamilienhaus

Bild 2: Änderungen Seite 2 Wohngebäude

1. Die Treibhausgasemissionen sind im Ausweis anzugeben im Gegensatz zu den damals freiwilligen Angaben zu den CO_2-Emissionen. Diese wurde verpflichtend eingeführt. Das gilt sowohl für den Energiebedarfs- als auch für den Energieverbrauchsausweis. Die Berechnungsregeln dazu werden in der Anlage 9 des GEG aufgezeigt.
2. Zusätzlich zu der Art und dem Deckungsanteil sind auch die Anteile der Pflichterfüllung anzugeben. Bei den sogenannten Ersatzmaßnahmen entfallen Angaben zu den verschärften Anforderungswerten zum Primärenergiebedarf und für die energetische Qualität der Gebäudehülle.

ENERGIEAUSWEIS für Wohngebäude

gemäß den §§ 79 ff. Gebäudeenergiegesetz (GEG) vom [1]

Erläuterungen

5

Angabe Gebäudeteil - Seite 1

Bei Wohngebäuden, die zu einem nicht unerheblichen Anteil zu anderen als Wohnzwecken genutzt werden, ist die Ausstellung des Energieausweises gemäß § 79 Absatz 2 Satz 2 GEG auf den Gebäudeteil zu beschränken, der getrennt als Wohngebäude zu behandeln ist (siehe im Einzelnen § 106 GEG). Dies wird im Energieausweis durch die Angabe „Gebäudeteil" deutlich gemacht.

Erneuerbare Energien - Seite 1

Hier wird darüber informiert, wofür und in welcher Art erneuerbare Energien genutzt werden. Bei Neubauten enthält Seite 2 (Angaben zur Nutzung erneuerbarer Energien) dazu weitere Angaben.

Energiebedarf - Seite 2

Der Energiebedarf wird hier durch den Jahres-Primärenergiebedarf und den Endenergiebedarf dargestellt. Diese Angaben werden rechnerisch ermittelt. Die angegebenen Werte werden auf der Grundlage der Bauunterlagen bzw. gebäudebezogener Daten und unter Annahme von standardisierten Randbedingungen (z. B. standardisierte Klimadaten, definiertes Nutzerverhalten, standardisierte Innentemperatur und innere Wärmegewinne usw.) berechnet. So lässt sich die energetische Qualität des Gebäudes unabhängig vom Nutzerverhalten und von der Wetterlage beurteilen. Insbesondere wegen der standardisierten Randbedingungen erlauben die angegebenen Werte keine Rückschlüsse auf den tatsächlichen Energieverbrauch.

Primärenergiebedarf - Seite 2

Der Primärenergiebedarf bildet die Energieeffizienz des Gebäudes ab. Er berücksichtigt neben der Endenergie mithilfe von Primärenergiefaktoren auch die so genannte „Vorkette" (Erkundung, Gewinnung, Verteilung, Umwandlung) der jeweils eingesetzten Energieträger (z. B. Heizöl, Gas, Strom, erneuerbare Energien etc.). Ein kleiner Wert signalisiert einen geringen Bedarf und damit eine hohe Energieeffizienz sowie eine die Ressourcen und die Umwelt schonende Energienutzung.

Energetische Qualität der Gebäudehülle – Seite 2

Angegeben ist der spezifische, auf die wärmeübertragende Umfassungsfläche bezogene Transmissionswärmeverlust. Er beschreibt die durchschnittliche energetische Qualität aller wärmeübertragenden Umfassungsflächen (Außenwände, Decken, Fenster etc.) eines Gebäudes. Ein kleiner Wert signalisiert einen guten baulichen Wärmeschutz. Außerdem stellt das GEG bei Neubauten Anforderungen an den sommerlichen Wärmeschutz (Schutz vor Überhitzung) eines Gebäudes.

Endenergiebedarf - Seite 2

Der Endenergiebedarf gibt die nach technischen Regeln berechnete, jährlich benötigte Energiemenge für Heizung, Lüftung und Warmwasserbereitung an. Er wird unter Standardklima- und Standardnutzungsbedingungen errechnet und ist ein Indikator für die Energieeffizienz eines Gebäudes und seiner Anlagentechnik. Der Endenergiebedarf ist die Energiemenge, die dem Gebäude unter der Annahme von standardisierten Bedingungen und unter Berücksichtigung der Energieverluste zugeführt werden muss, damit die standardisierte Innentemperatur, der Warmwasserbedarf und die notwendige Lüftung sichergestellt werden können. Ein kleiner Wert signalisiert einen geringen Bedarf und damit eine hohe Energieeffizienz.

Angaben zur Nutzung erneuerbarer Energien – Seite 2

Nach dem GEG müssen Neubauten in bestimmtem Umfang erneuerbare Energien zur Deckung des Wärme- und Kälteenergiebedarfs nutzen. In dem Feld „Angaben zur Nutzung erneuerbarer Energien" sind die Art der eingesetzten erneuerbaren Energien, der prozentuale Deckungsanteil am Wärme- und Kälteenergiebedarf und der prozentuale Anteil der Pflichterfüllung abzulesen. Das Feld „Maßnahmen zur Einsparung" wird ausgefüllt, wenn die Anforderungen des GEG teilweise oder vollständig durch Unterschreitung der Anforderungen an den baulichen Wärmeschutz gemäß § 45 GEG erfüllt werden.

Endenergieverbrauch - Seite 3

Der Endenergieverbrauch wird für das Gebäude auf der Basis der Abrechnungen von Heiz- und Warmwasserkosten nach der Heizkostenverordnung oder auf Grund anderer geeigneter Verbrauchsdaten ermittelt. Dabei werden die Energieverbrauchsdaten des gesamten Gebäudes und nicht der einzelnen Wohneinheiten zugrunde gelegt. Der erfasste Energieverbrauch für die Heizung wird anhand der konkreten örtlichen Wetterdaten und mithilfe von Klimafaktoren auf einen deutschlandweiten Mittelwert umgerechnet. So führt beispielsweise ein hoher Verbrauch in einem einzelnen harten Winter nicht zu einer schlechteren Beurteilung des Gebäudes. Der Endenergieverbrauch gibt Hinweise auf die energetische Qualität des Gebäudes und seiner Heizungsanlage. Ein kleiner Wert signalisiert einen geringen Verbrauch. Ein Rückschluss auf den künftig zu erwartenden Verbrauch ist jedoch nicht möglich; insbesondere können die Verbrauchsdaten einzelner Wohneinheiten stark differieren, weil sie von der Lage der Wohneinheiten im Gebäude, von der jeweiligen Nutzung und dem individuellen Verhalten der Bewohner abhängen.
Im Fall längerer Leerstände wird hierfür ein pauschaler Zuschlag rechnerisch bestimmt und in die Verbrauchserfassung einbezogen. Im Interesse der Vergleichbarkeit wird bei dezentralen, in der Regel elektrisch betriebenen Warmwasseranlagen der typische Verbrauch über eine Pauschale berücksichtigt. Gleiches gilt für den Verbrauch von eventuell vorhandenen Anlagen zur Raumkühlung. Ob und inwieweit die genannten Pauschalen in die Erfassung eingegangen sind, ist der Tabelle „Verbrauchserfassung" zu entnehmen.

Primärenergieverbrauch - Seite 3

Der Primärenergieverbrauch geht aus dem für das Gebäude ermittelten Endenergieverbrauch hervor. Wie der Primärenergiebedarf wird er mithilfe von Primärenergiefaktoren ermittelt, die die Vorkette der jeweils eingesetzten Energieträger berücksichtigen.

Treibhausgasemissionen – Seite 2 und 3 ❶

Die mit dem Primärenergiebedarf oder dem Primärenergieverbrauch verbundenen Treibhausgasemissionen des Gebäudes werden als äquivalente Kohlendioxidemissionen ausgewiesen.

Pflichtangaben für Immobilienanzeigen - Seite 2 und 3

Nach dem GEG besteht die Pflicht, in Immobilienanzeigen die in § 87 Absatz 1 GEG genannten Angaben zu machen. Die dafür erforderlichen Angaben sind dem Energieausweis zu entnehmen, je nach Ausweisart der Seite 2 oder 3.

Vergleichswerte – Seite 2 und 3

Die Vergleichswerte auf Endenergieebene sind modellhaft ermittelte Werte und sollen lediglich Anhaltspunkte für grobe Vergleiche der Werte dieses Gebäudes mit den Vergleichswerten anderer Gebäude sein. Es sind Bereiche angegeben, innerhalb derer ungefähr die Werte für die einzelnen Vergleichskategorien liegen.

[1] siehe Fußnote 1 auf Seite 1 des Energieausweises

1 Hinzugekommen ist der Absatz und damit Informationen für die Treibhausgasemissionen.

Bild 3: Änderungen Seite 5 Wohngebäude

ENERGIEAUSWEIS für Nichtwohngebäude

gemäß den §§ 79 ff. Gebäudeenergiegesetz (GEG) vom [1]

Gültig bis: | Registriernummer: ❶ | 1

Gebäude

Hauptnutzung / Gebäudekategorie		Gebäudefoto (freiwillig)
Adresse		
Gebäudeteil [2]		
Baujahr Gebäude [3]		
Baujahr Wärmeerzeuger [3, 4]		
Nettogrundfläche [5]		
Wesentliche Energieträger für Heizung [3]		
Wesentliche Energieträger für Warmwasser [3]		
Erneuerbare Energien	Art:	Verwendung:
Art der Lüftung [3]	☐ Fensterlüftung ☐ Schachtlüftung	☐ Lüftungsanlage mit Wärmerückgewinnung ☐ Lüftungsanlage ohne Wärmerückgewinnung
Art der Kühlung [3]	☐ Passive Kühlung ☐ Gelieferte Kälte	☐ Kühlung aus Strom ☐ Kühlung aus Wärme ❷
Inspektionspflichtige Klimaanlagen [6]	Anzahl:	Nächstes Fälligkeitsdatum der Inspektion:
Anlass der Ausstellung des Energieausweises	☐ Neubau ☐ Vermietung/Verkauf	☐ Modernisierung (Änderung/Erweiterung) ☐ Aushangpflicht ☐ Sonstiges (freiwillig)

Hinweise zu den Angaben über die energetische Qualität des Gebäudes

Die energetische Qualität eines Gebäudes kann durch die Berechnung des **Energiebedarfs** unter Annahme von standardisierten Randbedingungen oder durch die Auswertung des **Energieverbrauchs** ermittelt werden. **Als Bezugsfläche dient die Nettogrundfläche.** Teil des Energieausweises sind die Modernisierungsempfehlungen (Seite 4).

☐ Der Energieausweis wurde auf der Grundlage von Berechnungen des **Energiebedarfs** erstellt (Energiebedarfsausweis). Die Ergebnisse sind auf **Seite 2** dargestellt. Zusätzliche Informationen zum Verbrauch sind freiwillig. Diese Art der Ausstellung ist Pflicht bei Neubauten und bestimmten Modernisierungen nach § 80 Absatz 2 GEG. Die angegebenen Vergleichswerte sind die Anforderungen des GEG zum Zeitpunkt der Erstellung des Energieausweises **(Erläuterungen – siehe Seite 5)**.

☐ Der Energieausweis wurde auf der Grundlage von Auswertungen des **Energieverbrauchs** erstellt (Energieverbrauchsausweis). Die Ergebnisse sind auf **Seite 3** dargestellt. Die Vergleichswerte beruhen auf statistischen Auswertungen.

Datenerhebung Bedarf/Verbrauch durch ☐ Eigentümer ☐ Aussteller

☐ Dem Energieausweis sind zusätzliche Informationen zur energetischen Qualität beigefügt (freiwillige Angabe).

Hinweise zur Verwendung des Energieausweises

Energieausweise dienen ausschließlich der Information. Die Angaben im Energieausweis beziehen sich auf das gesamte Gebäude oder den oben bezeichneten Gebäudeteil. Der Energieausweis ist lediglich dafür gedacht, einen überschlägigen Vergleich von Gebäuden zu ermöglichen.

Aussteller (mit Anschrift und Berufsbezeichnung) ❸

Unterschrift des Ausstellers

Ausstellungsdatum

[1] Datum des angewendeten GEG, gegebenenfalls des angewendeten Änderungsgesetzes zum GEG
[2] nur im Fall des § 79 Absatz 2 Satz 2 GEG
[3] Mehrfachangaben möglich
[4] bei Wärmenetzen Baujahr der Übergabestation
[5] Nettogrundfläche ist im Sinne des GEG ausschließlich der beheizte/gekühlte Teil der Nettogrundfläche
[6] Klimaanlagen oder kombinierte Lüftungs- und Klimaanlagen im Sinne des § 74 GEG

Bild 4: Änderungen Seite 1 Nichtwohngebäude

1 Ebenso wie bei den Wohngebäuden entfällt, dass man das Datum der Antragstellung eintragen kann und die Registriernummer nachträglich einsetzt bei nicht rechtzeitiger Zuteilung der Registriernummer.

2 Die Art der Kühlung wurde ebenfalls erweitert in
- Passive Kühlung
- Gelieferte Kälte
- Kühlung aus Strom
- Kühlung aus Wärme

Neu hinzugekommen der Punkt: Inspektionspflicht Klimaanlage

3 Der Aussteller muss auch hier mit Anschrift und Berufsbezeichnung aufgeführt werden.

1 Die Treibhausgasemissionen sind im Ausweis anzugeben im Gegensatz zu den damals freiwilligen Angaben zu den CO_2-Emissionen. Diese Angabe wurde verpflichtend eingeführt. Das gilt sowohl für den Energiebedarfs- als auch für den Energieverbrauchsausweis. Die Berechnungsregeln dazu werden in der Anlage 9 des GEG aufgezeigt.

2 Zusätzlich zur Art und zum Deckungsanteil sind auch die Anteile der Pflichterfüllung anzugeben. Bei den sogenannten Ersatzmaßnahmen entfallen Angaben zu den verschärften Anforderungswerten zum Primärenergiebedarf sowie zur energetischen Qualität der Gebäudehülle. Neu hinzugekommen ist der Punkt ob die Anforderungen bei grundlegender Renovierung eines öffentlichen Gebäudes eingehalten sind.

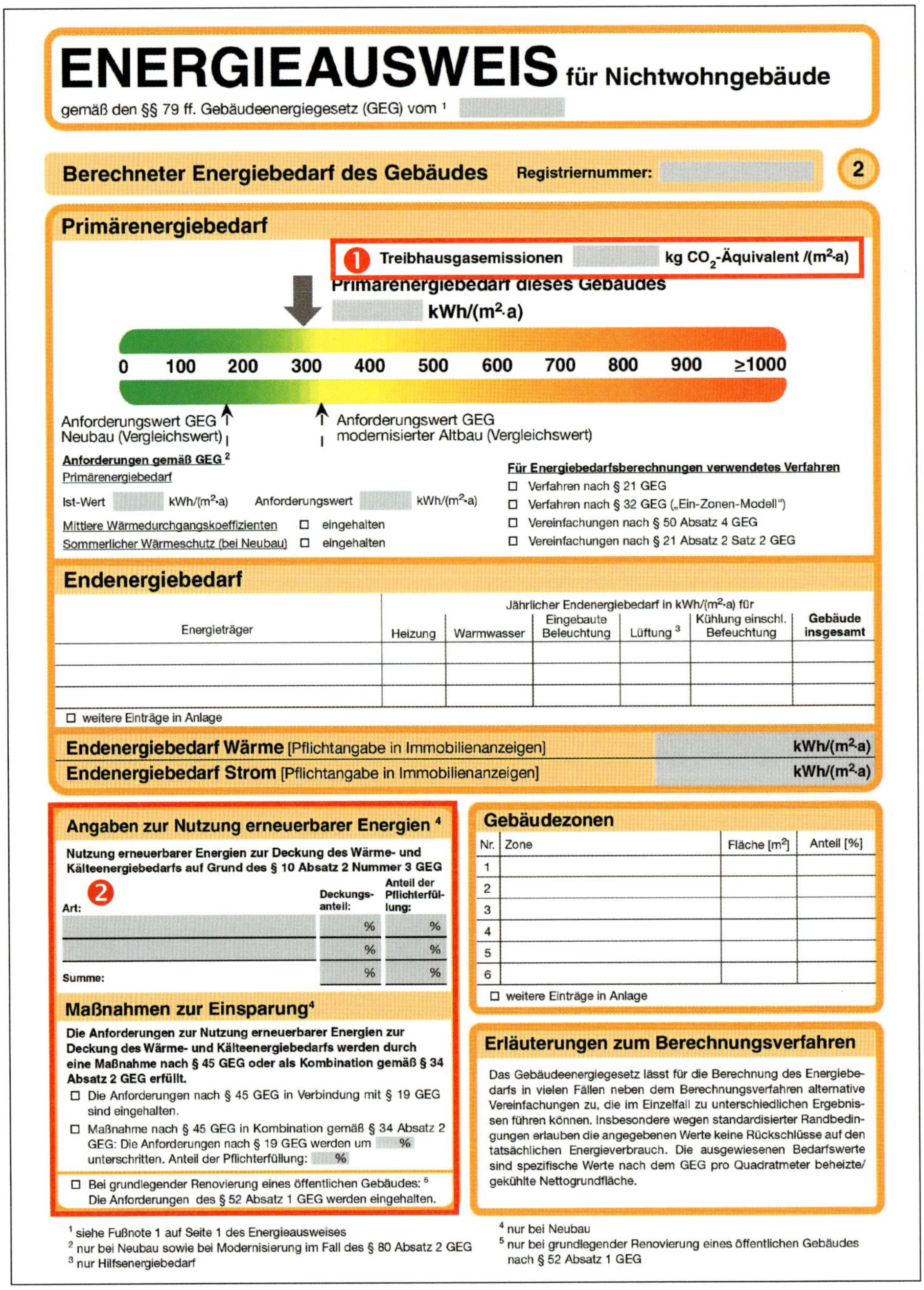

ENERGIEAUSWEIS für Nichtwohngebäude

gemäß den §§ 79 ff. Gebäudeenergiegesetz (GEG) vom [1]

Berechneter Energiebedarf des Gebäudes Registriernummer: (2)

Primärenergiebedarf

❶ Treibhausgasemissionen kg CO_2-Äquivalent /(m^2·a)

Primärenergiebedarf dieses Gebäudes

kWh/(m^2·a)

0 100 200 300 400 500 600 700 800 900 ≥1000

Anforderungswert GEG Neubau (Vergleichswert)

Anforderungswert GEG modernisierter Altbau (Vergleichswert)

Anforderungen gemäß GEG [2]

Primärenergiebedarf

Ist-Wert kWh/(m^2·a) Anforderungswert kWh/(m^2·a)

Mittlere Wärmedurchgangskoeffizienten ☐ eingehalten

Sommerlicher Wärmeschutz (bei Neubau) ☐ eingehalten

Für Energiebedarfsberechnungen verwendetes Verfahren

☐ Verfahren nach § 21 GEG

☐ Verfahren nach § 32 GEG („Ein-Zonen-Modell")

☐ Vereinfachungen nach § 50 Absatz 4 GEG

☐ Vereinfachungen nach § 21 Absatz 2 Satz 2 GEG

Endenergiebedarf

Energieträger	Jährlicher Endenergiebedarf in kWh/(m^2·a) für Heizung	Warmwasser	Eingebaute Beleuchtung	Lüftung [3]	Kühlung einschl. Befeuchtung	Gebäude insgesamt

☐ weitere Einträge in Anlage

Endenergiebedarf Wärme [Pflichtangabe in Immobilienanzeigen] kWh/(m^2·a)

Endenergiebedarf Strom [Pflichtangabe in Immobilienanzeigen] kWh/(m^2·a)

Angaben zur Nutzung erneuerbarer Energien [4]

Nutzung erneuerbarer Energien zur Deckung des Wärme- und Kälteenergiebedarfs auf Grund des § 10 Absatz 2 Nummer 3 GEG

❷

Art:	Deckungsanteil:	Anteil der Pflichterfüllung:
	%	%
	%	%
Summe:	%	%

Maßnahmen zur Einsparung[4]

Die Anforderungen zur Nutzung erneuerbarer Energien zur Deckung des Wärme- und Kälteenergiebedarfs werden durch eine Maßnahme nach § 45 GEG oder als Kombination gemäß § 34 Absatz 2 GEG erfüllt.

☐ Die Anforderungen nach § 45 GEG in Verbindung mit § 19 GEG sind eingehalten.

☐ Maßnahme nach § 45 GEG in Kombination gemäß § 34 Absatz 2 GEG: Die Anforderungen nach § 19 GEG werden um % unterschritten. Anteil der Pflichterfüllung: %

☐ Bei grundlegender Renovierung eines öffentlichen Gebäudes: [5] Die Anforderungen des § 52 Absatz 1 GEG werden eingehalten.

Gebäudezonen

Nr.	Zone	Fläche [m^2]	Anteil [%]
1			
2			
3			
4			
5			
6			

☐ weitere Einträge in Anlage

Erläuterungen zum Berechnungsverfahren

Das Gebäudeenergiegesetz lässt für die Berechnung des Energiebedarfs in vielen Fällen neben dem Berechnungsverfahren alternative Vereinfachungen zu, die im Einzelfall zu unterschiedlichen Ergebnissen führen können. Insbesondere wegen standardisierter Randbedingungen erlauben die angegebenen Werte keine Rückschlüsse auf den tatsächlichen Energieverbrauch. Die ausgewiesenen Bedarfswerte sind spezifische Werte nach dem GEG pro Quadratmeter beheizte/gekühlte Nettogrundfläche.

[1] siehe Fußnote 1 auf Seite 1 des Energieausweises
[2] nur bei Neubau sowie bei Modernisierung im Fall des § 80 Absatz 2 GEG
[3] nur Hilfsenergiebedarf
[4] nur bei Neubau
[5] nur bei grundlegender Renovierung eines öffentlichen Gebäudes nach § 52 Absatz 1 GEG

Bild 5: Änderungen Seite 2 Nichtwohngebäude

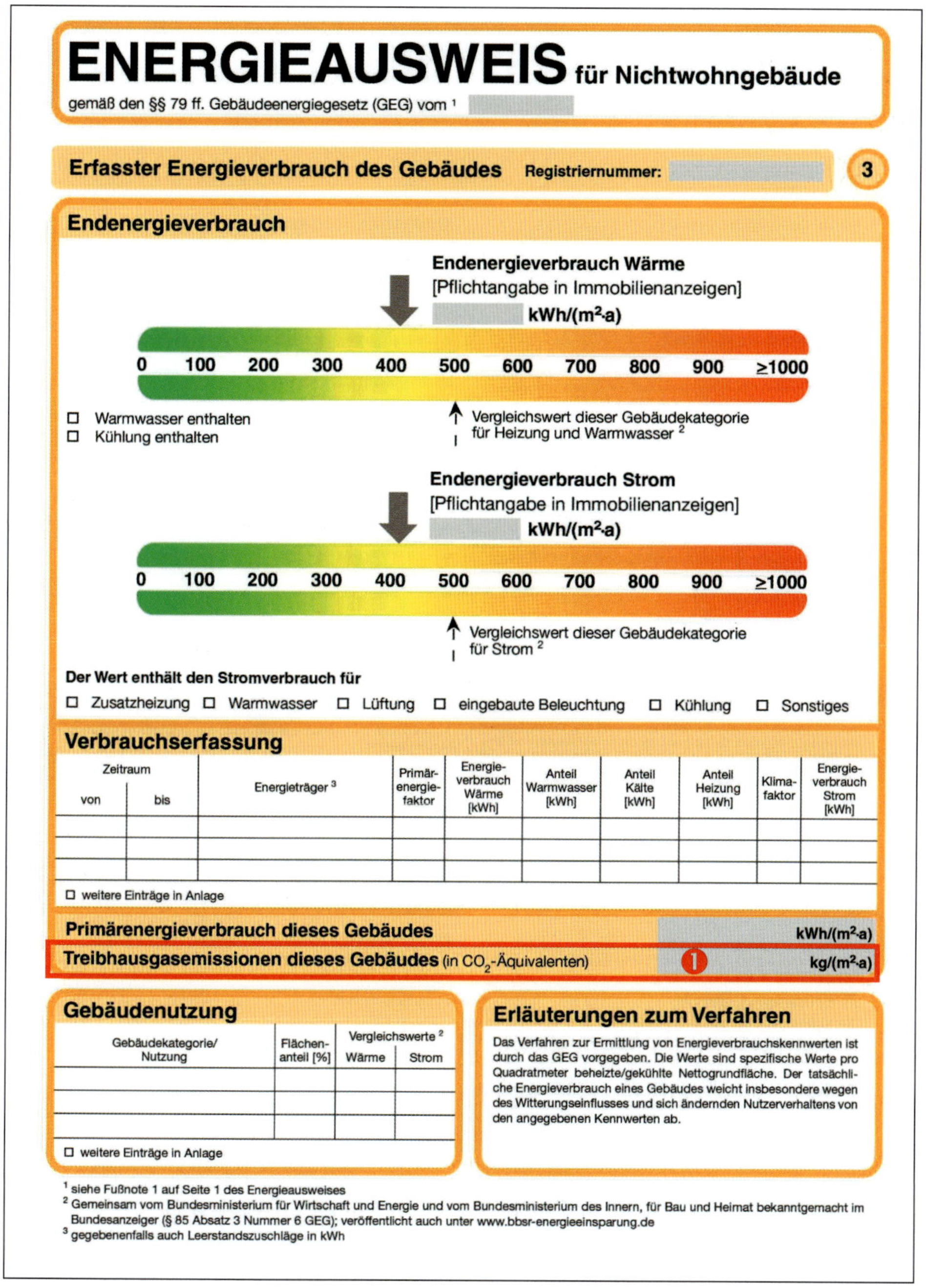

ENERGIEAUSWEIS für Nichtwohngebäude

gemäß den §§ 79 ff. Gebäudeenergiegesetz (GEG) vom [1]

Erfasster Energieverbrauch des Gebäudes Registriernummer: 3

Endenergieverbrauch

Endenergieverbrauch Wärme
[Pflichtangabe in Immobilienanzeigen]
kWh/(m²·a)

0 100 200 300 400 500 600 700 800 900 ≥1000

☐ Warmwasser enthalten
☐ Kühlung enthalten

Vergleichswert dieser Gebäudekategorie für Heizung und Warmwasser [2]

Endenergieverbrauch Strom
[Pflichtangabe in Immobilienanzeigen]
kWh/(m²·a)

0 100 200 300 400 500 600 700 800 900 ≥1000

Vergleichswert dieser Gebäudekategorie für Strom [2]

Der Wert enthält den Stromverbrauch für
☐ Zusatzheizung ☐ Warmwasser ☐ Lüftung ☐ eingebaute Beleuchtung ☐ Kühlung ☐ Sonstiges

Verbrauchserfassung

Zeitraum von	Zeitraum bis	Energieträger [3]	Primär-energie-faktor	Energie-verbrauch Wärme [kWh]	Anteil Warmwasser [kWh]	Anteil Kälte [kWh]	Anteil Heizung [kWh]	Klima-faktor	Energie-verbrauch Strom [kWh]

☐ weitere Einträge in Anlage

Primärenergieverbrauch dieses Gebäudes kWh/(m²·a)

Treibhausgasemissionen dieses Gebäudes (in CO_2-Äquivalenten) 1 kg/(m²·a)

Gebäudenutzung

Gebäudekategorie/ Nutzung	Flächen-anteil [%]	Vergleichswerte [2] Wärme	Vergleichswerte [2] Strom

☐ weitere Einträge in Anlage

Erläuterungen zum Verfahren

Das Verfahren zur Ermittlung von Energieverbrauchskennwerten ist durch das GEG vorgegeben. Die Werte sind spezifische Werte pro Quadratmeter beheizte/gekühlte Nettogrundfläche. Der tatsächliche Energieverbrauch eines Gebäudes weicht insbesondere wegen des Witterungseinflusses und sich ändernden Nutzerverhaltens von den angegebenen Kennwerten ab.

[1] siehe Fußnote 1 auf Seite 1 des Energieausweises
[2] Gemeinsam vom Bundesministerium für Wirtschaft und Energie und vom Bundesministerium des Innern, für Bau und Heimat bekanntgemacht im Bundesanzeiger (§ 85 Absatz 3 Nummer 6 GEG); veröffentlicht auch unter www.bbsr-energieeinsparung.de
[3] gegebenenfalls auch Leerstandszuschläge in kWh

Bild 6: Änderungen Seite 3 Nichtwohngebäude

1 Die Treibhausgasemissionen sind im Verbrauchsausweis mit anzugeben.

ENERGIEAUSWEIS für Nichtwohngebäude

gemäß den §§ 79 ff. Gebäudeenergiegesetz (GEG) vom [1]

Erläuterungen

5

Angabe Gebäudeteil - Seite 1

Bei Nichtwohngebäuden, die zu einem nicht unerheblichen Anteil zu Wohnzwecken genutzt werden, ist die Ausstellung des Energieausweises gemäß § 79 Absatz 2 Satz 2 GEG auf den Gebäudeteil zu beschränken, der getrennt als Nichtwohngebäude zu behandeln ist (siehe im Einzelnen § 106 GEG). Dies wird im Energieausweis durch die Angabe „Gebäudeteil" deutlich gemacht.

Erneuerbare Energien - Seite 1

Hier wird darüber informiert, wofür und in welcher Art erneuerbare Energien genutzt werden. Bei Neubauten und ggf. bei grundlegender Renovierung eines öffentlichen Gebäudes enthält Seite 2 (Angaben zur Nutzung erneuerbarer Energien) dazu weitere Angaben.

Energiebedarf - Seite 2

Der Energiebedarf wird hier durch den Jahres-Primärenergiebedarf und den Endenergiebedarf für die Anteile Heizung, Warmwasser, eingebaute Beleuchtung, Lüftung und Kühlung dargestellt. Diese Angaben werden rechnerisch ermittelt. Die angegebenen Werte werden auf der Grundlage der Bauunterlagen bzw. gebäudebezogener Daten und unter Annahme von standardisierten Randbedingungen (z.B. standardisierte Klimadaten, definiertes Nutzerverhalten, standardisierte Innentemperatur und innere Wärmegewinne) berechnet. So lässt sich die energetische Qualität des Gebäudes unabhängig vom Nutzerverhalten und von der Wetterlage beurteilen. Insbesondere wegen der standardisierten Randbedingungen erlauben die angegebenen Werte keine Rückschlüsse auf den tatsächlichen Energieverbrauch.

Primärenergiebedarf - Seite 2

Der Primärenergiebedarf bildet die Energieeffizienz des Gebäudes ab. Er berücksichtigt neben der Endenergie mithilfe von Primärenergiefaktoren auch die so genannte „Vorkette" (Erkundung, Gewinnung, Verteilung, Umwandlung) der jeweils eingesetzten Energieträger (z. B. Heizöl, Gas, Strom, erneuerbare Energien etc.). Ein kleiner Wert signalisiert einen geringen Bedarf und damit eine hohe Energieeffizienz sowie eine die Ressourcen und die Umwelt schonende Energienutzung. Die angegebenen Vergleichswerte geben für das Gebäude die Anforderungen des GEG an, das zum Zeitpunkt der Ausstellung des Energieausweises galt. Sie sind im Fall eines Neubaus oder einer Modernisierung des Gebäudes, die nach den Vorgaben des § 50 Absatz 1 Nummer 2 GEG durchgeführt wird, einzuhalten. Bei Bestandsgebäuden dienen sie zur Orientierung hinsichtlich der energetischen Qualität des Gebäudes.

Der Endwert der Skala zum Primärenergiebedarf beträgt, auf die Zehnerstelle gerundet, das Dreifache des Vergleichswerts „Anforderungswert GEG modernisierter Altbau" (Anforderung gemäß § 50 Absatz 1 Nummer 2 Buchstabe a GEG).

Wärmeschutz - Seite 2

Das GEG stellt bei Neubauten und bestimmten baulichen Änderungen auch Anforderungen an die energetische Qualität aller wärmeübertragenden Umfassungsflächen (Außenwände, Decken, Fenster etc.) sowie bei Neubauten an den sommerlichen Wärmeschutz (Schutz vor Überhitzung) eines Gebäudes.

Endenergiebedarf - Seite 2

Der Endenergiebedarf gibt die nach technischen Regeln berechnete, jährlich benötigte Energiemenge für Heizung, Warmwasser, eingebaute Beleuchtung, Lüftung und Kühlung an. Er wird unter Standardklima- und Standardnutzungsbedingungen errechnet und ist ein Indikator für die Energieeffizienz eines Gebäudes und seiner Anlagentechnik. Der Endenergiebedarf ist die Energiemenge, die dem Gebäude unter Annahme von standardisierten Bedingungen und unter Berücksichtigung der Energieverluste zugeführt werden muss, damit die standardisierte Innentemperatur, der Warmwasserbedarf, die notwendige Lüftung und eingebaute Beleuchtung sichergestellt werden können. Ein kleiner Wert signalisiert einen geringen Bedarf und damit eine hohe Energieeffizienz.

Angaben zur Nutzung erneuerbarer Energien – Seite 2

Nach dem GEG müssen Neubauten in bestimmtem Umfang erneuerbare Energien zur Deckung des Wärme- und Kälteenergiebedarfs nutzen. In dem Feld „Angaben zur Nutzung erneuerbarer Energien " sind die Art der eingesetzten erneuerbaren Energien, der prozentuale Deckungsanteil am Wärme- und Kälteenergiebedarf und der prozentuale Anteil der Pflichterfüllung abzulesen. Das Feld „Maßnahmen zur Einsparung" wird ausgefüllt, wenn die Anforderungen des GEG teilweise oder vollständig durch Unterschreitung der Anforderungen an den baulichen Wärmeschutz gemäß § 45 GEG erfüllt werden.

Endenergieverbrauch - Seite 3

Die Angaben zum Endenergieverbrauch von Wärme und Strom werden für das Gebäude auf der Basis der Abrechnungen von Heizkosten bzw. der Abrechnungen von Energielieferanten ermittelt. Dabei werden die Energieverbrauchsdaten des gesamten Gebäudes und nicht der einzelnen Nutzeinheiten zugrunde gelegt. Die so ermittelten Werte sind spezifische Werte pro Quadratmeter Nettogrundfläche nach dem GEG. Der erfasste Energieverbrauch für die Heizung wird anhand der konkreten örtlichen Wetterdaten und mithilfe von Klimafaktoren auf einen deutschlandweiten Mittelwert umgerechnet. Die Angaben zum Endenergieverbrauch geben Hinweise auf die energetische Qualität des Gebäudes. Ein kleiner Wert signalisiert einen geringen Verbrauch. Ein Rückschluss auf den künftig zu erwartenden Verbrauch ist jedoch nicht möglich. Der tatsächliche Verbrauch einer Nutzungseinheit oder eines Gebäudes weicht insbesondere wegen des Witterungseinflusses und sich ändernden Nutzerverhaltens oder sich ändernder Nutzungen vom angegebenen Endenergieverbrauch ab.

Im Fall längerer Leerstände wird hierfür ein pauschaler Zuschlag rechnerisch bestimmt und in die Verbrauchserfassung einbezogen. Ob und inwieweit derartige Pauschalen in die Erfassung eingegangen sind, ist der Tabelle „Verbrauchserfassung" zu entnehmen.

Die Vergleichswerte ergeben sich durch die Beurteilung gleichartiger Gebäude. Kleinere Verbrauchswerte als der Vergleichswert signalisieren eine gute energetische Qualität im Vergleich zum Gebäudebestand dieses Gebäudetyps. Die Endwerte der beiden Skalen zum Endenergieverbrauch betragen, auf die Zehnerstelle gerundet, das Doppelte des jeweiligen Vergleichswerts.

Primärenergieverbrauch - Seite 3

Der Primärenergieverbrauch geht aus dem für das Gebäude insgesamt ermittelten Endenergieverbrauch für Wärme und Strom hervor. Wie der Primärenergiebedarf wird er mithilfe von Primärenergiefaktoren ermittelt, die die Vorkette der jeweils eingesetzten Energieträger berücksichtigen.

Treibhausgasemissionen – Seite 2 und 3 ❶

Die mit dem Primärenergiebedarf oder dem Primärenergieverbrauch verbundenen Treibhausgasemissionen des Gebäudes werden als äquivalente Kohlendioxidemissionen ausgewiesen.

Pflichtangaben für Immobilienanzeigen - Seite 2 und 3

Nach dem GEG besteht die Pflicht, in Immobilienanzeigen die in § 87 Absatz 1 und 2 GEG genannten Angaben zu machen. Die dafür erforderlichen Angaben sind dem Energieausweis zu entnehmen, je nach Ausweisart der Seite 2 oder 3.

[1] siehe Fußnote 1 auf Seite 1 des Energieausweises

1 Hinzugekommen ist der Absatz und damit Informationen für die Treibhausgasemissionen.

Bild 7: Änderungen Seite 5 Nichtwohngebäude

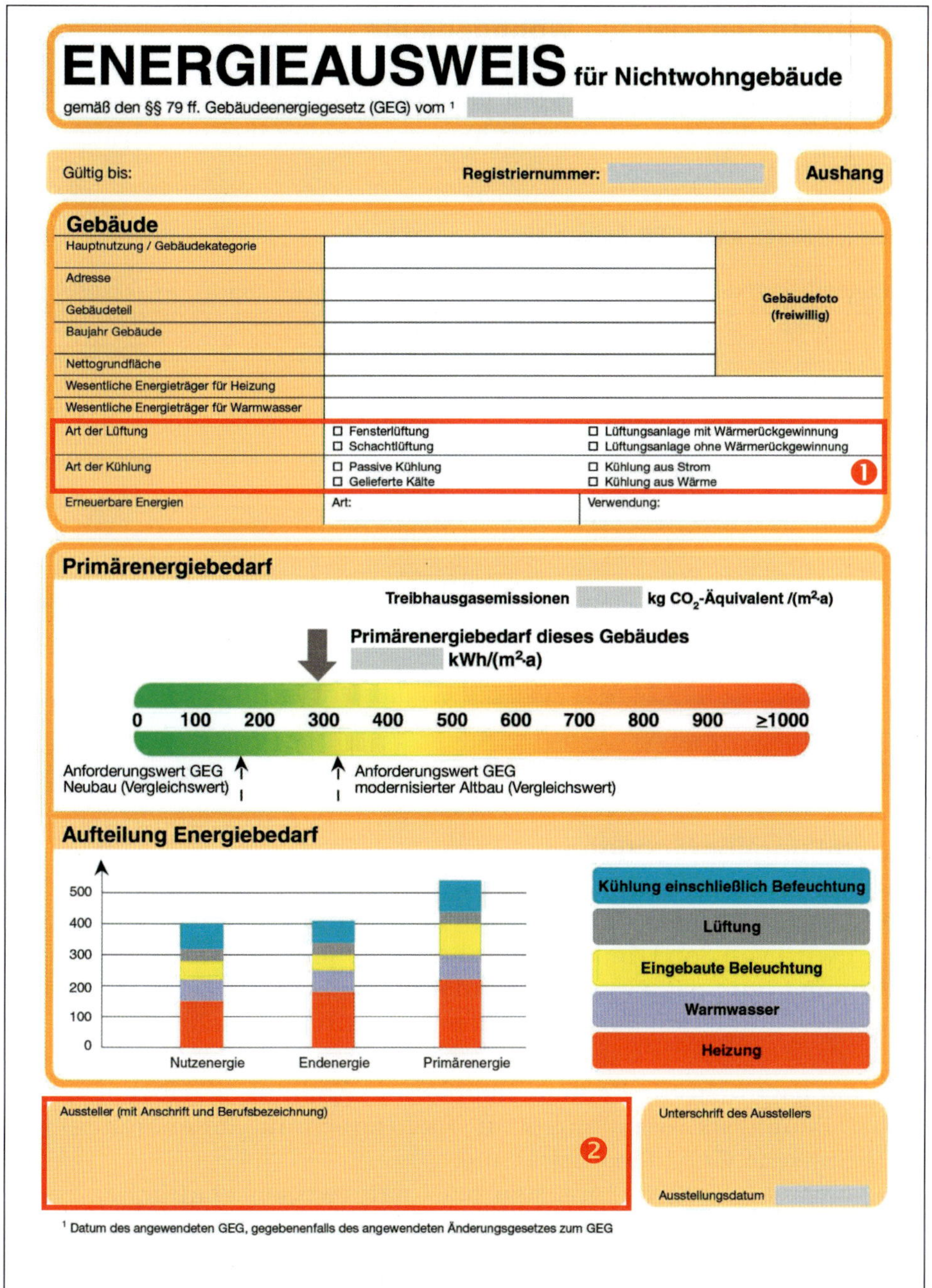

ENERGIEAUSWEIS für Nichtwohngebäude

gemäß den §§ 79 ff. Gebäudeenergiegesetz (GEG) vom [1]

Gültig bis: Registriernummer: Aushang

Gebäude

Hauptnutzung / Gebäudekategorie		Gebäudefoto (freiwillig)
Adresse		
Gebäudeteil		
Baujahr Gebäude		
Nettogrundfläche		
Wesentliche Energieträger für Heizung		
Wesentliche Energieträger für Warmwasser		
Art der Lüftung	☐ Fensterlüftung ☐ Schachtlüftung	☐ Lüftungsanlage mit Wärmerückgewinnung ☐ Lüftungsanlage ohne Wärmerückgewinnung
Art der Kühlung	☐ Passive Kühlung ☐ Gelieferte Kälte	☐ Kühlung aus Strom ☐ Kühlung aus Wärme ❶
Erneuerbare Energien	Art:	Verwendung:

Primärenergiebedarf

Treibhausgasemissionen kg CO_2-Äquivalent /(m²·a)

Primärenergiebedarf dieses Gebäudes kWh/(m²·a)

0 100 200 300 400 500 600 700 800 900 ≥1000

Anforderungswert GEG Neubau (Vergleichswert)
Anforderungswert GEG modernisierter Altbau (Vergleichswert)

Aufteilung Energiebedarf

Aussteller (mit Anschrift und Berufsbezeichnung) ❷

Unterschrift des Ausstellers

Ausstellungsdatum

[1] Datum des angewendeten GEG, gegebenenfalls des angewendeten Änderungsgesetzes zum GEG

Bild 8: Änderungen Aushang Nichtwohngebäude Energiebedarf/ Energieverbrauch

1 Die Art der Kühlung wurde ebenfalls erweitert in
   - Passive Kühlung
   - Gelieferte Kälte
   - Kühlung aus Strom
   - Kühlung aus Wärme
2 Der Aussteller muss auch hier mit Anschrift und Berufsbezeichnung aufgeführt werden.

Energieeffizienzklassen Wohngebäude

Neu: Die Einstufungen wurden abgeändert insofern das sich „< “ in ein „≤ “ geändert hat. Damit rutscht man schneller in die nächstbessere Energieeffizienzklasse.

Effizienzklassen nach GEG Anlage 10

Energieeffizienzklasse	Endenergie in kWh/m^2a
A+	≤ 30
A	≤ 50
B	≤ 75
C	≤ 100
D	≤ 130
E	≤ 160
F	≤ 200
G	≤ 250
H	> 250

Ausstellungsberechtigung

Die Berechtigung zur Ausstellung von Energieausweisen gemäß § 88 Abs. 1 wird von den Ländern im Rahmen der jeweiligen Bauvorlageberechtigung geregelt. Gefordert wird eine Person mit gewissen Voraussetzungen und einen berufsbezogenen Hochschulabschluss

- in der Fachrichtung Bauingenieurwesen, Architektur, Hochbau, Physik, Bauphysik, Maschinenbau, Elektrotechnik, Innenarchitekten, Technische Gebäudeausrichtung,
- in einer anderen technischen oder naturwissenschaftlichen Fachrichtung mit Ausbildungsschwerpunkte in den Bereich wie zuvor genannt
- Handwerksmeister bzw. Meistern gleichberechtigte Selbstständige, im Bereich Schornsteinfegerwesen oder Anlagentechnik
- staatlich anerkannte Techniker mit entsprechendem Ausbildungsschwerpunkt.

Folgende Voraussetzungen muss erfüllt werden:

Voraussetzung

- der Nachweis über einen Ausbildungsschwerpunkt im Studium oder
- eine zweijährige Berufserfahrung in wesentlichen bau- oder anlagentechnischen Tätigkeitsbereichen oder
- Fortbildungen gemäß Anlage 11 (entspricht einer Ausbildung zum Energieberater Wohngebäude bzw. Nichtwohngebäude) oder
- die Zulassung als öffentlich bestellter und vereidigter Sachverständiger im Bereich des energiesparenden Bauens oder wesentlicher bau- oder anlagentechnischer Bereiche

Neu: Grundsätzlich wird bei der Berechtigung zur Erstellung von Energieausweisen nicht zwischen Wohn- und Nichtwohngebäuden bzw. Neu- oder Bestandsbauten unterschieden.

Ausnahme

- Personen ohne Bauvorlageberechtigung dürfen Ausweise für Nichtwohngebäude nur dann erstellen, wenn sie eine spezielle Fortbildung nach den spezifischen Vorgaben der Anlage 11 (Energieberater Nichtwohngebäude) nachweisen können. Beschränkte sich die Ausbildung gemäß Anlage 11 nur auf Wohngebäude, dürfen auch nur Ausweise für Wohngebäude erstellt werden.

Erstellung Energieausweis

Maßgeblich ist das Datum, an dem der Bauherr den Bauantrag eingereicht, die Anzeige erstattet oder bei nicht genehmigungs- und anzeigenpflichtigen Bauprojekten, mit der Ausführung begonnen hat.

Energieausweise im Bestand dürfen bis zum 01.05.2021 nach dem alten Recht ausgestellt werden, um die EDV-Umstellungen auf GEG-Recht zu ermöglichen.

Ermittlung und Bereitstellung von Daten

Aussteller können benötigte Daten selbst ermitteln oder vom Eigentümer bereitgestellte Daten verwenden. Der Aussteller hat aber dafür Sorge zu tragen, dass die Daten richtig sind.

Für ein bestehendes Gebäude hat der Aussteller eine Vor-Ort-Begehung durchzuführen (Inaugenscheinnahme) oder sich geeignete Bildaufnahmen zur Verfügung stellen lassen, um geeignete Modernisierungsempfehlungen geben zu können (wenn diese sinnvoll möglich sind).

4/3 Gebäudezertifizierung

Hintergrund

Immer mehr rückt das öffentliche Interesse an Nachhaltigkeit und Energieeinsparung in den Vordergrund und in das Bewusstsein der Nutzer und Mieter. Auch der Gesetzgeber hat die Notwendigkeit erkannt, mit Gesetzen in die Thematik Gebäudesanierung und Energieeffizienz einzugreifen.

Die Optimierung des energetischen Bedarfs und die Gebäudesanierung sind längst nicht nur ein ökonomischer und rechtlicher Faktor, sondern auch ein gutes Mittel, um sich und seine Immobilie in einem ausreichenden Maße nach außen zu präsentieren. Diese verbesserte Außendarstellung ist längst zu einem Argument auf dem Immobilienmarkt geworden, um Immobilien schnell und effektiv zu vermieten bzw. zu verkaufen.

Ein gutes und beliebtes Mittel, um die öffentliche Wahrnehmung positiv zu steigern, sind Zertifizierungen. Neben den bekannten Managementsystemen im Bereich Energiemanagement zur Erfüllung des § 8 Energiedienstleistungsgesetz (EDL-G) – DIN EN ISO 50001, DIN 16247 und EMAS-System – hat sich mittlerweile auch eine Reihe von Zertifizierungen speziell für Immobilien und Gebäudesubstanz herausgebildet.

Vorteil der Gebäudezertifizierung

Gebäudezertifizierungen bieten den Vorteil, exakt auf Immobilien und ihren „Fußabdruck" im Bereich Nachhaltigkeit abgestimmt zu sein. Da die Managementsysteme und Audits für die Erfüllung des § 8 EDL-G den Gesamtenergieeinsatz eines Unternehmens betrachten, spielen hierbei die Gebäude nur eine untergeordnete Rolle. Es werden lediglich die energetischen Großverbraucher betrachtet, z.B. die Gebäudeheizung, Lüftungsanlagen und Klimageräte. Faktoren wie die Gebäudedämmung spielen bei der DIN EN ISO 50001 zum Bestehen des Zertifizierungsaudits keine Rolle.

Auch betrachtet diese den Einfluss der Immobilie auf die Umwelt nicht oder nur sehr oberflächlich. So fällt z.B. der Bereich „Wasser" ganz aus der Betrachtung der DIN EN ISO 50001 heraus. Dies liegt darin begründet, dass Wasser keine Energieform oder Träger im Sinne der DIN ist, sondern ein Medium. Es wird in der DIN 16247und DIN EN ISO 50001 gar nicht betrachtet.

Allen Zertifizierungen gemeinsam ist, dass sie auf internationaler und lokaler Ebene etabliert und durch unabhängige Zertifizierungsstellen akkreditiert sind. Dies stellt einen objektiven Blick sicher und erhöht die Akzeptanz der zertifizierten Systeme.

Grundlagen der Nachhaltigkeit

Die Gebäudezertifizierungen unterscheiden sich durch die vorgenannten Normen und Systeme dadurch, dass diese Zertifizierungen bei ihren Betrachtungen die drei Säulen der Nachhaltigkeit – Ökologie, Ökonomie und Soziales – mit einbeziehen. Nur wenn diese drei Bereiche abgedeckt sind, kann von einem nachhaltigen Projekt gesprochen werden. Je nach System und Schema sind die drei Säulen unterschiedlich stark gewichtet.

Die Betrachtung der Nachhaltigkeit unterscheidet die Gebäudezertifizierung maßgeblich von den Energie- und Umweltmanagementsystemen, welche nur die Ökologie und Ökonomie betrachten, die Säule Soziales aber meist vernachlässigen.

Einbeziehung des Lebenszyklus

Allen liegt der Gedanke der vollständigen Betrachtung des Lebenszyklus zugrunde. Hierbei werden die Planung, der Bau, der Betrieb und die spätere Verwertung des Gebäudes mit in Betracht gezogen. Eine isolierte Betrachtung von Lebens- und Nutzungsphasen findet nicht statt.

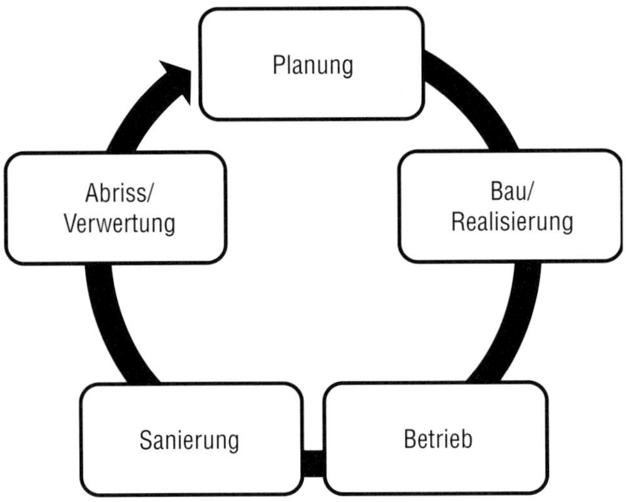

Bild 1: Der Lebenszyklus einer Immobilie

Auch werden Randbedingungen neben der Umweltverträglichkeit und Ressourceneinsatz mit einbezogen. Diese zielen meist auf die soziale Komponente ab, etwa auf Komfort, Behaglichkeit und Wohnraumqualität.

Die Gebäudezertifizierungsmodelle

BREEAM

Die älteste (seit 1990) und am weitesten verbreitete ist die Building Research Establishment Environmental Assessment Method (BREEAM). Sie wurde in Großbritannien entwickelt. Die Bewertungskriterien sind u.a. Ressourceneinsatz, Landverbrauch und gesundheitliches Wohlbefinden des Menschen. Weltweit wurden mehr als 2,26 Millionen Gebäude registriert und bereits mehr als 562.000 Zertifikate in 76 Ländern ausgestellt.

Dies geschieht mit Gütesiegeln der Abstufungen „Ausgezeichnet", „Sehr gut", „Gut" und „Durchschnittlich/Bestanden".

Es gibt verschiedene Beurteilungskategorien, in welchen Punkte vergeben werden. Diese sind:

- Innovation (Innovation)
- Management (Management)
- Energy (Energie)
- Water (Wasser)
- Landuse (Landverbrauch und Ökologie)
- Health and Wellbeing (Gesundheit und Wohlbefinden/Behaglichkeit)
- Transport (Transport)
- Materials (Material)
- Pollution (Verschmutzung)
- Waste (Abfall)

Die Kriterien betrachten den gesamten Lebenszyklus einer Immobilie und sind für nahezu alle Arten von Immobilien geeignet. Der Schwerpunkt liegt klar auf dem Thema Umwelt und Umweltauswirkungen.

Bei BREEAM wird bei der Zertifizierung in Neubau und Bestandsimmobilien (BREEAM In-Use) gegliedert. Im Bewertungsprozess wird nach dem Pre-Assessment im Entwurfsstadium ein vorläufiges Zertifikat ausgestellt. Nach der Construction Stage – Fertigstellung – wird ein zweites Zertifikat ausgestellt.

Weiterführende Informationen sind auf der Internetpräsenz des Building Research Establishment Ltd. zu finden: https://www.breeam.com/

LEED

Auf BREEAM aufbauend wurde LEED (Leadership in Energy and Design) entwickelt. Dies geschah 1998 durch das U.S. Green Building Council (USGBC). Mittlerweile ist LEED in 165 Ländern in mehr als 92.000 Projekten vertreten.

LEED legt einen strengeren Kriterienkatalog als BREEAM zugrunde. Die Besonderheit ist, dass Immobilien, welche die Kriterien nicht erfüllen, von vornherein von der Zertifizierung ausgeschlossen sind. Dies kann z.B. aufgrund einer fehlenden Betrachtung der Recyclingmöglichkeiten der eingesetzten Baustoffe der Fall sein.

LEED wird in den Kategorien „Basis", „Silber", „Gold" und „Platin" zertifiziert.

LEED baut auf sechs Bewertungskriterien mit dem Fokus Umwelt auf:

- nachhaltige Baugelände
- Wassereffizienz
- Energie und Atmosphäre
- Materialien und Ressourcen
- Komfort und Raumqualität
- Innovation in Design

Sie gilt als bekannteste und etablierteste Zertifizierung am internationalen Markt. Sie bezieht sich wie BREEAM auf alle Lebenszyklen der Immobilie und ist für nahezu alle Bereiche verfügbar.

Durch die Bewertung soll bei Neu- und Umbauten ein besonders umweltschonender Umgang mit natürlichen Ressourcen gewährleistet werden.

Weiterführende Informationen sind auf der Internetpräsenz des USGBC zu finden: https://www.new.usgbc.org/

Weitere internationale Zertifizierungen

Auf internationaler Ebene sind noch das französische HQE (Haute Qualité Environnementale), das australische Green-Star-System und das japanische CASBEE (Comprehensive Assessment System for Building Environmental Efficiency) zu nennen.

Bei allen genannten Systemen fallen Kosten für die Registrierung und Auditierung an. Diese bemessen sich nach der Größe und Komplexität der zu bewertenden Immobilie. Die Kosten schwanken je nach gewähltem Standard und Zertifizierungszyklus.

Nationale Zertifizierungen

Auf regionaler Ebene sind folgende Zertifizierungen bekannt

- Deutsches Gütesiegel Nachhaltiges Bauen (DGNB)
- Bewertungssystem Nachhaltiges Bauen für Bundesgebäude (BNB)
- Qualitätssiegel Nachhaltiger Wohnungsbau (NaWoh)

Das DGNB-Zertifizierungssystem wurde 2009 vom Bundesministerium für Verkehr, Bau und Stadtentwicklung (BMVBS) entwickelt und beinhaltet sechs Themenfelder mit 40 Nachhaltigkeitskriterien. Diese betrachten objektiv den gesamten Gebäudelebenszyklus. Das System ist auch international anwendbar.

Aus dem DGNB, welches für private Bauherren gültig ist, entwickelte sich der BNB, welcher für öffentliche Bauten relevant ist. Beide legen einen Bewertungskatalog zugrunde. Dieser beinhaltet z.B. die Kriterien Nachhaltigkeit, Standort, Funktionalität und Technik. Je nach Ausbaustufe können die Stufen „Gold", „Silber" oder „Bronze" erreicht werden.

Die NaWoh-Qualitätssiegel wurden auf den Sektor Wohnungsbau der Wohnungsgesellschaften und Genossenschaften ausgelegt. Es steht weniger die Ambitioniertheit der Ziele im Vordergrund als vielmehr die Qualität der gemachten Angaben und die Wohnqualität. Diese beinhaltet z.B. das Themenfeld Barrierefreiheit, Komfort und Stellplätze.

Die fünf Oberkategorien sind:

- ausführliche Behandlung der Wohnqualität
- technische Qualität – einschließlich planerischer und baulicher Reaktion auf Standort und Umfeld
- ökologische Qualität
- ökonomische Qualität – auch aus Sicht des Bauherrn
- Prozessqualität

Das Qualitätssiegel bietet sich an, um potenzielle Mieter und Käufer einer Wohnimmobilie von den Vorzügen der Wohnung zu überzeugen.

Weiterführende Informationen sind auf der Internetpräsenz des Vereins zur Förderung der Nachhaltigkeit im Wohnungsbau e.V. zu finden: www.nawoh.de/

Hinweis für die Praxis

Aufgrund der entstehenden Kosten, empfiehlt sich eine Zertifizierung nur für größere Objekte, oder Immobilien, die Vorteile aus der verbesserten Außendarstellung ziehen. Für kleinere Gebäude steht der Aufwand zum Nutzen in einem schlechten Verhältnis.

Das Zertifizierungsverfahren

Die Zertifizierung erfolgt bei allen Standards nach einem festgelegten Bewertungskatalog. Die Auditierung erfolgt durch einen unabhängigen Dritten. Diese wurden für das jeweilige System geschult und akkreditiert. Dieses Vorgehen sichert die Objektivität der Ergebnisse zu.

Durch die genormten Bewertungskriterien und Kataloge kann bereits im Vorfeld die Zertifizierung vorbereitet werden. Dies ist auch für die meisten Systeme notwendig, da sie bereits in der Planungsphase ansetzen. Ein frühzeitiges Einbinden von Planer, Architekt, Bauleiter und Bauherr sichert den späteren Zertifizierungserfolg. Wird dieser Punkt vernachlässigt, kann es z.B. bei der Auswahl der geeigneten Baustoffe zu Schwierigkeiten kommen. Im Falle einer LEED-Zertifizierung kann dies bereits den Ausschluss vom Zertifizierungsverfahren bedeuten.

Ebenfalls stellen die genormten Auditkataloge die Vergleichbarkeit der Systeme und auditierten Immobilien sicher. Teilweise werden einige lokale Anpassungen der Zertifizierungen auf nationaler Ebene vorgenommen. Diese begründen sich in der abweichenden lokalen Gesetzgebung. Jedoch haben diese Anpassungen keine Auswirkungen auf die Grundaussagen der Gutachten.

Status der Zertifizierung

Alle Gebäudezertifizierungen haben keinen verbindlichen Rechtscharakter. Sie helfen jedoch den Eigentümern von Immobilien, sich in einem immer stärker konkurrierenden Markt mit sensibilisierten Nutzern zu behaupten und eine positive Außenwirkung aufzubauen.

Dies ist vergleichbar mit den Güte- und Qualitätssiegeln auf Produkten des täglichen Bedarfs. Sie bestätigen durch eine unabhängige Stelle die Eigenschaften des Produkts.

Zertifizierte Immobilien werden für potenzielle Mieter und Interessenten auch hinsichtlich ihres Standards vergleichbarer. Es werden Faktoren wie die Ökobilanz oder die Umweltverträglichkeit der eingesetzten Baustoffe erkennbar.

Längst sind für die Nutzer neben der eigentlichen Kaltmiete und den Nebenkosten auch Faktoren wie Benutzerfreundlichkeit und Behaglichkeit ein entscheidendes Kriterium. Wenn die gewünschten Kriterien durch erfolgreiche Zertifikate nachgewiesen werden können, beeinflusst dies meist die Kundenentscheidung positiv.

Aber nicht immer sollen potenzielle Mieter oder Käufer von Immobilien angesprochen werden. Auch die Unternehmensziele von Organisationen und Betrieben werden mit Zertifizierungen unterlegt.

Außendarstellung

So setzen Großunternehmen erfolgreiche Zertifizierungen gern als Außenwerbung ein. Der Konsumgüterkonzern Beiersdorf (u.a. die Marken Nivea, Florena und Eucerin) verweist z.B. auf seiner Internetseite (https://www.beiersdorf.com/sustainability/overview) auf die erfolgreiche LEED-Zertifizierung seines Produktionsstandorts in Mexiko. Dies wird in Verbindung mit den Nachhaltigkeits- und Umweltzielen des Unternehmens genannt.

Hinweis für die Praxis

Welche der genannten Zertifizierungen für Ihre Immobilie infrage kommt, hängt von verschiedenen Faktoren ab und lässt sich nicht pauschal beantworten.

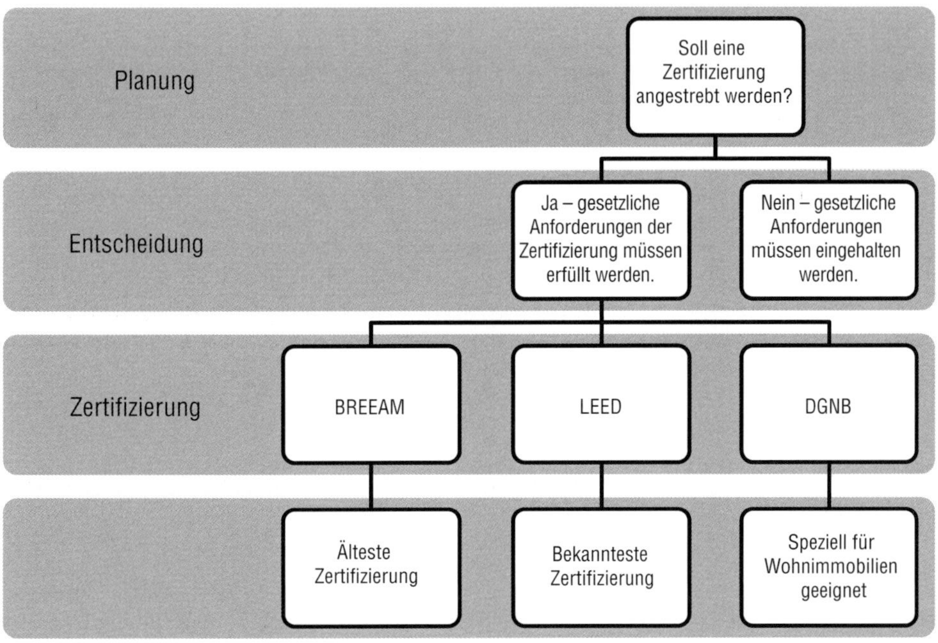

Bild 2: Entscheidungshilfe

Die nachfolgende Tabelle stellt die Bedeutung der einzelnen Beurteilungskriterien der drei „großen" Zertifizierungen dar.

Tabelle 1: Gegenüberstellung BREEAM, LEED und DGNB

	Kriterium	DGNB	LEED	BREEAM
Umwelt	Flächenbedarf	□	□	Δ
	Wasserbedarf	□	Δ	□
	Ökobilanz – Emissionen	Δ	□	□
	Ökobilanz – Primärenergie	Δ	□	□
	lokale Umweltrisiken	Δ	□	Δ
Gebäudenutzung	Flexibilität in der Nutzung	Δ	♦	♦
	Marktfähigkeit	Δ	♦	♦
	Lebenszykluskosten	Δ	□	□
Nutzerfreundlichkeit	Luftqualität Innenraum	Δ	Δ	Δ
	Einflussnahme des Nutzers	Δ	Δ	□
	Barrierefreiheit	Δ	♦	□
	Grundrissqualität	Δ	♦	♦
Gebäudetechnik und -hülle	Brandschutz	Δ	□	♦
	Langlebigkeit der Baumaterialien	Δ	♦	□
	technische Gebäudeausrüstung	Δ	♦	♦
	Widerstandsfähigkeit gegen Umwelteinflüsse	♦	Δ	Δ
	Rückbau und Recycling	Δ	♦	□
Prozesse	Planung	Δ	♦	♦
	Nachhaltigkeitsaspekte in Ausschreibung und Vergabe	□	♦	□
	optimale Nutzung und Bewirtschaftung	Δ	♦	□
	Baustelle und Bau	□	Δ	Δ
	Qualität des Baus	□	Δ	Δ
Standortqualität	Verkehrsanbindung	Δ	□	Δ
	Nähe zu relevanten Einrichtungen und Objekten	□	Δ	Δ
	Mikrostandort	□	♦	♦
	Reserven/Erweiterungsmöglichkeiten	□	♦	♦

Legende:
Δ wichtiges Kriterium
□ untergeordnetes Kriterium
♦ nicht betrachtetes Kriterium

Durchführung der Zertifizierung

Spezialisierte Anbieter

Mittlerweile gibt es spezialisierte Ingenieurbüros, deren Tagesgeschäft die Begleitung von Betreibern und Bauherren auf dem Weg zur Gebäudezertifizierung ist. Diese kümmern sich um die notwendigen Formulare und Regularien und können frühzeitig wichtige Hinweise an den Planer und Architekten weitergeben, falls diese nicht mit der Thematik vertraut sind oder Unterstützung benötigen.

Da bei allen Systemen der Lebenszyklus der Immobilie im Mittelpunkt steht, ist die Einbindung von Experten ab der „ersten Minute" wichtig und auch sinnvoll. Nur so können mögliche Fehler, wie z.B. die Auswahl eines „falschen" Baustoffs, rechtzeitig bemerkt und substituiert werden.

Bei den spezialisierten Ingenieurbüros gibt es weiterführende Informationen zum Thema.

Frühzeitige Beteiligung

Ebenfalls ist es ratsam, bereits in einer frühen Projektphase den späteren Zertifizierer mit ins Boot zu holen. So lassen sich Fallstricke in der Praxis rechtzeitig erkennen und beseitigen. Ebenfalls werden „böse" Überraschungen zum Zertifizierungszeitpunkt vermieden. Oftmals können die späteren Zertifizierer auch wertvolle Hinweise aus ihrer Praxis und anderen Objekten liefern. Ein reger Austausch lohnt sich auf alle Fälle.

Zusammenfassend lässt sich sagen, dass eine erfolgreiche Gebäudezertifizierung nicht nur eine positive Außendarstellung generiert. Sie stellt auch Nachhaltigkeit bei Bau und Bewirtschaftung der Immobilie sicher und ist auf einem dynamischen und stark umkämpften Markt ein Werbeargument für die eigene Immobilie. Alles muss jedoch gut durchdacht und vorbereitet werden. Andernfalls kann es schnell zu Abweichungen kommen, die einem Zertifikat schädlich im Weg stehen.

CAD-Details
smart & easy
Anschluss eines Flachdachs mit Abdichtung über Dämmung auf Brettsperrholzdecke (Warmdach) an Attika mit kombinierter Regel- und Notentwässerung – Vertikalschnitt
Dachabdichtungen für Flachdächer
Allgemeines
Nicht genutzte Flachdächer
Genutzte Flachdächer

ZEIT-DOKU
Arbeitszeit
Zeiterfassung
0,10 Std.
Projektzeit
Zeiterfassung
Projektinfo
Zeiterfassung und Projektauswertung leicht gemacht – online und mobil immer verfügbar.